Registered Information Security Specialist

「ネットワーク」+「認証」が
わかれば絶対合格!

情報処理
安全確保支援士
午後問題
徹底解説

エディフィストラーニング株式会社・著

技術評論社

●本書で使用する用語について
「デジタル」という単語は，現在の試験では「デジタル」となっていますが，本書掲載の問題出題時は「ディジタル」と表記されていました。そのため，解説では「デジタル」，問題文や引用ではそのまま「ディジタル」と表記しています。他にも問題文と解説で表記の異なる単語がありますが，ご了承ください。

CONTENTS

本書の読み方

1 本書の特徴

ネットワークと認証メインの午後問題だけを扱っています

本書は，令和元年以降の午後問題について出題傾向分析を行い，出題回数が一番多い「ネットワーク」と「認証」をメインテーマとして取り上げました。出題回数が多い問題を重点的に理解することで効率の良い勉強に繋がります。ネットワークと認証に強くなることで本書タイトルのとおり，午後問題の7割を理解できるようになります。マネジメント系の問題は取り上げていませんので，ご注意ください。

過去問題の解説では，基本情報技術者試験合格者が理解できるように基礎知識についても省略せずに詳しく解説を行っています。

この1冊で午後問題全部は分かりません！
➡でも，ネットワークが苦手な人には役に立ちます
年度別の問題集ではありません！
➡でも，頻出テーマを扱っているので効率よく学習できます

キーワードはこれだけをチェック！

平成21年～令和4年までの全ての午前II問題から頻出順にキーワードを選びました。頻出順だから，最低限これだけをおさえておけば，出題にもあわてることはありません。また午後問題を解く際の前提知識ともなるので，確実に理解しておきましょう。

頻出順キーワードだから無駄がない！

ガイドラインは正解の宝庫！

IPAのサイトでは試験の参考になるセキュリティ関連のガイドラインが数多く公開されています。IPAによるガイドラインは，そのまま午後問題の解法に役立つものもあるので，ここをチェックしない手はありません。ガイドライン自体はかなり詳しく掘り下げている場合もありますが，午後問題の背景となる脅威の状況や対策などが書かれていますので，主要なガイドラインについてはしっかりと目を通しておきましょう。

ガイドラインは午後問題のお手本！

2 本書の構成と概要

本書は次の3つの章で構成しています。

- 序　章　情報処理安全確保支援士試験の勉強法
- 第1章　午前試験の基礎知識
- 第2章　午後Ⅰ・Ⅱ問題徹底解説

序章では，試験合格に向けて知っておくべきことと，試験日までの学習スケジュール・時期に合わせた学習方法について紹介しています。また，忙しい方向けの学習時間の捻出方法や勉強の習慣化についても掲載していますので，試験当日までの計画・行動に活用してください。

第1章では，午前問題の具体的な学習方法の紹介と頻出キーワードの解説を行います。午後問題の解説がテーマの本書ですが，午後問題を解くためには午前の知識は最低限必要です。頻出順キーワードと勉強法で午後問題の準備をしておくことが大切です。章の後半では，試験に出るガイドラインを取り上げています。

第2章では午後問題の勉強法と，本書のテーマであるネットワークと認証をメインテーマとする午後Ⅰ問題を3問，午後Ⅱ問題を2問，取り上げています。

3 第2章 午後Ⅰ・Ⅱ問題徹底解説の利用方法

問題に入る前に,「午後問題の学習方法」で午後問題の解き方と学習のためのステップを学びましょう。「どんなプロセスで正解を導き出すのか」を理解して過去問題を解く練習に活用してください。「ネットワークと認証の基礎知識」では午後問題に必須のネットワーク知識をまとめました。問題に取りかかる前に読んでおきましょう。

ここからは実際の問題を解いていく番です。問題は「問題文」と「問題文の読み方」「設問の詳細解説」の3部構成となっています。

▶問題文を一通り読む

問題文をそのまま掲載しています。まずはざっと読んでみましょう。この段階で理解できればいいのですが，そうは簡単にいきません。そこで次の「問題文の読み方」でどんなことに注意しながら読むのがいいかを学びます。

▶「問題文の読み方」から，読みながら行うことを知る

「問題文の読み方」では，問題文を読みながら同時にチェックすべきことを解説しています。問題文を理解するために必要な組織や人物，設問で問われそうな問題点や言い回しを見つけ，印をつけていきます。試験の際も問題冊子に同じように印をつけながら読み進めていきます。設問を考える際に，この印や下線が大いに役立ちます。

●問題文の読み方の例

セキュリティインシデントに関する次の記述を読んで，設問1～3に答えよ。

J社は，従業員1,000名の小売業である。J社では，顧客情報を顧客管理サーバで管理している。J社のネットワーク構成を図1に示す。

J社

会社や人物は最初に登場した箇所をメモして把握する！

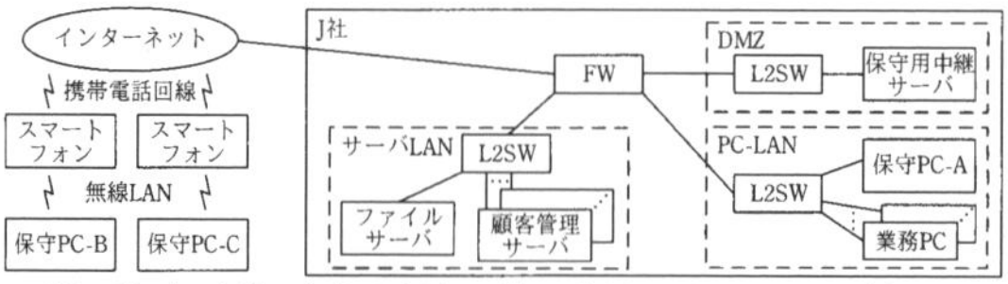

FW：ステートフルパケットインスペクション型ファイアウォール　　L2SW：レイヤ2スイッチ
保守PC：顧客管理サーバの保守作業に使うPC
注記1　保守PC-A及びサーバLAN上のサーバには，固定のプライベートIPアドレスを割り当てている。
注記2　DMZ上のサーバには，固定のグローバルIPアドレスを割り当てている。

図1　J社ネットワーク構成（抜粋）

注記は注意！

▶「設問の詳細解説」で実際に解いていく

「設問の詳細解説」からは，実際の設問を解いていきます。最初に「問題のポイント」と「問題の要約」で全体像を確認してから，各設問の解き方を読んでいきます。第2章「午後問題の学習方法」で触れていますが，各設問は「問題文からの抜粋問題」「問題文のヒントから考える問題」「知識問題」の3種類に分かれます。設問の種類に応じて考えていきましょう。

●設問の詳細解説の例

設問1（1）の解説 **問題文のヒントから考える問題**

設問1　〔顧客管理サーバの保守方法〕について，(1) ～ (3) に答えよ。
(1) 図2中の［ a ］に入れる適切な字句を20字以内で答えよ。

空欄［ a ］を含む図2の「保守用中継サーバに初めてSSH接続する際の接続先確認方法」の説明を確認します。

保守用中継サーバに初めてSSH接続する際の接続先確認方法
1. 保守員が保守PC-B又は保守PC-CをJ社に持参する。
2. 保守PC-B又は保守PC-Cをスマートフォンでテザリングし，インターネット経由で保守用中継サーバにSSH接続する。
3. 接続したサーバのフィンガプリントが表示されるので，保守員はJ社のシステム管理者が紙に印刷しておいた保守用中継サーバのフィンガプリントと一致することを確認する。
4. 一致する場合は，次の確認メッセージに対して“yes”を選択する。
“Are you sure you want to continue connecting (yes/no)?”
5. 当該接続先確認の手順が正常に完了すると，次回以降は確認メッセージが表示されなくなる。もし，SSH接続する際に警告メッセージが表示され，接続が切断された場合，保守用中継サーバのフィンガプリントが変わったか，［ a ］という状況が想定されるので，J社に確認する。

この説明見出しに「接続先確認方法」と書かれているとおり，ここでは保守PCから初めて接続するサーバが，正しい保守用中継サーバなのかを確認しています。

J社における保守用中継サーバに初めて保守用PCを接続する際の接続先確認方法（赤下線部）を，問題文に補足を加えながら**①準備作業**，**②初回接続時の表示**，**③表示内容の確認**，の順に説明します。

▶「学習ポイント」で重要な用語を再確認！

重要な用語については「頻出順キーワード解説」でも触れていますが，改めて「学習ポイント」でさらに詳しく確認します。問題の内容とセットで覚えておくようにしましょう。

試験の案内

1 情報処理安全確保支援士試験の概要

情報処理安全確保支援士試験とは

情報処理安全確保支援士試験とは，情報処理技術者試験とともに，IPA（独立行政法人情報処理推進機構）が主催する国家試験です。平成28年度秋期まで実施されていた「情報セキュリティスペシャリスト」試験をベースに開始された試験で，試験の形式や出題範囲は基本的に「情報セキュリティスペシャリスト」を引き継いでいます。

IPAの試験の概要では，対象者像を以下のように定めています。

> サイバーセキュリティに関する専門的な知識・技能を活用して企業や組織における安全な情報システムの企画・設計・開発・運用を支援し，また，サイバーセキュリティ対策の調査・分析・評価を行い，その結果に基づき必要な指導・助言を行う者

試験の概要

●**試験日**：以下の**年2回**実施

・春期試験（**4月**）

・秋期試験（**10月**）

●**申込期間**

・春期試験（1月中旬～1月下旬）

・秋期試験（7月中旬～7月下旬）

●**受験手数料**：7,500円（非課税）

●**申込方法**

インターネットによる申込み。IPAのWebサイトの申込画面から。細かな変更もあり得るので，時期が近づいたら早めにWebサイトで確認すること

●試験区分と出題形式

試験区分	午前Ⅰ	午前Ⅱ	午後Ⅰ	午後Ⅱ
試験時間	9:30 ～ 10:20（50分）	10:50 ～ 11:30（40分）	12:30 ～ 14:00（90分）	14:30 ～ 16:30（120分）
出題形式	四肢択一	四肢択一	記述式	記述式
出題数と必要解答数	30問出題／30問解答	25問出題／25問解答	3問出題／2問解答（選ぶこと）	2問出題／1問解答（選ぶこと）

出題範囲と難易度

午前Ⅰ試験では，情報処理技術者試験の各高度試験に共通して求められる技術レベル 3 の問題が，出題分野であるテクノロジ系，マネジメント系，ストラテジ系から幅広く出題されますが，中でもセキュリティは重点分野と位置づけられています。午前Ⅱ試験では，情報セキュリティの分野を中心に，技術レベル 3 及び 4 の問題が出題されます。

午後Ⅰ試験及び午後Ⅱ試験では，以下の出題範囲から出題されます。

1　情報セキュリティマネジメントの推進又は支援に関すること
2　情報システムの企画・設計・開発・運用におけるセキュリティ確保の推進又は支援に関すること
3　情報及び情報システムの利用におけるセキュリティ対策の適用の推進又は支援に関すること
4　情報セキュリティインシデント管理の推進又は支援に関すること

午前Ⅰ免除制度

午前試験が 2 部制に分けられているのは，免除制度を採り入れているためです。免除制度を利用することによって，積み重ね式に合格を目指すことができます。また，別の試験を受ける場合には，専門知識から学習すればよいので，効率よく合格を目指すことができます。

午前Ⅰ免除制度を利用するための条件は以下のとおりです。

1　応用情報技術者試験に合格
2　いずれかの高度試験又は情報処理安全確保支援士試験に合格
3　いずれかの高度試験又は情報処理安全確保支援士試験の午前Ⅰで基準点（60%）以上

午前Ⅰ試験の免除を希望する場合，受験申込みの際に記入する願書の「一部免除申請番号」に番号を記入する必要があります。記入がなければ条件を満たしていても免除とはなりません。

免除制度を利用できる期間は，条件を満たした後の**2年間**です。

※詳しくは，https://www.jitec.ipa.go.jp/1_00topic/koudo_menjo.html をご覧ください。

午前Ⅱ免除制度

IPAより午前Ⅱ免除の認定を受けた教育機関の学科の課程を修了した者は，課程修了2年以内に受験する午前Ⅱ試験が免除されます。

認定の対象となる教育機関は

1　大学院
2　大学（短期大学を除く）
3　専門学校（高度専門士の称号が付与されるものに限る）

で，認定の対象となる学科等は「情報セキュリティに関する知識を専門的に修得するための研究科，研究科の専攻，学部，学科又はこれらに相当する課程」となります。

※詳しくは「情報処理安全確保支援士試験 免除対象学科等認定制度について」（https://www.jitec.ipa.go.jp/1_81menjo/_index_sc_am2menjo.html）を参照してください。

配点・採点

午前Ⅰ，午前Ⅱ，午後Ⅰ，午後Ⅱのいずれも満点中60%以上を取得すると合格になります。午前Ⅰに合格すると午前Ⅱが採点され，午前Ⅱに合格すると午後Ⅰが採点されるというように，合格者が絞られていきます（足切り方式ともいいます）。

●注意
受験申込みの詳細，試験の注意事項等，その他問合せについては，必ずIPAのサイトにてご確認ください。
IPA（独立行政法人 情報処理推進機構）
https://www.jitec.ipa.go.jp/

2　情報処理安全確保支援士になるには

情報処理安全確保支援士（登録セキスペ）になるためには，次のステップを踏む必要があります。

1　「情報処理安全確保支援士試験」に合格する
2　登録申請を行い，登録簿へ登録してもらう
3　資格維持のために，毎年講習を受講する
4　3年ごとに登録の更新を行う

情報処理安全確保支援士試験に合格する

情報処理安全確保支援士になるためには，「情報処理安全確保支援士試験」に合格した上で，情報処理安全確保支援士への登録を行う必要があります。

登録申請を行い，登録簿へ登録してもらう

情報処理安全確保支援士試験の合格者は，登録のために申請手続きが必要です。申請手続きには，申請書をはじめとする必要書類と，申請費用がかかります。費用は**19,700 円**です。登録申請は随時受け付けていますが，登録簿への登録は年 2 回で

・4 月 1 日（申請締切：2 月 15 日）
・10 月 1 日（申請締切：8 月 15 日）

です。申請提出書類の審査を経て「情報処理安全確保支援士登録簿」に登録されます。

●登録に必要な書類
1　登録申請書・現状調査票
　（Wordファイルに入力，登録免許税の収入印紙（9,000円）・登録手数料（10,700円）の振込を証明する書類が必要）
2　誓約書（WordまたはPDFファイルに入力・記入，署名）
3　情報処理安全確保支援士試験の合格証書のコピーまたは合格証明書の原本
4　戸籍の謄本もしくは抄本または住民票の写し（市区町村役所等で取得，原本を提出）
5　登録事項等公開届出書（WordファイルまたはPDFファイルに入力・記入）
6　登録申請チェックリスト（WordファイルまたはPDFファイルに入力・記入）

なお登録については，申請書類作成に時間がかかることもありますので，期日に余裕をもって準備することをおすすめします。

試資格維持のために，毎年講習を受講する

情報処理安全確保支援士として登録簿に記載された者は，IPA が実施するサイバーセキュリティに関する講習またはこれと同等以上の効果を有すると認められる講習として経済産業省令で定めるものを受けなければなりません。

●講習の概要
①共通講習（オンライン講習）：毎年1回，3年で3回受講
②実践講習：3年間のいずれかの年に1回受講
③登録更新後：①と②を3年サイクルで繰り返す
※詳細については「情報処理安全確保支援士（登録セキスペ）の受講する講習について」(https://www.ipa.go.jp/siensi/lecture/index.html）を参照してください。

●講習費用
講習費用は，オンライン講習（1回20,000円），実践講習（80,000円）です。

登録の更新制度

情報処理安全確保支援士の登録後には**更新を行う必要**があります。情報処理安全確保支援士としての資格を有しているかを確認することで，情報処理安全確保支援士制度の信頼性向上を目指すのが目的です。

- 登録の有効期限は，登録日または更新日から起算して **3 年**
- 登録更新申請は，**更新期限の 60 日前までに行う**
- 登録更新申請を行うためには，毎年の受講が義務づけられている**講習を全て終了**していること
- 登録更新申請には更新手数料はかからない

※詳細については，「登録セキスペの方々へ」(https://www.ipa.go.jp/siensi/forriss/index.html）を参照してください。

序章

情報処理安全確保支援士試験の勉強法

序章▶情報処理安全確保支援士試験の勉強法

合格への学習方法

CONTENTS

1 情報処理安全確保支援士試験を知る

学習に先駆けて，まずは情報処理安全確保支援士試験について知るところから始めましょう。本書の「試験の案内」にも掲載している情報処理安全確保支援士の試験概要について読み，内容を把握しておきましょう。

●情報処理安全確保支援士試験 試験要綱
・試験の対象者像・業務と役割・期待する技術水準
・試験時間・出題形式・出題数・解答数
・採点方式・配点・合格基準
・試験の実施方法・実施時期
・免除制度
・出題範囲

試験要項のうち，上記部分は確実に理解しておきましょう。自分が免除制度（午前Ⅰ免除など）に該当するのか，午後Ⅰ問題は3問中2問を選ぶこと，午後Ⅱ問題は2問中1問選ぶこと（選択しないと採点されない！）など，基本的な内容をおさえておきましょう。

●情報処理安全確保支援士試験 シラバス
・要求される知識
・要求される技能

シラバスは出題範囲だけでなく，出題される可能性のある用語例も掲載されているので，何がキーワードになり得るかなどもしっかりチェックしておきましょう。

またシラバスは定期的に改訂されますので，IPA のサイトから直近のシラバスを確認して，出題範囲をチェックしておきましょう。

2 本書を活用した勉強方法

初期学習時期，継続学習期間に分けて本書を活用した勉強方法を紹介します。ぜひ，本書を活用して勉強を進めてください。

●半年の学習計画例

試験分類	学習内容	時期	5か月前	4か月前	3か月前	2か月前	1か月前	試験月	
		春期試験	11月	12月	1月	2月	3月	4月	
		秋期試験	5月	6月	7月	8月	9月	10月	
午前対策	基礎知識習得		初期学習 →	継続学習 →	継続学習 →	継続学習 →	直前学習 →		
午後Ⅰ対策	知識の体系化 読解力強化 文章力強化			午後Ⅰ学習 →	継続学習 →	継続学習 →	継続学習 →		
午後Ⅱ対策	知識の体系化 読解力強化 文章力強化				午後Ⅱ学習 →	継続学習 →	継続学習 →		

初期学習時期

情報処理安全確保支援士試験は，半年に１回実施されるため，試験の６か月前頃から学習に着手しましょう。初期学習時期の最初に試験について理解して学習計画を立ててから，基礎知識の習得に着手しましょう。

1　試験案内と序章の「情報処理安全確保支援士試験を知る」を読み，試験について理解する。
2　序章を読み，試験日までの学習計画を作成する。
3　「第1章　午前試験の基礎知識」を読み，午前対策を行う。
4　午前過去問題で出題されている頻出キーワードについては，第1章の「頻出順キーワード解説」にマークをしながら理解して覚える。

5　第1章の「頻出順キーワード解説」を辞書代わりに活用する。
6　第1章の「試験に出るガイドライン」に紹介しているガイドラインを読み，直近のインシデント例や午後問題で役立つ解決法などを確認する。

継続学習期間

継続学習期間では，午後問題の学習を継続しましょう。第2章の「午後問題の学習方法」を活用して，午後問題の解き方を身に付けてください。

1　第2章の「午後問題の学習方法」を読み，午後過去問題を解く。
2　第2章各問題の「問題文の読み方」を読み，午後試験の出題形式や出題パターンを理解する。
3　第2章の「午後問題の学習方法」で紹介している「午後問題の解き方5 Step」と「自己解答プロセス分析」を活用して，自分の解き方について分析を行い，問題文を読む読解力と解答を書く文章力を強化する。
4　第2章各問題の「学習ポイント」について重点的に学習を行い，理解して覚える。
5　午後過去問題で出題されているキーワードについては，第1章の「頻出順キーワード解説」を活用し知識の体系化を進める。
6　午前過去問題を解く学習を少しずつ継続する。苦手分野を克服する。

3　午前試験の学習方法

午前Ⅰ・午前Ⅱ試験ともに，基本は過去問の反復練習です。情報処理安全確保支援士午前試験の主要な問題は，同じ問題または類似の問題が繰り返し出題されるという特徴があります。また繰り返し出題のサイクルについても一定の傾向があります。

午前Ⅰ・午前Ⅱともに最初に過去3年（6回）程度の過去問を解いてみましょう（『情報処理安全確保支援士合格教本』（技術評論社）付属の午前Ⅰ・午前Ⅱ演習アプリ「DEKIDAS」のご利用をおすすめします）。過去問を解くときに注意してほしいことは，解いて答え合わせをして終わりにせずに，しっかりと解いた結果を記録に残すように心掛けてください。過去問を解いて記録に残すことで，どのような問題が出題されるのか，今の自分が何割程度正解できるのか把握しましょう。また，記録を残すことで下記のメリットがあります。

●記録を残すメリット
・得意分野不得意分野が把握できる
・頻出問題が分かる
・繰り返し出題のサイクルが分かる

午前問題では，午後問題を解く上での前提となる，幅広い基礎知識の有無を試されています。解けなかった問題は，しっかりと調べて理解しましょう。知らないキーワードについては，理解して覚えましょう。次回，同じ問題または，類似問題を解いたときに同じ間違いをしないようにすることが大切です。

得意分野・不得意分野を把握する

学習のタイミングとしては，試験に向けて学習に着手する初期学習に午前対策を集中的に行うことをお勧めします。最初に自分の得意分野・不得意分野が把握できるからです。その後は，午後試験問題対策中心にシフトしますが，スキマ時間などを利用して，午前試験対策も継続しましょう。そして，試験直前期に再度午前問題の復習期間を設けましょう。このタイミングで解けない問題については，試験当日までに問題と答えを覚えるようにしましょう。

具体的な学習方法については，第１章の「午前問題の学習方法」でお伝えします。

4 午後試験の学習方法

午後問題を解くためには次の力を必要とします。

・情報セキュリティの知識（技術面・運用面）
・問題文を読み，状況を理解する読解力
・簡潔な解答を書く文章力

上記の通り，情報セキュリティの知識だけがあっても，読解力・文章力がなければ合格できません。問題文の状況を把握したうえで，設問で問われていることに対する解答を制限文字数内で簡潔明瞭に答える必要があります。また，時間も限られています。知識・読解力・文章力を駆使して合格を勝ち取るためには，スポーツと同じで練習が必要です。本番試験で良い成果を出すための練習，それが過去問を解く学習になります。

情報処理安全確保支援士試験の午後問題には，正解を導き出すための手順があります。その手順を身に付けることで，効率よく学習を進めることができるようになります。

正解を導き出す手順は，次の「午後問題の解き方 5 Step」です。

●午後問題の解き方5 Step
Step1　問題文を読む
Step2　設問を読む
Step3　ヒントを見つける
Step4　解答を考える
Step5　解答を書く

知識だけで答える問題については，途中の手順を省くことがありますが，基本はこの手順に当てはまります。具体的な学習方法については，第 2 章の「午後問題の学習方法」でお伝えします。

5　学習時間の捻出方法

情報処理安全確保支援士の合格を目指す忙しい社会人にとって，一番の壁となるのが学習時間の確保だと思います。学習時間が確保できなければ，勉強できません。勉強ができなければ合格できません。学習そのものに加えて，学習時間を確保できるか，学習を継続できるか，が重要となります。

勉強の習慣化を

学習を継続するためには勉強を習慣化する必要があります。勉強を習慣にするということは，毎日の生活の中に勉強時間が組み込まれるということです。仕事をしている社会人が勉強時間を確保しようとしても，そう簡単にできるものではありません。

例えば，30 分勉強時間を確保するということは，代わりに 30 分間何かをやめることです。筆者の場合は，朝に 30 分間の時間を確保して行う勉強が習慣になりました。朝 30 分早く起きるために夜 30 分早く寝ることにしました。睡眠時間は減らせないので寝る前のテレビを見る時間を減らしました。読者のみなさんも，ご自身の生活スタイルに合った勉強習慣を身に付けるよう，工夫することをお勧めします。

●勉強習慣のための工夫
・早起きして勉強する
・通勤中に勉強する

・昼休みに勉強する
・残業せずに仕事の後にカフェで勉強する
・帰宅後にテレビを見るのをやめて勉強する
・夜寝る前に勉強する

6 試験前日から試験当日の過ごし方

試験前日から試験当日の学習方法についてお伝えします。今まで積み上げてきた学習の成果を発揮できるように，「平常心と集中力」で試験に臨むようにしましょう。

▶ 試験前日

・忘れ物がないように準備を済ませましょう

確認する持ち物例

持ち物	持った？（○,×）
受験票	
黒えんぴつまたはシャープペンシル（BまたはHB）	
消しゴム	
定規	
時計（ウェアラブル端末は持ち込み禁止なので注意！）	
（以下必要に応じて）	
えんぴつ削り	
ハンカチ	
ポケットティッシュ	

・前日の夜の「悪あがき」はせずに早く寝ましょう

▶ 試験当日朝

・**忘れ物がないか再確認**しましょう
・時間に余裕をもって起床・準備を行いましょう
・時間に余裕をもって試験会場へ向かいましょう

▶ 試験直前

・学習の記録であるノートやテキストを見直しましょう

▶ 試験中

・平常心と集中力を保ちましょう
・**解答を問題用紙に書き写しましょう**（問題用紙は持ち帰れるので自己採点に使用）

▶ 試験終了後

・午前問題についてはIPAから公開される解答例で自己採点をしましょう
・**間違えた問題について復習**しましょう

試験当日については，以上です。後はゆっくりと休みましょう。

7 試験翌日から合格発表までの学習方法

試験合格だけが最終目的ではないと思います。今まで習得してきた知識をより確実なものとして実務に生かすためにも学習を続けていきましょう。

▶ 試験後1週間程度

午前試験は当日の夜にはIPAから解答が公開されます。またインターネット上に様々な解答例の速報が公開されます。IPA以外の解答例は正解の保証はありませんが，参考にはなるはずです。試験当日に問題用紙に書き写した解答と比較して，違いについて検討してみましょう。

▶ 試験2か月後

IPAから午後問題解答例が公開されます。試験当日に問題用紙に書き写した解答で自己採点をしましょう。
・間違えた問題について復習しましょう
・IPAの合格発表を確認しましょう

▶ 試験3か月後

・IPAから採点講評が公開されます
・採点講評についても確認して今後の学習に生かしましょう

第1章

午前試験の基礎知識

- 午前問題の学習方法
- 頻出順キーワード解説
- 試験に出るガイドライン

午前問題の学習方法

CONTENTS

午前試験については序章でもお伝えしたとおり，午前Ⅰ試験も午前Ⅱ試験も過去問の反復練習を行うことで，セキュリティ基礎知識を習得するとともに，繰り返し出題される問題や繰り返し出題のサイクルなどの出題傾向について把握します。ここでは，午前問題が解けるようになるための具体的な学習方法について紹介します。

1 学習方法例①過去問を解く

午前試験学習については，ノートを準備して学習結果を記録に残しながら学習することをお勧めします。

準備するもの

過去問題と解答	・IPA（独立行政法人 情報処理推進機構）のサイトから過去問題・解答例をダウンロード ・もしくは，『情報処理安全確保支援士合格教本』（技術評論社）付録の，DEKIDASアプリを利用
ノート	学習の記録に使用。縦横罫線のある升目ノートがお勧め
タイマー	問題を解く制限時間の設定に使用する

学習方法

1. 問題とノートとタイマーを準備する

・ノートは解答用ページと記録用ページを分けて使用する
・解答用ページには，縦に午前Ⅰ午前Ⅱそれぞれの問題番号を書く
・タイマーは午前Ⅰ午前Ⅱそれぞれの制限時間にセットする
・午前Ⅰ　30問　50分
・午前Ⅱ　25問　40分

2. 問題を解く

①タイマースタート

②順番に問題を解きノートの解答用ページに選択した解答を記入する

③計算問題などはノートに計算過程も書く

④制限時間内を目標に全問題の解答を解く

3. 答え合わせをする

・解答を見て解答に○×を付ける

・○の数を数えて，正解率を計算する

・正解数と，正解率をメモする

4. 記録する

・ノートの記録用ページに以下のように記録する。

①令和4年 秋 SC 午前Ⅱ

②	③	④	⑤日付	⑥正誤記録			
番号	キーワード	正解	11/1	4/1	4/8		
1	MAC	ア	○	○	○		
2	PKIのRA	エ	○	○	○		
3	OASIS SAML	ア	イ	イ	イ		
4	Smurf攻撃	イ	ウ	○	ウ		
5	サービス妨害攻撃	ア	○	○	○		
…		…	…	…	…		
25	SaaSアクセス評価ID	イ	ウ	エ	○		
	⑦正解数		15	19	22		
	⑧正解率		60%	76%	88%		

①試験年度，春期 or 秋期，午前Ⅰ or 午前Ⅱ

　ノートの記録用ページ，見開き片面を使用する。

②問題番号を書く

③問題のキーワードを書く

　問題文や正解選択肢からキーワードを決める

④正解を書く

⑤問題を解いた日を記録する

勉強開始時から合格するまで問題を解いた日を記録する

⑥正誤を記録する

解答用ページを見て，正解したか間違ったかを記録する

・正解は○を書く

・間違った場合は，何を選択したか記録する

複数回解いた場合はその都度記録する

⑦正解数を記録する

⑧正解率を記録する

5. 間違った問題の正解を確認する

間違った問題については，IPA のサイトで正解を確認し，理解して覚えるようにしましょう。また，正解の自信はなかったけれど正解した問題についても要注意です。正解について確認して曖昧な点をなくすようにしましょう。

次回，同じ問題を解いたときに正解率がアップするはずなので，今回と比較できるように同じページに日付と正誤結果を記録してください。次回，同じ問題を解いたときに，自分の正解率の変化・成長を確かめましょう。

6. 試験直前復習

試験直前期には再度午前問題を解き，基礎知識の定着度を確認してください。学習方法 5 までの方法で問題を解き，再度同じ問題のページに日付や正誤結果を記録してください。

以前の同じ問題を解いたときよりも正解率がアップするはずですので，前回と比較して正解率のアップを確認してください。

また，3 回ほど同じ問題を解くと，自分の得意な問題と不得意な問題が明確に分かります。不得意問題については復習して間違わないようにしましょう。

・正誤記録

○が 3 個並ぶ　→　理解できている

不正解が 3 回続く　→　間違って覚えている。不得意。復習が必要

○と不正解が混ざる　→　理解できていない。記憶があやふや。復習が必要

7. 試験当日

試験当日の試験前休憩時間にノートを見直しましょう。午前試験の再出題サイクルとしては，次の傾向があります。

・前回試験からの再出題は少ない
・前々回試験以前からの再出題は多い

したがって，試験直前の休憩時間には前々回試験の記録ページから遡って，不得意な問題の正解を再確認して覚えるようにしましょう。

2 学習方法例②スキマ時間の活用

午前試験の対策には，スキマ時間を有効活用が大切です。通勤途中や休憩時間，待ち時間など，スキマ時間に学習できるように，問題集やテキストを常に用意しておき，スキマ時間には勉強することを習慣化しましょう。

頻出順キーワード解説

午前II試験では幅広いセキュリティの基礎知識について出題されます。この基礎知識は午後問題を解く上で習得していることが前提となるため，暗記するだけではなくしっかりと理解して覚える必要があります。特に繰り返し出題される頻出キーワードについては，確実に得点できるよう学習しておきましょう。

ここでは，平成21年春から令和4年春試験までの午前II試験全650問から頻出キーワードをピックアップし，頻出順に61個の単語を解説しました。基礎知識の確認・学習にご活用ください。

■デジタル証明書（ディジタル証明書）

デジタル証明書は，その持ち主の正当性を証明する身分証明書の役割を持つデータのことです。認証局（CA：Certificate Authority）とよばれる機関が発行します。サーバの認証に用いる場合はサーバ証明書，クライアントの認証に用いる場合はクライアント証明書などと呼びます。デジタル証明書は，公開鍵の正当性を証明する役割を持つため，公開鍵証明書ともよびます。

デジタル証明書の規格は，ITU-T（国際電気通信連合電気通信標準化部門）によりX.509として定められています。

■ IEEE 802.1X

IEEE 802.1X認証とは，IEEE（Institute of Electrical and Electronics Engineers）が標準化したLANに接続する機器の認証方式のことです。IEEE 802.1X認証は，以下3要素で構成します。

①認証サーバ

サプリカントからオーセンティケータ経由で受け取った認証情報にて，LANに接続する機器の認証可否を判断します。

②オーセンティケータ（認証装置）

オーセンティケータとは，IEEE 802.1Xに対応したLANスイッチや無線LANアクセスポイントのことです。認証サーバの認証可否判断結果にしたがい，サプリカントとの接続ポートの開閉を行います。

③サプリカント

サプリカントとは，LANに接続する機器（パソコンなど）にインストールするIEEE 802.1X対応の認証クライアントソフトウェアのことです。機器がオーセンティケータに接続されたときに，認証情報を認証サーバへ送信します。
IEEE 802.1X は，認証システムに **RADIUS** を，認証プロトコルに **EAP** を使用します。

■サイドチャネル攻撃

サイドチャネル攻撃とは，暗号化を行う機器の内部動作に応じて変化する電流や電圧，電磁波，処理時間などの内部データを読み取り，暗号解読の手がかりを得ようとする攻撃のことです。観測する情報の違いにより，**タイミング攻撃**や，**電力解析攻撃**，**テンペスト**（電磁波解析）**攻撃**などがあります。

■ ICMP

ICMP（Internet Control Message Protocol）とは，ネットワーク上の機器間で通信状態の確認などに使われるプロトコルです。ICMP は，IP プロトコルに含まれるプロトコルで，ネットワーク層で動作します。通信状態の確認には，**ping** コマンドなどを使用します。

■ CRL（証明書失効リスト）

CRL（Certificate Revocation List）とは，有効期間内に無効となったデジタル証明書のシリアル番号の一覧であり，申請者からの証明書廃棄申請を受けて検証機関もしくは認証局が発行し公開します。
デジタル証明書の利用者は，自分が利用しようとするデジタル証明書が証明書失効リストに含まれていないかどうか確認したうえで証明書を利用します。

■ DNSSEC

DNSSEC（DNS SECurity Extensions）は，DNS 応答の正当性を確認できる拡張仕様です。サーバとクライアントの間でやりとりするメッセージが改ざんされていないことを保証します。DNS からの応答としてメッセージのハッシュ値に公開鍵暗号方式でデジタル署名を付加することで，受信側は届いたメッセージからハッシュ値を求め，復号したハッシュ値と照合し，正しい内容であるかどうかを検証します。

■ OP25B

OP25B（Outbound Port 25 Blocking）とは，スパムメールの送信を防止するための方法です。動的 IP アドレスが割り当てられた ISP 内のコンピュータから，ISP の管理外のネットワークに直接送信されようとしたメールを遮断して，ISP の範囲外に出さないようにします。メールを送信する際の宛先ポート番号は 25 番（SMTP）になるので，OP25B では宛先ポート番号が 25 番の IP パケットを遮断（ブロック）します。

■デジタル署名

デジタル署名とは，通信内容の改ざんを検出するための仕組みのことです。デジタル署名そのものは，暗号化アルゴリズムやハッシュ関数などによって作成されたデータを，公開鍵暗号方式によって暗号化したものです。

デジタル署名を利用するときの基本的な仕組みは次の通りです。

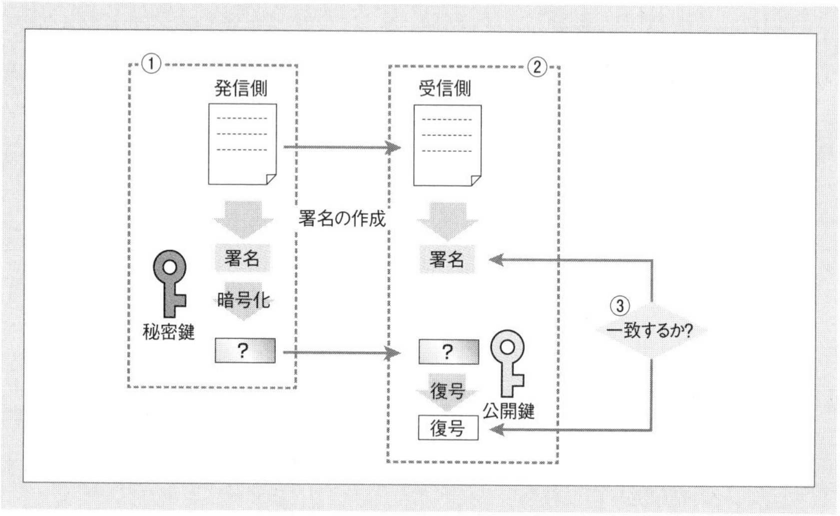

① まず，情報の発信側で，発信する情報から署名の内容を作成します。そして，署名の内容を送信者がもつ秘密鍵で暗号化し，情報とともに送信します。

② デジタル署名付きの情報を受け取った側では，受け取った情報から，送信者が作成した手順と同じ手順で署名内に含まれているはずのデータを作成します。同時に，送信者の公開鍵を使ってデジタル署名から署名の内容を復号します。

③ 受け取った情報が改ざんされていなければ，新たに作成したデータと，署名の内容は一致するはずなので，もし違っていれば受け取った情報は途中で改ざんされていることが分かります。

■ SQL インジェクション

Web ページ上の入力フォームに不正な文字列を入力することで，不正な SQL 文を Web アプリケーションに作成させて，データベースの内容を不正に閲覧または削除しようとする攻撃のことです。

SQL 文の文法上，データベースの操作において特別な意味をもつ文字が入力可能な場合に，不正な SQL 文を作成させることができます。このような文字を入力データから取り除くことでSQLインジェクションを防げます。この操作を**サニタイジング**といいます。

■スパムメール

スパムメールとは，フィッシングサイトへの誘導や商品の宣伝を目的として，不特定多数に送付されてくるメールのことです。受信者側は，セキュリティソフトの導入や不信なメールは削除するなどの対応が必要です。

■ IPsec

IPsecはTCP/IPのインターネットプロトコルを拡張して暗号化通信の機能と，通信内容の認証機能を提供するプロトコルです。

IPsecはAH，ESP，IKEという複数のプロトコルによって構成され，AHとESPは単にヘッダの追加によって実現されますが，IKEは独立した通信プロトコルとなっています。

コンピュータ同士が通信する場合ではトランスポートモードによるIPsecが，ゲートウェイ同士が通信する場合ではトンネルモードによるIPsecが使用できます。

トランスポートモードはネットワーク上のノード同士（コンピュータ同士）がIPsec通信を行う場合に利用します。

IPsecによって転送される通信パケットのIPヘッダ部分はIPsecの暗号化や認証の処理の対象とはなりません。

トンネルモードはゲートウェイとして動作するネットワーク機器が，その片側に接続されたネットワーク上で発生する通信パケットを，IPsecを利用してもう片側のネットワーク上をトンネルさせることによって通過させる場合に利用します。

トンネルされる通信パケットは，IPヘッダを含んだパケット全体がIPsec通信のためのデータ部分になり，あらたにトンネルするネットワークを転送するためのIPヘッダが付加されるようにパケットが生成されます。

■ ping

ping（Packet Internet Groper）とは，ネットワーク上の機器間で通信状態の確認などに使用するコマンドです。pingコマンドはICMP（Internet Control Message Protocol）のechoコマンドを利用します。IPアドレスやホスト名を指定して通信確認したい機器へ応答要求（ICMPエコーリクエスト）を送信し，応答（ICMPエコーリプライ）があるかどうかや応答所要時間などを確認できます。

■ SMTP-AUTH

SMTPにてユーザ認証を行うための方式です。メール送信時にメールサーバ（SMTPサーバ）とユーザクライアント間でパスワードを用いた利用者認証を行い，正式なパスワードによる認証が成功した場合だけ，メールの送信を許可します。

■ AES

米国国立標準技術研究所（NIST）が，脆弱性が発見されたDESの後継として公募した次世代標準暗号化方式のことをいいます。

■ EAP-TLS

EAP-TLS（Extensible Authentication Protocol Transport Layer Security）はIEEE 802.1Xで使われる認証プロトコルの1つで，認証のための通信を暗号化するためにTLSを利用し，クライアントとサーバの双方にデジタル証明書を必要とする認証を行うものです。

■ SAML

SAML（Security Assertion Markup Language）とは，異なるネットワーク間で認証情報を安全に受け渡しするための標準規格です。2002年にeビジネスの標準化団体であるOASIS（Organization for the Advancement of Structured Information Standards）によって策定されました。

シングルサインオンを実現するための認証方式のひとつとして利用されており，SAMLを利用することで，クラウドサービスまで含めたシングルサインオンが実現可能となっています。

■ cookie（クッキー）

cookieとは，Webサイトにアクセスしたときに，クライアント側の入力情報や環境情報をブラウザに保存する仕組みのひとつです。cookieを使用することで同じWebサイトに再度訪れたときに情報の再入力を省くことができるなどのメリットがあります。cookieは，Webサーバが発行し，クライアント側のWebブラウザに保存するテキストデータです。

■ Smurf攻撃

Smurfには集中攻撃という意味があります。Smurf攻撃は大量のICMPレスポンスを標的へ送信することで，標的機器のネットワークを逼迫させます。送信元IPアドレスを標的IPアドレスに偽装したICMPリクエスト（ping）を大量のコンピュータへ送信することで，大量のICMPレスポンスが標的へ送信されます。

■ OSコマンドインジェクション

OSコマンドインジェクションとは，Webページ上の入力欄にOSのコマンドラインで有効なコマンドを入力させ，Webサーバ上で不正な命令を実行させる攻撃のことです。OSコマンドインジェクション攻撃により発生する脅威は，ファイルの不正操作や不正なシステム操作などがあります。

■ CRYPTREC

CRYPTREC（Cryptography Research and Evaluation Committees）とは，電子政府が推奨する暗号の安全性を評価・監視し，暗号技術の適切な実装法・運用法を調査・検討するプロジェクトのことです。プロジェクトは，総務省及び経済産業省が共同運営する暗号技術検討会と，国立研究開発法人情報通信研究機構（NICT），独立行政法人情報処理推進機構（IPA）が共同運営する暗号技術評価委員会及び，暗号技術活用委員会で構成されています。

総務省及び経済産業省は，電子政府が参照すべき暗号のリストとして「電子政府における調達のために参照すべき暗号のリスト（CRYPTREC暗号リスト）」を策定・公開しています。

■ Secure属性

cookieには様々な属性を設定することができ，その中の1つがSecure属性です。Webサーバがcookie発行時に“Secure”を設定するとWebブラウザはWebサーバとWebブラウザ間がHTTPS通信であるかを確認してHTTPS通信であった場合にのみWebサーバにcookieを送出します。cookieはテキストデータのため，暗号化されていないHTTP通信では通信経路上で盗聴される可能性があるためです。

■ RADIUS

RADIUSとはリモートアクセスのユーザ認証に利用されるシステムのことです。

PAPやCHAPはPPPでのユーザ認証プロトコルとして利用されますが，これらの認証はあくまでPPPサーバ内に登録されているユーザ情報を利用した認証しか行いません。

RADIUSは，PPPサーバのような認証を必要とするシステムに対し，ユーザ認証の機能を一元的に提供することが可能なサーバ／クライアントシステムです。具体的にはユーザ認証を行う**RADIUSサーバ**と，それを利用する**RADIUSクライアント**によって構成されます。

リモートアクセスにPPPサーバを利用する場合では，PPPサーバでは認証動作をせず，RADIUSクライアントとしてRADIUSサーバにユーザ認証を依頼することになります。

RADIUSシステムでは，サーバとクライアント間でネットワーク上にパスワードを暗号化して転送することが可能なため，セキュリティを確保しながら，ユーザ管理のための情報をRADIUSサーバ上で一元的に管理することができます。

また，RADIUSはユーザのアカウンティング情報を保持することができるので，多くの時間課金のリモートアクセスシステムで利用されています。

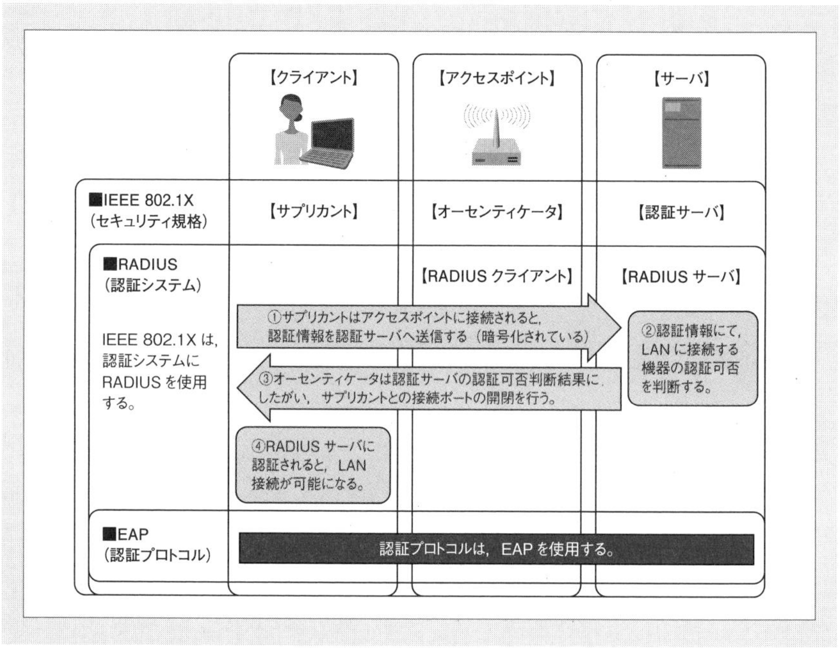

■ DNSキャッシュポイズニング

DNSキャッシュポイズニングとは，DNSサーバソフトウェアの脆弱性を利用して，DNSのキャッシュサーバに偽の情報を保存させることにより，ユーザを偽のアドレスに誘導する攻撃のことをいいます。その結果，偽のショッピングサイトや金融のサイトに誘導されて，不正にカード情報を取得される等のフィッシング詐欺の被害の危険性が生じます。

■ SSL/TLS

SSL/TLS は TCP を利用するアプリケーションに対し，通信の暗号化機能と認証機能を提供するセキュリティプロトコルの 1 つです。現在では Web ブラウザと Web サーバ間の通信を暗号化するための事実上の標準プロトコルとして利用されています。

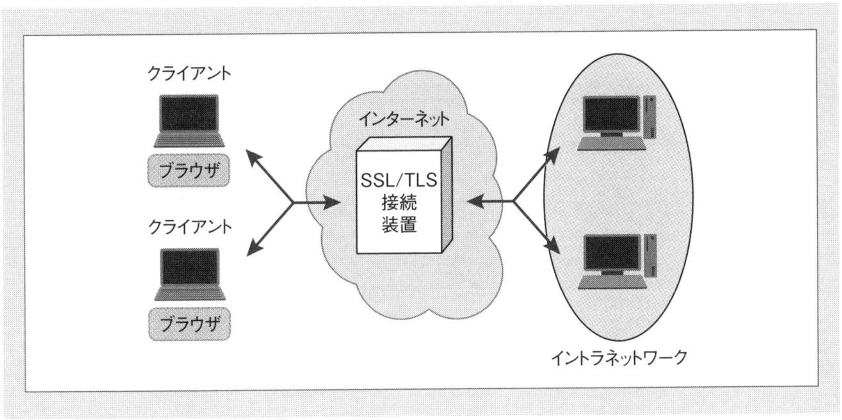

■フェールソフト

フェールソフトとは，システムに障害が発生した場合，性能や機能を落とし，残った機能を利用してシステムの運転を続行できるようにすることです。これに対し，障害発生時に安全な状態に移行する（停止など）ことをフェールセーフといいます。

■クラウドサービス

クラウドサービスとは，サーバやソフトウェアなどの資源をネットワーク経由で提供するサービスのことです。従来はサーバやソフトウェアを利用者側で購入・管理・運用する必要がありましたが，クラウドサービスを利用することで，必要な資源を必要なときだけ利用することが可能になります。

利用者側にとっては，必要な資源の分のみの料金を支払うことでサービスを利用できるなどのメリットがあります。ただし，クラウドサービス提供事業者側の障害時はサービスを利用できなくなるため，提供事業者の選定は慎重に検討する必要があります。

■ DKIM

DKIM（DomainKeys Identified Mail）は**送信ドメイン認証**ともいい，電子メールの認証技術です。DKIM では事前に公開鍵を DNS に格納しておき，電子メールのヘッダにデジタル署名を付与して送信します。受信側のメールサーバは，受け取ったデジタル署名から公開鍵を取得し，デジタル署名を検証します。ここで認証に失敗するとメールを受信することはできません。このように，偽装メールを判別できるため，スパムメール対策として有効です。

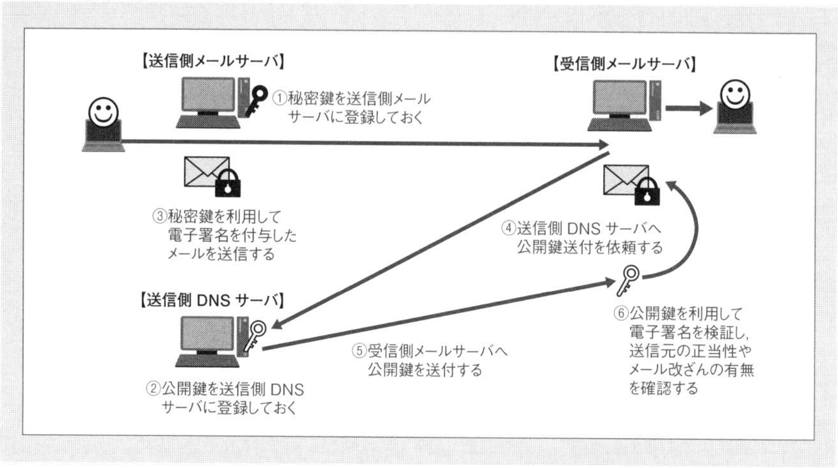

■デジタルフォレンジックス

もともとフォレンジックスとは犯罪捜査用語で「司法分析」といった意味を持つ言葉です。犯罪の証拠を保全すること，もしくはその方法全般を指すことが一般的です。デジタルフォレンジックスは，コンピュータ犯罪に関するフォレンジックスという意味で，通常はコンピュータ上に残された，犯罪の証拠となり得る情報を適切に保全することを指します。

■ OCSP

OCSP（Online Certificate Status Protocol）は，デジタル証明書の失効情報を取得するためのプロトコルです。パソコンなどの **OCSP クライアント**は，デジタル証明書を入手したタイミングで **OCSP レスポンダ**（OCSP サーバ）からデジタル証明書の失効情報を受け取り，証明書が失効していないか確認します。OCSP は，証明書失効リストの管理機関である検証局（VA：Validation Authority）が管理しています。

■ JVN

JVN（Japan Vulnerability Notes）とは，ソフトウェアの脆弱性に関連する情報を掲載している Web サイトのことです。IPA（情報処理推進機構）と情報セキュリティ情報を収集，対策支援を行う JPCERT/CC が主催しています。

■ HTTPS

HTTPS（HyperText Transfer Protocol Secure）とは，Web サーバと Web クライアント間の通信プロトコルである HTTP と暗号化通信を実現する SSL/TLS を組み合わせたものです。HTTPS は以下のような通信を行います。

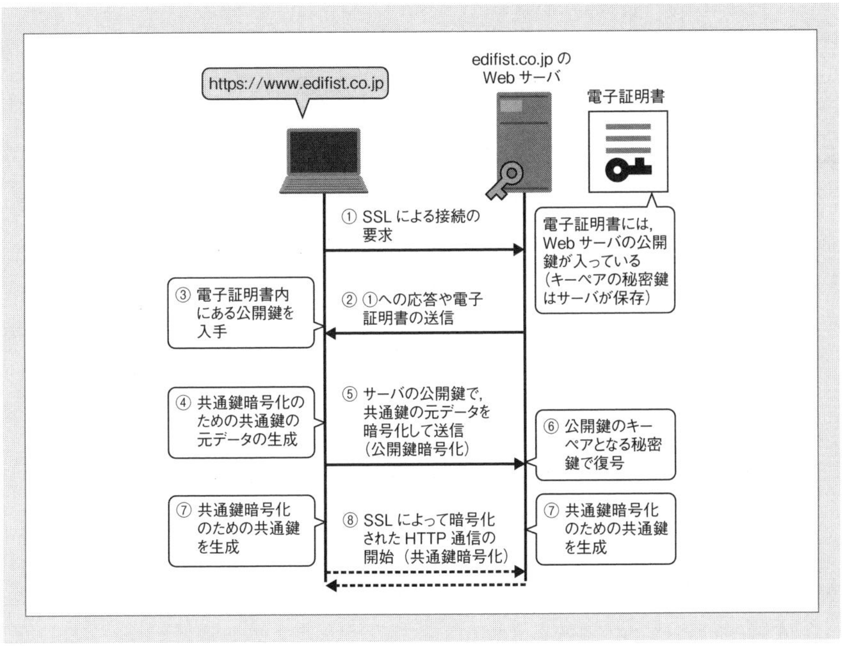

HTTPS を使用することで暗号化通信を実現し，通信経路上での盗聴や改ざん，なりすましを防止します。

■ハッシュ関数

可変長の情報から，固定長の文字列を作成する関数のことをハッシュ関数と呼びます。ハッシュ関数によって生成される固定長の文字列のことを**ハッシュ値**，または，**メッセージダイジェスト**と呼びます。メッセージダイジェストからもとの情報を復元することはできないという特徴があり，このことから一方向関数とも呼ばれます。これらの特徴から，検索の高速化や改ざん検出に使われています。

原則，もとの情報が一部でも異なれば，異なるハッシュ値が生成されます。例外として，異なる文字列から同じハッシュ値が生成される場合があり，これを**衝突**といいます。

代表的なハッシュアルゴリズムにはMD5，SHA-1があり，広く利用されていましたが，どちらも衝突が発見されたため，安全性が高いSHA-2への移行が進められています。

■ルートキット（rootkit）

ルートキットは，攻撃者が不正侵入前の事前調査から，痕跡を消して退散するまでに利用する複数のソフトウェアをまとめたもののことをいいます。「効率的」に攻撃を行えるようにするためのツールをひとまとめにしたものといえます。

■ XML デジタル署名

XMLデジタル署名とは，デジタル署名をXML形式で記述したものです。XMLデジタル署名には，次の形式があります。

- **デタッチ署名（detached signature）**
  対象データと別にXMLデジタル署名を作成し，署名内から対象データをURIで指定する。
- **エンベロープ署名（enveloped signature）**
  対象データの一部に署名を埋め込む形式。
- **エンベローピング署名（enveloping signature）**
  署名の一部に対象データを埋め込む形式。

■ SOA（サービス指向アーキテクチャー）

SOA（Service-Oriented Architecture：サービス指向アーキテクチャー）は，サービスという単位でシステムを開発するサービス志向の設計手法です。SOAでは既存のサービスとして利用できるコンポーネントをできる限り再利用して，システムの構築を行うことができます。コンポーネントはサービスの構成単位で，ソフトウェアを部品化して組み合わせたものです。

■ X.509

X.509とはデジタル証明書および証明書失効リスト（CRL）の書式などを定めた標準規格の一つです。X.509ではデジタル証明書及び，証明書失効リストのデータ形式などを定めています。

■テンペスト攻撃

テンペスト攻撃とは，画面から放射される電磁波やキー入力などの操作に伴って発生する電磁波を傍受し，どのような操作が行われているか解析することで情報を盗む攻撃です。

■ダイナミックパケットフィルタリング

ダイナミックパケットフィルタリングとは，ファイアウォールのフィルタリングルールのひとつです。主なフィルタリングルールとして以下のものがあります。

- **スタティックパケットフィルタリング**

パケットの送信元，宛先，プロトコル，ポート番号などで通信の可否を指定します。パケットの内容は確認できないため偽装パケットの通信を拒否することはできません。

- **ダイナミックパケットフィルタリング**

スタティックパケットフィルタリングの機能に加えて，通信記録から判断して動的に通信の可否を制御することができます。この機能を使うことで，許可している送信パケットに対応する戻りパケットのみを通過させることができます。

- **ステートフルパケットインスペクション**

ダイナミックパケットフィルタリングの機能に加えて，パケットの内容を確認して設定ルールに従い通信の可否を制御することができます。

■ PaaS

PaaSとは，クラウドサービス提供形態のひとつです。クラウドサービス提供形態は，主に以下の3種類があります。

- **SaaS（Software as a Service）**

ソフトウェアを提供するサービスです。利用者は必要なソフトウェア（例えばメールやファイル保存など）を利用することができます。

- **PaaS（Platform as a Service）**

アプリケーションの構築や実行に必要な環境（プラットフォーム）を提供するサービスです。利用者側はプラットフォームを利用することで，アプリケーションの構築や実行が可能になります。

- **IaaS（Infrastructure as a Service）**

サーバやストレージなどのITインフラを提供するサービスです。利用者側は必要なITインフラを選択して利用することができます。

■ CVSS

共通脆弱性評価システム（CVSS：Common Vulnerability Scoring System）とは，脆弱性の深刻度の汎用的な評価手法を指します。CVSSは，脆弱性の汎用的な評価手法であり，ベンダーに依存しない共通の評価方法を提供しています。CVSSでは次の3つの基準で脆弱性を評価します。

・基本評価基準

脆弱性そのものの特性を評価する基準のため，評価結果は固定で変化しません。脆弱性の固有の深刻度を評価する基準です。

・現状評価基準

脆弱性の現在の深刻度を評価する基準であり，脆弱性への対応状況に応じ変化します。脆弱性の現状を表すために評価する基準です。

・環境評価基準

利用環境ごとに最終的な脆弱性の深刻度を評価する基準であり，利用環境ごとに変化します。ユーザが脆弱性への対応を決めるために評価する基準です。

■ CVE

共通脆弱性識別子（CVE：Common Vulnerabilities and Exposures）とは，個別製品中の脆弱性を対象に，米国政府の支援を受けた非営利団体のMITRE社が採番している識別子であり，脆弱性を管理するための識別子です。脆弱性検査ツールや脆弱性対策情報提供サービスなどがCVEを利用しています。

■衝突発見困難性

衝突発見困難性とは，ハッシュ値が持つ性質のひとつで，衝突する（同じ値の）ハッシュ値が与えられたときに，ふたつの元メッセージの探索に要する計算量の大きさによる探索の困難性のことです。ハッシュ関数の衝突発見困難性が低ければ，データ改ざんの検知などにハッシュ値が使えなくなります。衝突発見困難性の高いハッシュ値ほど，セキュリティレベルは高いといえます。

■シングルサインオン

シングルサインオンとは，ネットワークを利用する場合などで，複数のサーバ資源にアクセスするときのユーザ認証を，利用者からみて1回の操作によって完了することを指します。

通常，複数の資源にアクセスするときには，認証操作は資源ごとに必要になります。また，資源ごとに利用者の登録やパスワードの設定が必要になりますが，シングルサインオンでは，このような利用者認証のための運用管理面の煩雑さも解消することができます。**Kerberos** などの認証システムは，シングルサインオンを実現する方法として利用されます。

■リバースプロキシ

リバースプロキシとは，クライアントからサーバへアクセスする場合に，インターネットとサーバの間に位置し，サーバへのアクセスを中継する機能のことです。リバースプロキシには，セキュリティ対策，複数サーバへの負荷分散，アクセス制御などの機能を持たせることができます。

■ DMZ

DMZ（DeMilitarized Zone）とは通常インターネットと組織内ネットワークの中間に位置するネットワークセグメントを指します。非武装地帯とも呼ばれます。

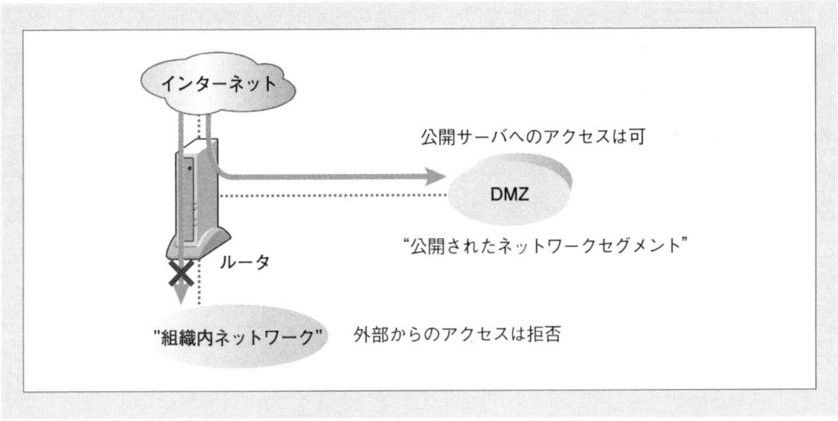

DMZ はインターネットに対してある程度のアクセス制限が設けられ，組織内ネットワークへのアクセス制限も設けられます。つまり，通常は部分的に公開されたネットワークセグメントという位置付けになります。多くの組織が，インターネットにサーバを公開する場合，この DMZ にサーバを設置することにしています。DMZ 機能が用意されている単体のルータで利用することもでき，また適切なフィルタリングルールが設定された 2 台のルータを使って構築することもできます。

■ビヘイビア法

ビヘイビアとは，振る舞い，挙動，などのことです。ビヘイビア法とは，セキュリティ対策ソフトなどがマルウェアを検知する手法のひとつで，実行中プログラムの振る舞いを監視して，不審な処理を行っていないかを調べる方法です。

■サブネットマスク

サブネットマスクとは，IPアドレスのネットワークアドレス部を示す識別子のことです。サブネットマスクが2進数で

11111111 11111111 11111111 00000000

の場合は，1が並ぶ上位24ビットがネットワークアドレス部，下位8ビットがホストアドレス部となります。

■共通鍵暗号方式

共通鍵暗号方式は，暗号化と復号に同じ鍵を利用する暗号方式です。

鍵管理の面でいえば，暗号化と復号に同じ鍵を利用するためには，この暗号方式を利用する当事者間で何らかの方法を利用して，鍵そのものを相手に渡しておかなければなりません。このとき，第三者に参照されることなく，安全に渡すことができる方法を考えなくてはなりません。

また，共通鍵暗号方式で複数の人間が同じ鍵を利用する状況は，情報を共有する場合だけに限定する必要があるので，通常は暗号化通信を利用すべき通信相手が増えると，それに応じて多くの鍵を管理しなければならなくなります。

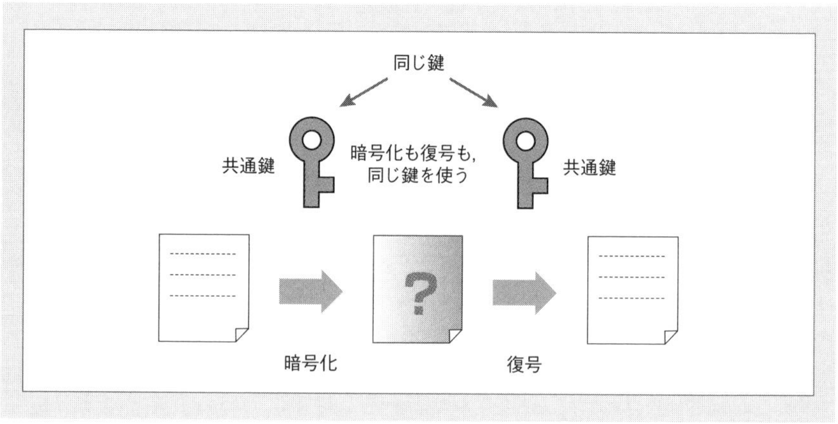

■リスク回避

リスク回避とは，情報セキュリティリスクに対応する方法のひとつです。リスクへの対応方法には以下の4種類があります。

- **リスク回避**
  リスクのあるWebサイトを廃止するなどしてリスクの発生源をなくす対応です。
- **リスク移転**
  リスクのある業務をアウトソーシングするなどしてリスクを他へ移す対応です。
- **リスク低減**
  リスクのあるWebサイトにセキュリティ対策を行うなどしてリスクの発生を低減させる対応です。
- **リスク保有**
  リスクの発生率が低く発生した場合の損害が少ない場合などに，リスクを受け入れる対応です。

■サブミッションポート

サブミッションポートとは，パソコンなどからメールサーバ（SMTPサーバ）にメールを送信するときに使用するTCPポートのことです。SMTPの標準は25番ポートですが，不正送信や迷惑メール対策のために，SMTP認証（SMTP Authentication）を使用する送信用ポートとして587番ポートが使われるようになりました。またSMTPS（SMTP over SSL/TLS）の場合は465番ポートが多く使われます。

■ファイアウォール

社内LANとインターネットとの境界に位置し，外部から侵入してくる不正なパケットなどをフィルタリングして社内に入れないようにしたり，社内からインターネットに向けて送信される，自社の業務では用いられない不審なプロトコルの通信を拒否したりすることで，安全性を高めるための装置です。

パケットフィルタリング型のファイアウォールでは，IPパケットのIPヘッダの情報（IPアドレスなど）や，TCPヘッダの情報（ポート番号など）を参照し，条件に適しないIPパケットを通過させないことで，不審なIPパケットが侵入してくることを防いでいます。

■ SPF

SPF（Sender Policy Framework）は，送信ドメイン認証方式の1つで，メールが正しい送信者から送信されていることを証明するための仕組みです。SPFでは，SMTP通信で送信元のホストのIPアドレスを基に認証を行います。メールの送信元では

DNS に SPF レコード（送信元サーバの IP アドレス）を登録しておきます。送信側サーバは受信側サーバに MAIL FROM コマンドでメール送信者のメールアドレスと送信側サーバの IP アドレスを送信します。

受信側の SMTP サーバは，送信されてきたメールの IP アドレスと送信元の DNS に登録されている SPF レコードに記載されている IP アドレスを比較し，真正な送信元サーバから送信されているメールであるかどうかを確認します。

■ WAF

WAF（Web Application Firewall）は Web 上のアプリケーション用のファイアウォールです。WAF はサーバへのアクセス内容を監視して，不正アクセスの検査，処理，ログ取得の機能があり，これにより攻撃による影響を低減させます。Web アプリケーションへの攻撃に対処する方式として，拒否リスト（ブロックリスト）と許可リスト（パスリスト）を利用する方法があります。

拒否リストは，攻撃と思われる通信の「不正な値，パターン」を定義した検出パターンです。逆に**許可リスト**は，通信を許可してもよい「正しい値，パターン」を定義した検出パターンです。

■ TPM

TPM（Trusted Platform Module）とは，セキュリティ機能に特化した暗号モジュールのことで，パソコンのマザーボードなどに実装されます。TPM はデータの暗号化やデジタル署名の作成や検証などの機能を持ち，情報は外部機器からアクセスできないためセキュリティ強度を高めることができます。

■ JIS Q 20000

JIS Q 20000 とは，IT サービスマネジメントシステム要求事項に関する国際規格である ISO/IEC 20000 を日本工業規格化したものです。JIS Q 20000 は「JIS Q 20000-1: サービスマネジメント要求事項」と「JIS Q 20000-2: サービスマネジメント実施基準」の 2 部構成となっています。

■ ICMP Flood 攻撃

Flood の意味は洪水（あふれる）です。ICMP Flood 攻撃はサイズの大きい ICMP リクエストを標的へ大量に送信し続けることで，標的機器の処理能力やネットワークを逼迫させます。Smurf 攻撃との違いに注意が必要です。

■ OASIS

OASIS（Organization for the Advancement of Structured Information Standards）とは，e ビジネスにおける標準技術の策定と普及促進を行う標準化団体のひとつです。主な標準規格として，異なるネットワーク間で認証情報を受け渡しするための標準規格である SAML（Security Assertion Markup Language）などがあります。

■ DNS キャッシュサーバ／権威 DNS サーバ

DNS キャッシュサーバとは，クライアントから名前解決問合せを受け付けるサーバです。サーバのキャッシュ情報に名前解決情報（ホスト名と IP アドレスの対応付け）があればクライアントに回答しますが，情報がなければ上位の DNS サーバへ問合せを行います。

権威 DNS サーバとは，名前解決情報を保持・管理するサーバのことです。名前解決問合せに対して回答します。

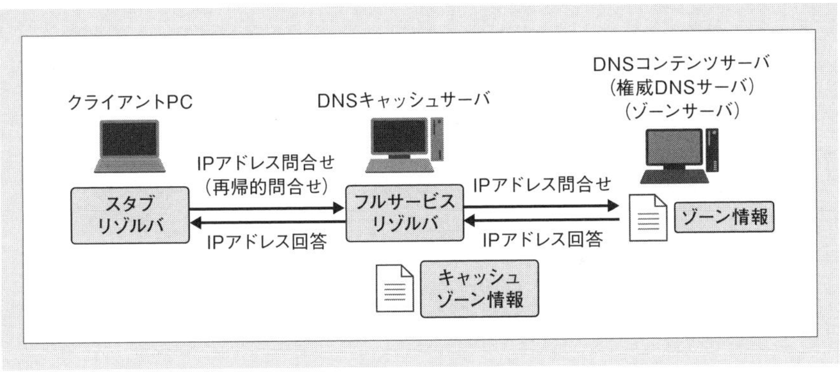

■プレースホルダ

プレースホルダとは，SQL 文の書き方の仕組みのひとつで，Web サイトからの入力値などを挿入して SQL 文を作成する場合に，入力値を挿入する位置を示すための特殊な記号のことです。プレースホルダは，SQL インジェクション攻撃の対策として使用します。SQL インジェクション攻撃とは不正な SQL 命令を攻撃対象の Web サイトに送り，データベースの改ざんや情報搾取を行うものです。プレースホルダを利用することで，Web サイトの入力欄に悪意を持った SQL 文を入力された場合でも，入力情報を SQL 文と認識することを防ぐことができます。

■エクスプロイトコード

エクスプロイトコードとは，ソフトウェアやハードウェア上のファームウェアなどに含まれる脆弱性を利用して書かれた，悪意あるプログラムコードやスクリプトコードのことです。本来は，脆弱性検証ツールとして作成していたコードですが，悪用することで脆弱性攻撃に利用できるため，悪意あるコードについてもエクスプロイトコードとよばれるようになりました。元々「エクスプロイト（exploit）」とは「偉業，功績」という意味で，攻撃者が他の（コードを書いた）攻撃者を称えるために命名されたとされています。

■トランザクション署名

トランザクション署名とは，インターネット経由の通信において改ざんを防ぐ方式のひとつであり，MITB（Man-In-The-Browser）攻撃の対策としてオンラインバンキングなどに利用されています。利用者の手元にあらかじめ準備しておいたハードウェアトークン（ワンタイムパスワードを表示する装置）で生成されるトランザクション署名を入力送信することで通信内容の改ざんを検知することが可能になります。

試験に出るガイドライン

▶CONTENTS

情報処理安全確保支援士試験では，情報セキュリティに関するガイドラインの内容について出題されることが多々あります。どのようなガイドラインがあるのか，それぞれの内容についてポイントを押さえておくようにしましょう。主な情報セキュリティに関するガイドラインについて解説しますので，学習にお役立てください。

1 中小企業の情報セキュリティ対策ガイドライン

出所：IPA（独立行政法人情報処理推進機構）
https://www.ipa.go.jp/security/keihatsu/sme/guideline/index.html

「中小企業の情報セキュリティ対策ガイドライン」とは，情報セキュリティ対策に取り組む際の，「経営者が認識し実施すべき指針」と「情報セキュリティ対策を実践する際の手順や手法」についてまとめられており，個人事業主や小規模事業者を含む中小企業での利用を想定しています。IT に詳しくない経営者向けに理解しやすい表現を用いており，IT を利活用している企業が情報セキュリティ対策に取り組み，経済社会全体のサイバーリスク低減につながることを期待してつくられています。

ガイドラインの「はじめに」から本ガイドラインの目的を引用します。

--- 引用ここから----
はじめに

経営者の皆様へ
本ガイドラインは，中小企業の皆様に情報を安全に管理することの重要性についてご認識いただき，中小企業にとって重要な情報を漏えい，改ざん，消失などの脅威から保護するための情報セキュリティ対策の考え方や，段階的に実現するための方策を紹介することを目的としたものです。
--- 引用ここまで----

内容は，「第 1 部　経営者編」「第 2 部　実践編」の 2 部構成となっています。「経営者編」では，情報セキュリティ対策に関して，経営者が認識し自らの責任で考えなければならない事項について説明しています。「実践編」では，情報セキュリティ対策を実践する責任者・対象者を対象に実務的な進め方について説明しています。

また，本ガイドラインには下記の付録があります。

付録1　情報セキュリティ 5か条
付録2　情報セキュリティ基本方針
付録3　新5分でできる！情報セキュリティ自社診断
付録4　情報セキュリティハンドブック
付録5　情報セキュリティ関連規程
付録6　クラウドサービス安全利用の手引き
付録7　リスク分析シート

付録 1　情報セキュリティ 5 か条

（『中小企業の情報セキュリティ対策ガイドライン』付録）
出所：IPA（独立行政法人情報処理推進機構）
https://www.ipa.go.jp/files/000055516.pdf

以下の，情報セキュリティ 5 か条について解説しています。

1　OS やソフトウェアは常に最新の状態に使用！
2　ウイルス対策ソフトを導入しよう！
3　パスワードを強化しよう！
4　共有設定を見直そう！
5　脅威や攻撃の手口を知ろう！

付録 2　情報セキュリティ基本方針（サンプル）

（『中小企業の情報セキュリティ対策ガイドライン』付録）
出所：IPA（独立行政法人情報処理推進機構）
https://www.ipa.go.jp/security/keihatsu/sme/guideline/index.html より

情報セキュリティ基本方針のサンプルがダウンロードできます。編集することで自社用の情報セキュリティ基本方針を作成することができます。

付録 3　新 5 分でできる！情報セキュリティ自社診断

（『中小企業の情報セキュリティ対策ガイドライン』付録）
出所：IPA（独立行政法人情報処理推進機構）
https://www.ipa.go.jp/files/000055848.pdf

「新 5 分でできる！情報セキュリティ自社診断」は，「基礎的対策」「従業員としての対策」「組織としての対策」の 3 つの Part に分かれた 25 問の質問に回答することで情報セキュリティ自己診断ができるようになっています。自己診断結果をもとに，4 段階に分けた対策を検討できます。

付録 4　情報セキュリティハンドブック（ひな形）

（『中小企業の情報セキュリティ対策ガイドライン』付録）
出所：IPA（独立行政法人情報処理推進機構）
https://www.ipa.go.jp/files/000055529.pptx

情報セキュリティハンドブックのひな型がダウンロードできます。このハンドブック（ひな型）は，「全社基本ルール」「仕事中のルール」「全社共通のルール」で構成されており，編集することで，自社用の情報セキュリティハンドブックを作成することができます。本ハンドブックは，従業員に配布し自社のセキュリティルールを実行してもらうために作成するものです。

付録 5　情報セキュリティ関連規程（サンプル）

（『中小企業の情報セキュリティ対策ガイドライン』付録）
出所：IPA（独立行政法人情報処理推進機構）
https://www.ipa.go.jp/files/000055794.docx

情報セキュリティ関連規定のサンプルがダウンロードできます。編集することで自社用の情報セキュリティ関連規定を作成することができます。下記の 11 項目で構成されています。

1　組織的対策
2　人的対策
3　情報資産管理
4　アクセス制御及び認証
5　物理的対策
6　IT 機器利用
7　IT 基盤運用管理
8　システム開発及び保守
9　委託管理
10　情報セキュリティインシデント対応ならびに事業継続管理
11　個人番号及び特定個人情報の取り扱い

付録 6　クラウドサービス安全利用の手引き

（『中小企業の情報セキュリティ対策ガイドライン』付録）
出所：IPA（独立行政法人情報処理推進機構）
https://www.ipa.go.jp/files/000072150.pdf

『クラウドサービス安全利用の手引き』とは，中小企業・小規模事業者の経営者向けに，クラウドサービス導入について以下の内容を分かりやすく解説しています。

・クラウドサービスを利用する前に確認すること
・利用者がやるべきこと
・クラウド事業者を選択するときのポイント
・運用するときのポイント
・セキュリティ管理のポイント
・情報セキュリティに役立つ情報

「クラウド事業者を選択するときのポイント」では，以下の「クラウドサービス選択時に参考となる制度等」を紹介しています。

----引用ここから----
■クラウドサービス選択時に参考となる制度等
クラウドサービス事業者が適切なデータ保護やセキュリティ対策を実施していることをマークとして表示する制度があります。いずれもURL記載のページ内でそれぞれの条件を満たすサービスが紹介されており，選定時の参考として利用することができます。

ISMSクラウドセキュリティ認証（一般社団法人情報マネジメントシステム設定センター）
https://isms.jp/isms.html
通常のISMS（JIS Q 27001）認証に加えて，クラウドサービス固有の管理策（ISO/IEC 27017）が適切に導入，実施されていることを認証するものです。
クラウド情報セキュリティ監査制度（特定非営利活動法人日本セキュリティ監査協会）
https://jcispa.jasa.jp/cloud_security/
クラウドサービス事業者が基本的な要件を満たす情報セキュリティ対策を実施していることを監査し，その結果をCSマークの表示許諾を通じて利用者に対し，安全性が確保されていることを公開する制度です。外部監査と内部監査で「ゴールド」と「シルバー」の2種類があります。
ASP・SaaS情報開示認定制度（特定非営利活動法人日本ASP・SaaS・IoTクラウドコンソーシアム）
http://www.cloud-nintei.org/asp-nintei/
安全・信頼性に係る比較・評価・選択を行うために必要な情報を，クラウドサービス事業者が開示をしていることを認定する制度です。クラウドで扱う情報や環境の種類に応じて，「医療情報」「特定個人情報」「IoTクラウド」「データセンター」など合計7種類の認証マークが定められています。
----引用ここまで----

最後の「情報セキュリティに役立つ情報」では，以下のガイドラインを紹介しています。

----引用ここから----
クラウドサービス利用のための情報セキュリティマネジメントガイドライン（経済産業省）
クラウドサービスの利用にかかわるリスク対応のためにJIS Q 27002（実践のための規範）から適切な管理策を選択し，導入するための助言とその最適な実施のための手引きを提供している
https://www.meti.go.jp/policy/netsecurity/downloadfiles/cloudsec2013fy.pdf
クラウドセキュリティガイドライン活用ガイドブック（経済産業省）
実際に発生した事故や，事業者が抱える様々なセキュリティ上の課題をベースに，ITサービスとしてのクラウドサービスに関するリスクと対策を，事業者と利用者のそれぞれについて解説している
https://www.meti.go.jp/policy/netsecurity/downloadfiles/cloudseckatsuyou2013fy.pdf
クラウドサービスの安全・信頼性に係る情報開示指針（総務省）
クラウドサービスの安全・信頼性を向上させることを目的として，利用者のサービス選定における情報収集の負担を軽減する観点から，クラウドサービス事業者によるクラウドサービスに係る情報開示のあり方を示した設計
https://www.soumu.go.jp/main_content/000477838.pdf
SECURITY ACTIONセキュリティ対策自己宣言（独立行政法人情報処理推進機構）
中小企業自らが情報セキュリティ対策に取組むことを自己宣言する制度で，自社の状況に応じて「一つ星」と「二つ星」の2段階の取組み目標を用意している
https://www.ipa.go.jp/security/security-action/
--- 引用ここまで----

付録 7　リスク分析シート

（『中小企業の情報セキュリティ対策ガイドライン』付録）
出所：IPA（独立行政法人情報処理推進機構）
https://www.ipa.go.jp/files/000055518.xlsx

「リスク分析シート」は，自社の情報資産に想定されるリスクの特定と，対策を検討できるよう作成されています。以下の 6 つのシートがあります。

- 台帳記入例
- 重要度定義
- 情報資産管理台帳
- 脅威の状況
- 対策状況チェック
- 診断結果

2 安全なウェブサイトの作り方

出所：IPA（独立行政法人情報処理推進機構）
https://www.ipa.go.jp/security/vuln/websecurity.html

「安全なウェブサイトの作り方」は，IPA が受けた届出件数の多かった脆弱性や攻撃による影響度が大きい脆弱性を取り上げ，ウェブサイト開発者や運営者が適切なセキュリティを考慮したウェブサイトを作成するための資料です。本ガイドラインは，次の 3 部構成となっています。

第 1 章　ウェブアプリケーションのセキュリティ実装

下記 11 種類の脆弱性について，「発生しうる脅威」「注意が必要なウェブサイトの特徴」「根本的解決」を紹介しています。「根本的解決」では，脆弱性に対する根本的な解決策，攻撃による影響の低減策を示しています。

1）SQL インジェクション
2）OS コマンドインジェクション
3）パス名パラメータの未チェック／ディレクトリ・トラバーサル
4）セッション管理の不備
5）クロスサイト・スクリプティング
6）CSRF（クロスサイト・リクエスト・フォージェリ）
7）HTTP ヘッダ・インジェクション
8）メールヘッダ・インジェクション
9）クリックジャッキング
10）バッファオーバーフロー
11）アクセス制御や認可制御の欠落

第 2 章　ウェブサイトの安全性向上のための取り組み

この章では，ウェブサイト全体の安全性を向上するための運用レベルでの対策の取り組みを紹介しており，次の 7 つの観点で対策や注意点を解説しています。

1）ウェブサーバに関する対策
2）DNS に関する対策
3）ネットワーク盗聴への対策
4）フィッシング詐欺を助長しないための対策
5）パスワードに関する対策
6）WAF によるウェブアプリケーションの保護
7）携帯ウェブ向けのサイトにおける注意点

第 3 章　失敗例

この章では，下記 8 種類の脆弱性について，ウェブアプリケーションに脆弱性を作り込んでしまった際のソースコードや修正例を紹介しています。

1）SQL インジェクションの例
2）OS コマンドインジェクションの例
3）パス名パラメータの未チェックの例
4）不適切なセッション管理の例
5）クロスサイト・スクリプティングの例
6）CSRF（クロスサイト・リクエスト・フォージェリ）の例
7）HTTP ヘッダ・インジェクションの例
8）メールヘッダ・インジェクションの例

また『安全なウェブサイトの作り方』では，次の 2 冊の別冊を準備しています。

・別冊：安全な SQL の呼び出し方
・別冊：ウェブ健康診断仕様

安全な SQL の呼び出し方

（『安全なウェブサイトの作り方』別冊）
出所：IPA（独立行政法人情報処理推進機構）
https://www.ipa.go.jp/files/000017320.pdf

「安全な SQL の呼び出し方」は，SQL インジェクション攻撃に対する対策手法について掘り下げて検討し，どの DBMS 製品をどのように使えば安全な SQL 呼び出しを実現できるのか，具体的ケースについて調査結果を紹介しています。以下の 4 章で構成されています。

1）リテラルとSQLインジェクション

この章ではSQL文の構造やリテラル（定数）の説明から，SQLインジェクションの原因及び，安全なSQL呼び出しの要件について解説しています。

2）SQLの呼び出し方

この章ではSQLの呼び出し方に関する，静的プレースホルダと動的プレースホルダについて解説しています。

3）データベースと連動したSQL文生成

この章では「文字列検索」と「動的プレースホルダ」について，安全なSQL呼び出しに必要なことを解説しています。

4）DBMS製品の実態調査

この章では，具体的なDBMS製品について，「プレースホルダの実装」や「動的プレースホルダのエスケープ処理」などが正しく処理できるかについて，サンプルコードを交えて調査結果を紹介しています。

ウェブ健康診断仕様

（『安全なウェブサイトの作り方』別冊）

出所：IPA（独立行政法人情報処理推進機構）

https://www.ipa.go.jp/files/000017319.pdf

「ウェブ健康診断仕様」とは，Webアプリケーションの脆弱性の有無を診断する仕様をまとめたものです。脆弱性に対する「診断項目」や「危険度基準」「総合判定基準」を公開しています。Webアプリケーションについて，基本的な対策ができているかを診断できるように作られています。

3 サイバーセキュリティ経営ガイドライン

出所：MEIT（経済産業省）

IPA（独立行政法人情報処理推進機構）

https://www.meti.go.jp/policy/netsecurity/mng_guide.html

「サイバーセキュリティ経営ガイドライン」は，経営者が認識すべきサイバーセキュリティに関する原則や，経営者のリーダーシップによって取り組むべき項目についてまとめられています。具体的には，サイバーセキュリティの体制整備や対策の進め方，社会やステークホルダーに対する情報開示の在り方について解説しています。本ガイドラインでは，企業のサイバーセキュリティに対する適切な投資で対策強化が行われることを目的としています。

「サイバーセキュリティ経営ガイドライン」では，「経営者が認識すべき 3 原則」と「サイバーセキュリティ経営の重要 10 項目」について解説しています。

次の 3 項目を「経営者が認識すべき 3 原則」としてガイドラインでは解説をしています。3 原則の項目を引用します。

--- 引用ここから ---
(1) 経営者は，サイバーセキュリティリスクを認識し，リーダーシップによって対策を進めることが必要
(2) 自社は勿論のこと，ビジネスパートナーや委託先も含めたサプライチェーンに対するセキュリティ対策が必要
(3) 平時及び緊急時のいずれにおいても，サイバーセキュリティリスクや対策に係る情報開示など，関係者との適切なコミュニケーションが必要
--- 引用ここまで ---

当ガイドラインでは，次の「サイバーセキュリティ経営の重要 10 項目」について「対策を怠った場合のシナリオ」と「対策例」について解説をしています。10 項目を引用します。

--- 引用ここから ---
〈経営者がリーダーシップをとったセキュリティ対策の推進〉
(サイバーセキュリティリスクの管理体制構築)
指示1：サイバーセキュリティリスクの認識，組織全体での対応方針の策定
指示2：サイバーセキュリティリスク管理体制の構築
指示3：サイバーセキュリティ対策のための資源（予算，人材等）確保

(サイバーセキュリティリスクの特定と対策の実装)
指示4：サイバーセキュリティリスクの把握とリスク対応に関する計画の策定
指示5：サイバーセキュリティリスクに対応するための仕組みの構築
指示6：サイバーセキュリティ対策におけるPDCAサイクルの実施

(インシデント発生に備えた体制構築)
指示7：インシデント発生時の緊急対応体制の整備
指示8：インシデントによる被害に備えた復旧体制の整備

〈サプライチェーンセキュリティ対策の推進〉
指示9：ビジネスパートナーや委託先等を含めたサプライチェーン全体の対策及び状況把握

〈ステークホルダーを含めた関係者とのコミュニケーションの推進〉
指示10：情報共有活動への参加を通じた攻撃情報の入手とその有効活用及び提供
--- 引用ここまで ---

4 サイバーセキュリティ経営ガイドライン 実践のためのプラクティス集

出所：IPA（独立行政法人情報処理推進機構）
https://www.ipa.go.jp/security/fy30/reports/ciso/index.html

「サイバーセキュリティ経営ガイドライン 実践のためのプラクティス集」は，「サイバーセキュリティ経営ガイドライン」の「サイバーセキュリティ経営の重要10項目」について，実践する際に参考となる考え方やヒント，実施手順，実践事例を紹介しているプラクティス集です。

本ガイドラインの構成は以下のとおりです。ガイドラインより「本プラクティスの構成」を引用します。

--- 引用ここから ---
第1章：経営とサイバーセキュリティ
経営者やCISO等に向けて，国内のサイバー攻撃の被害事例やサイバー攻撃の特徴を踏まえ，サイバーセキュリティが与える企業への影響や経営課題としての重要性をまとめる。

第2章：サイバーセキュリティ経営ガイドライン実践のプラクティス
サイバーセキュリティ対策を実施するCISO等やセキュリティ担当者，人材育成・支援担当者に向けて，事例に基づく重要10項目の実践手順，実践内容，取り組む際の考え方，ヒントをプラクティスとして示す。

第3章：サイバーセキュリティ対策を推進する担当者の悩みと取組のプラクティス
サイバーセキュリティ対策を実施するセキュリティ担当者や人材育成・支援担当者が，対策を推進する上で経験した悩みとそれを解決するために取り組んだ際の実践手順，内容，取り組む際の考え方，得られた知見をプラクティスとして示す。
--- 引用ここまで ---

5 情報セキュリティ 10大脅威

出所：IPA（独立行政法人情報処理推進機構）
https://www.ipa.go.jp/security/vuln/10threats2022.html

「情報セキュリティ 10 大脅威」とは，前年に発生した情報セキュリティ事故や攻撃の状況等から脅威を選出し，上位10位をIPAが公開しているものです。「情報セキュリティ 10 大脅威」では，各脅威について「攻撃者」「被害者」「脅威と影響」「攻撃手口」「要員」「事例又は傾向」「対策／対応」を解説しています。

--- 引用ここから ---

■「情報セキュリティ 10大脅威2022」

昨年順位	個人	順位	組織	昨年順位
2位	フィッシングによる個人情報等の詐取	1位	ランサムウェアによる被害	1位
3位	ネット上の誹謗・中傷・デマ	2位	標的型攻撃による機密情報の窃取	2位
4位	メールやSMS等を使った脅迫・詐欺の手口による金銭要求	3位	サプライチェーンの弱点を悪用した攻撃	4位
5位	クレジットカード情報の不正利用	4位	テレワーク等のニューノーマルな働き方を狙った攻撃	3位
1位	スマホ決済の不正利用	5位	内部不正による情報漏えい	6位
8位	偽警告によるインターネット詐欺	6位	脆弱性対策情報の公開に伴う悪用増加	10位
9位	不正アプリによるスマートフォン利用者への被害	7位	修正プログラムの公開前を狙う攻撃（ゼロデイ攻撃）	**NEW**
7位	インターネット上のサービスからの個人情報の窃取	8位	ビジネスメール詐欺による金銭被害	5位
6位	インターネットバンキングの不正利用	9位	予期せぬIT基盤の障害に伴う業務停止	7位
10位	インターネット上のサービスへの不正ログイン	10位	不注意による情報漏えい等の被害	9位

NEW：初めてランクインした脅威

--- 引用ここまで ---

「ランサムウェアによる被害」や「標的型攻撃による機密情報の窃取」などを代表とする情報セキュリティ事故や攻撃の状況ついては，午後Ⅰ・午後Ⅱ試験の問題状況設定にも登場しますので，目を通しておくようにしましょう。

「情報セキュリティ 10 大脅威 2022」の，「個人」の立場と「組織」の立場でのランキングは前記の表の通りです。

6 情報セキュリティ白書

出所：IPA（独立行政法人情報処理推進機構）
https://www.ipa.go.jp/security/publications/hakusyo/2022.html

「情報セキュリティ白書」とは，情報セキュリティに関する脅威の動向，インシデントの発生状況，被害実態などについて，毎年トピックを取り上げて解説しており，情報セキュリティ分野の全体把握ができるように網羅的にまとめられている書籍です。IPA が 2008 年から毎年発行しています。

「情報セキュリティ白書」は，次の 3 部構成となっています。

第 1 章 情報セキュリティインシデント・脆弱性の現状と対策
この章では，前年の国内外で発生した主なインシデント状況と攻撃の手口や対策，脆弱性の動向等について多くのグラフや図を用いて詳しく解説されています。

第 2 章 情報セキュリティを支える基盤の動向
この章では，国内外の情報セキュリティ政策の状況，人材育成，国際標準化，各種認証制度，組織・個人における情報セキュリティの取り組みの実態等について詳しく解説されています。

第 3 章 個別テーマ
本章では個別テーマについて解説されています。2022 年版では，制御システム，IoT，クラウドのセキュリティを取り上げており，報告されたインシデントや攻撃の実態，脆弱性や脅威の動向について，詳しく解説されています。

7 組織における内部不正防止ガイドライン

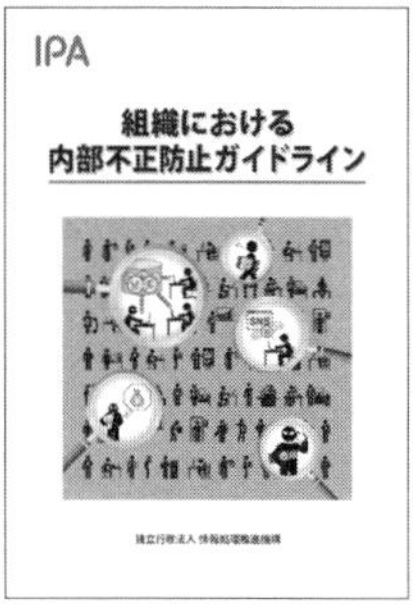

出所：IPA（独立行政法人情報処理推進機構）
https://www.ipa.go.jp/security/fy24/reports/insider/index.html

「組織における内部不正防止ガイドライン」は，内部不正防止の重要性や対策の体制，関連する法律などの概要をわかりやすく説明しており，内部不正を防ぐための管理の在り方として，「基本方針」「資産管理」「技術的管理」「職場環境」「事後対策」などについて具体的な対策を説明しています。

内部不正が発生するリスクの把握や効果的な対策の検討は組織にとって喫緊の課題となっているため，必要な内部不正対策を効果的に実施可能とすることを目的として2013年から公開されています。

8 脆弱性対処に向けた製品開発者向けガイド

出所：IPA（独立行政法人情報処理推進機構）
https://www.ipa.go.jp/security/vuln/report/notice/guideforvendor.html

「脆弱性対処に向けた製品開発者向けガイド」とは，

・製品開発者がセキュリティ対策として実施すべき項目を把握できる
・実施する対処を徐々にレベルアップできる

・一般消費者に自組織の取組み状況をアピールするため，すべきことを把握できる

の 3 点を目的とした，製品開発者向けのガイドです。

本ガイドは，「Ⅰ．方針・組織」，「Ⅱ．設計・開発」，「Ⅲ．出荷後の対応」という 3 つの大項目に分類した製品開発者が実施すべき望ましい脆弱性対処の 12 項目について解説しています。以下に，12 項目を引用します。

--- 引用ここから ---
I. 方針・組織
　1 製品セキュリティポリシーの策定
　2 セキュリティサポート方針の明示
　3 製品セキュリティを維持するための体制と管理
II. 設計・開発
　4 セキュリティを確保するための設計
　5 アップデートを考慮した設計
　6 既知の脆弱性解消
　7 セキュアコーディング
　8 開発環境のセキュリティ確保
　9 開発時の脆弱性検査
III.出荷後の対応
　10 製品と構成要素の脆弱性監視
　11 脆弱性報告の受付・対策情報の公表
　12 一般消費者の製品利用時における実施事項の明示
--- 引用ここまで ---

9 制御システムのセキュリティリスク分析ガイド

出所：IPA（独立行政法人情報処理推進機構）
https://www.ipa.go.jp/security/controlsystem/riskanalysis.html

「制御システムのセキュリティリスク分析ガイド」とは，「セキュリティリスク分析の全体像の理解を深め，その取り組みを促すこと」及び「セキュリティリスク分析を具体的に実施するための手順や手引きを示すこと」「IPA において実践したセキュリ

ティリスク分析でのノウハウを手引きに織り込むこと」を目的としてIPAが公開しています。また本ガイドによって「制御システムを活用する事業者のセキュリティリスク分析への理解が深まること」「制御システムのリスク分析に取り組んでいく組織が増加すること」「結果として各組織におけるセキュリティレベルの抜本的な向上と継続的な維持見直しが達成されること」が期待されています。

10 証拠保全ガイドライン

出所：IDF（デジタル・フォレンジック研究会）
https://digitalforensic.jp/home/act/products/home-act-products-df-guideline-8th/

「証拠保全ガイドライン」とは，電磁的証拠の保全手続きの参考としてさまざまな事案の特性を踏まえた知見やノウハウをまとめたガイドラインです。特定非営利活動法人デジタル・フォレンジック研究会が公開しています。本ガイドラインは以下の項目で構成されています。目次を引用します。

--- 引用ここから ---
1. 本ガイドラインについて
2. 用語の定義
3. インシデント発生前の準備
4. インシデント発生直後の対応
5. 対象物の収集・取得・保全
6. 証拠保全の機器
7. 証拠保全の実施
8. アウトソーシングサービスの証拠保全
--- 引用ここまで ---

11 データ消去技術 ガイドブック

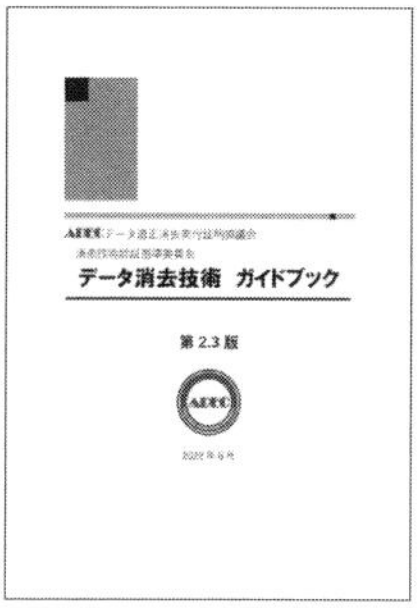

出所：ADEC（データ適正消去実行証明協議会）
https://adec-cert.jp/guidebook/

「データ消去技術 ガイドブック」とは，情報システム機器を廃棄する場合などに機器内の記憶装置からの情報漏えいリスクを軽減するために，情報を復元困難な状態にする措置を徹底するデータ消去のガイドブックです。本ガイドブックは以下の項目で構成されています。目次を引用します。

--- 引用ここから ---
第1章　ガイドブック概要
第2章　データ消去について
第3章　データ消去対象の現状
第4章　データ（情報）の特性・種別ごとの消去方式の選択
第5章　記憶媒体のデータ抹消（NIST SP800-88Rev.1）
第6章　ISMS（ISO/IEC 27001）とNIST SP800-88
第7章　ソフトウェアについて
第8章　作業環境について
第9章　証明書について
第10章　証明書の技術と運営について
第11章　データ消去証明書の発行プロセス
第12章　まとめ
第13章　参考情報
--- 引用ここまで ---

12 情報セキュリティ監査基準

出所：MEIT（経済産業省）
https://www.meti.go.jp/policy/netsecurity/is-kansa/

「情報セキュリティ監査基準」とはその前文に書いてあるとおり，情報セキュリティ監査業務の品質を確保し，有効かつ効率的に監査を実施することを目的としており，情報セキュリティ監査やシステム監査実施時の監査人の行為規範として活用します。

「情報セキュリティ監査基準」は，下記の 3 部構成となっています。

●一般基準

監査人としての適格性及び監査業務上の遵守事項を規定する。

●実施基準

監査計画の立案及び監査手続の適用方法を中心に監査実施上の枠組みを規定する。

●報告基準

監査報告に係る留意事項と監査報告書の記載方式を規定する。

13 情報セキュリティ管理基準

出所：MEIT（経済産業省）

https://www.meti.go.jp/policy/netsecurity/is-kansa/

「情報セキュリティ管理基準」とは，組織体が効果的な情報セキュリティマネジメント体制を構築し，適切なコントロール（管理策）を整備・運用するための実践的な規範として策定されています。情報セキュリティ監査やシステム監査実施時に監査人が監査上の判断の尺度に用いるべき基準として活用します。

「情報セキュリティ管理基準」は，下記の 2 部構成となっています。

●マネジメント基準

情報セキュリティマネジメントの計画，実行，点検，処置に必要な実施事項を定めており，各プロセスで行うべき事項を明確化しています。

●管理策基準

情報セキュリティマネジメントの確立段階において，リスク対応方針に従って管理策を選択する際の選択肢を与えており，「人的資源のセキュリティ」「資産の管理」「アクセス制御」などの項目で構成されています。

【略称】
ADEC（Association of Data Erase Certification データ適正消去実行証明協議会）
IDF（Institute of Digital Forensics デジタル・フォレンジック研究会）
IPA（Information-technology Promotion Agency, Japan 独立行政法人 情報処理推進機構）
METI（Ministry of Economy, Trade and Industry 経済産業省）

第2章

午後Ⅰ・Ⅱ問題徹底解説

午後問題の学習方法
ネットワークと認証の基礎知識

午後Ⅰ問題

・令和元年秋期 午後Ⅰ問1
・令和3年春期 午後Ⅰ問2
・令和3年秋期 午後Ⅰ問1

午後Ⅱ問題

・令和元年秋期 午後Ⅱ問2
・令和3年春期 午後Ⅱ問2

午後問題の学習方法

▶CONTENTS

1 午後問題の学習方法

序章では，午後問題を解くためには情報セキュリティの知識及び，読解力・文章力が必要であることと，正解を導き出すための「午後問題の解き方5 Step」を正しく行う必要があることをお伝えしました。ここでは「午後問題の解き方5 Step」及び，午後問題の具体的な学習方法について解説します。

2 午後問題は3種類ある

情報処理安全確保支援士試験の午後問題は，正解を導き出す方法の違いによって大きく3種類に分けられることを覚えておいてください。

●3種類の午後問題
・問題文から抜粋問題
・問題文のヒントから考える問題
・知識問題

順に説明します。

問題文から抜粋問題

「問題文から抜粋問題」とは，文字通り正解が問題文の中に書かれている問題です。問題文に書かれているキーワードや文章をそのまま解答欄に転記することで正解になります。技術的な知識を必要とせず，問題文と設問を正確に把握して問題文を読むことで解答できるため，確実に得点すべき問題です。

本書に掲載の「令和3年春午後Ⅱ問2設問4（1)」などが該当します。

設問4 (1)の解説 **問題文から抜粋問題**

設問4 〔要件4及び5の検討〕について，(1) ～ (4) に答えよ。

(1) 本文中の下線⑤で示した，C社において支障が出る業務とは何か。一つ挙げ25字以内で述べよ。

〔要件4及び5の検討〕の本文と，要件4が記載されている表1，それに関する本文などから正解を見つけていきます。詳しくは「午後II問2　クラウドサービスでのセキュリティ DHCPサーバと認証の知識」の設問4 (1) を参照してください。

問題文のヒントから考える問題

「問題文のヒントから考える問題」とは，問題文のヒント（正解へ導く制約）の記述を見つけて，そのヒントと知識を組み合わせて解答を考える問題です。これが一番多く出題される問題であり，正解を導き出すための練習が必要な問題となります。正解を導き出すための「午後問題の解き方5 Step」についてはこの後で説明します。この種類の問題についても「問題文から抜粋問題」と同様に，問題文と設問を正確に把握して問題文を読むことで解答できることが多いため，確実に得点したい問題です。

本書に掲載の「令和3年春午後II問2設問1 (2)」などが該当します。

設問1 (2)の解説 **問題文のヒントから考える問題**

(2) 本文中の下線②について，C社内LANでの個人所有機器のどのような利用状況によって，どのような問題が引き起こされたか。60字以内で具体的に述べよ。

まず下線②の前後の本文を確認し，その前後に書かれた記述からさらに関連する内容を探します。その結果，正解となる内容を導き出していきます。詳しくは「午後II問2　クラウドサービスでのセキュリティ DHCPサーバと認証の知識」の設問1 (2) を参照してください。

知識問題

「知識問題」とは，文字通り知識だけで答える問題のことです。「知識問題」には下記2種類の問題があります。

●知識問題の種類
①問題文と設問を読んだだけで，「知識問題」と判断できる問題
②問題文と設問を読み，ヒント（正解へ導く制約）の記述がないために「知識問題」と判断せざるを得ない問題

①は特定のキーワードや固有名詞を記述したり，選択肢から選択する問題です。②は制限文字数内で解答を考えて記述する問題です。

①については知らなければ解けないため，分からない場合は時間をかけずに何か解答を書き，次の問題に進みましょう。②については，問題文を確認する必要があるため，時間をかけすぎないように注意する必要があります。

①は本書に掲載の「令和3年春午後II問2設問1（1）」などが該当します。

設問1（1）の解説 知識問題

設問1〔一つ目のトラブル〕について，（1）～（3）に答えよ。
（1）本文中の下線①は何と呼ばれているか。解答群の中から選び，記号で答えよ。

解答群

ア グローバルアドレス	イ プライベートアドレス
ウ ブロードキャストアドレス	エ マルチキャストアドレス
オ リンクローカルアドレス	カ ループバックアドレス

詳しくは「午後II問2　クラウドサービスでのセキュリティ DHCP サーバと認証の知識」の設問1（1）を参照してください。

②は本書に掲載の「令和3年春午後II問2設問1（3）」などが該当します。

設問1（3）の解説 知識問題

（3）本文中の下線③について，UTM以外にDHCPサーバが稼働しているかどうかをどのように調査するのか。UTMのDHCPサーバを稼働させたまま行う方法と停止させて行う方法を，それぞれ55字以内で具体的に述べよ。

詳しくは「午後Ⅱ問２　クラウドサービスでのセキュリティ DHCP サーバと認証の知識」の設問１（3）を参照してください。

3　午後問題の解き方５Step

それでは「午後問題の解き方５Step」について，解説します。

●午後問題の解き方5 Step
Step 1　問題文を読む
Step 2　設問を読む
Step 3　ヒントを見つける
Step 4　解答を考える
Step 5　解答を書く

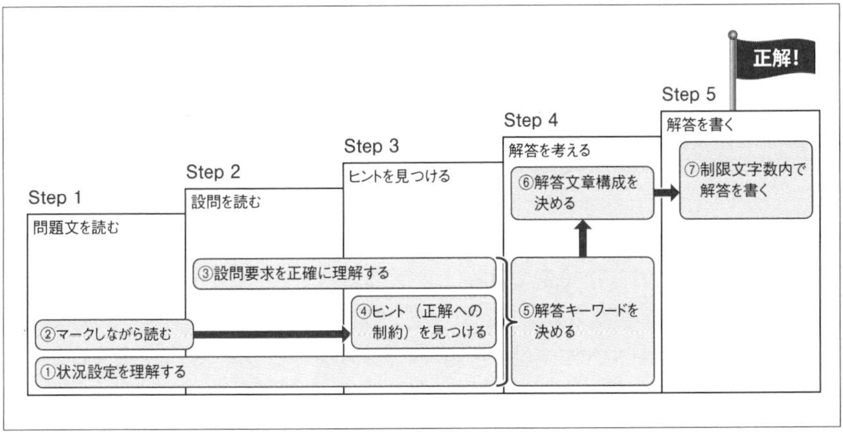

正解を解答するプロセスは，図に示したように Step1 から Step5 のプロセスを順番に実施します。

▶Step1　問題文を読む

①状況設定を理解する

インシデントの発生状況などについて，時系列に正確に状況を理解しましょう。

②マークしながら読む

設問に関係する可能性のある文章・キーワードにはマークをしながら問題文を読みましょう。「設問に関係する可能性のある文章・キーワード」とは，以下が該当します。

・問題行動（あるべき姿ではない行動）
　例）
　・「社内 LAN への統制はしておらず」
　・「会社で統一されたルールはなく」
・強い肯定や否定
　例）
　・「することが不可欠であると認識している」

具体的な問題文の読み方については，本誌掲載過去問の「問題文の読み方」を参考にしてください。

▶ Step2　設問を読む

③設問要求を正確に理解する

何を問われているのか正確に理解するよう設問を読みましょう。「理由」を答えるのか，「措置」や「問題点」を答えるのか間違えないように理解しましょう。

例）
・下線①を実施した，理由を述べよ。
・下線①に対する，措置を述べよ。
・どのような利用状況によって，どのような問題が引き起こされたか述べよ。

▶ Step3　ヒントを見つける

④ヒント（正解への制約）を見つける

「2　午後問題は 3 種類ある」で紹介した「問題文から抜粋問題」と「問題文のヒントから考える問題」については，設問に対する正解が一意になるように問題文の中に必ずヒントが隠されています。このヒントは，正解を一意にするための制約といえます。この制約を時間内に素早く見つけることが合格への鍵になります。これは Step1 から Step3 を繰り返し練習することで身に付けることができますので，本誌掲載の過去問と解説を読み繰り返し練習してください。

例）
設問「どのような理由によって，どのような問題が引き起こされたか述べよ。」
ヒント①「個人所有機器の，社内 LAN への接続は統制していない」
ヒント②「多くの従業員が個人所有機器を社内 LAN に接続している」
ヒント③「社内 LAN に接続できる機器数は 221 台と制限がある」
ヒント④「新入社員が配属された日の午後に障害が発生した」

▶ Step4　解答を考える

⑤解答キーワードを決める

設問で問われている解答に含めるべきキーワードを決めましょう。

例）

設問「どのような理由によって，どのような問題が引き起こされたか述べよ。」

キーワード「多くの個人所有機器」「社内 LAN に接続」「IP アドレスが枯渇」

⑥解答文章構成を決める

設問に合わせて解答文章構成を決めましょう。

例）

設問「どのような理由によって，どのような問題が引き起こされたか述べよ。」

　解答文章構成「○○の理由によって，△△の問題が引き起こされた」

設問「どのような問題が引き起こされたか述べよ。」

　解答文章構成「△△の問題が引き起こされた」

▶ Step5　解答を書く

⑦制限文字数内で解答を書く

Step4 で考えた解答を実際に解答用紙に書きます。下書きで文字数を数えてから解答用紙に書く時間はありませんので，Step4 で考えた解答を書きながら文字数調整する練習が必要です。制限文字数によって解答に含められるキーワードの数が決まります。制限文字数の約 8 割の文字数を目安に，キーワードを増減させて書く練習をしましょう。

例）

設問「どのような理由によって，どのような問題が引き起こされたか述べよ。」

・文字数制限「60 字以内で具体的に述べよ」の場合

　解答「多くの個人所有機器を C 社内 LAN に接続することによって，IP アドレスが枯渇するという問題が引き起こされた。」（50 字）

・文字数制限「30 字以内で述べよ」の場合

　解答「多くの機器を LAN 接続したため，IP アドレスが枯渇した。」（25 字）

4 自己解答プロセス分析

過去問を解いて不正解となった場合に，自分の解答と正解を比較して「なぜ正解できなかったのか」を分析することが大切です。この自己解答プロセス分析を行うことで，問題の出題傾向や出題パターンがつかめるようになってきます。問題を読んでいるときに「ここは設問に関係するな」という箇所が予測できるようになってきます。過去問を解いた後に，自己解答プロセス分析を必ず行ってください。そうすることで，「午後問題の解き方 5 Step」の精度が上がり，解答の時間短縮につながります。繰り返し練習しましょう。

●自己解答プロセス分析の順番
①なぜ解答が書けなかったのか
②なぜ正解キーワードを見つけられなかったのか
③なぜ問題文のヒントを見つけられなかったのか
④設問で問われていることを正しく理解できていたか
⑤解答に関係する問題文にマークできていたか

これは「午後問題の解き方 5 Step」を Step5 から 1 へ順番に遡って分析することになります。

Step1	問題文を読む	←⑤解答に関係する問題文にマークできていたか
Step2	設問を読む	←④設問で問われていることを正しく理解できていたか
Step3	ヒントを見つける	←③なぜ問題文のヒントを見つけられなかったのか
Step4	解答を考える	←②なぜ正解キーワードを見つけられなかったのか
Step5	解答を書く	←①なぜ解答が書けなかったのか

Step 1 から順番に問題点とその対策を解説します。

▶Step1　問題文を読む　←⑤解答に関係する問題文にマークできていたか

問題点	対策
解答に関係すると見抜けずマークしていなかった	解答に関係しそうな箇所（問題行動，強い肯定や否定など）を予測しながら読む練習をする。
マークしていたが解答に使えなかった	過去問を解いた後に，問題行動などのマークをしている箇所は必ず解答に関係するはずだと考えて，マーク箇所と解答の対応付けを確認する。マーク箇所が解答に対応していなければ，解答に漏れがあるかもしれないと考える。 マーク箇所の精度を上げる練習をする。

▶Step2　設問を読む　←設問で問われていることを正しく理解できていたか

問題点	対策
設問を読み違えていた	「理由」を答えるのか，「措置」や「問題点」を答えるのか，間違えないよう設問にもマークする。 解答を書く前に再度設問内容を確認する。

▶Step3　ヒントを見つける　←なぜ問題文のヒントを見つけられなかったのか

問題点	対策
Step1でマークしていなかった	Step1の対策を行う。
読み返したときに見つけられなかった	設問に関連する問題文のヒント位置を見つける練習をする。設問に関する「インシデント説明箇所」や「調査結果報告」や「製品機能説明」などについて，設問との関連性や位置関係を意識して見抜けるように練習する。

▶Step4　解答を考える　←なぜ正解キーワードを見つけられなかったのか

問題点	対策
Step3でヒントを見つけられなかった	Step3の対策を行う。
Step2で設問を読み違えていた	Step2の対策を行う。

▶Step5　解答を書く　←なぜ解答が書けなかったのか

問題点	対策
全く異なる解答をしていた	設問で問われているとことを正しく理解できていたか（Step2），なぜ問題文のヒントを見つけられなかったのか（Step3），なぜ正解キーワードを見つけられなかったのか（Step4）を分析して，各Stepの対策を行う。
時間が足りなかった	問題文の読み返し回数を減らせるよう，効率よくマークしながら読む練習をする。 設問ごとの時間配分を決める。解けない問題は後回しで解ける問題を確実に解く。 正解を真似して書き，解答の書き方パターンを身に付ける。

5　午後Ⅰ試験学習方法

午後Ⅰ試験の学習方法は，午前試験と同様に過去問を解く練習を繰り返しましょう。過去問の問題文と解答を理解することで，覚えてきた断片的な知識を関連付けて，体系化することができます。過去問題のストーリーと一緒に問題に登場した重要キーワードは暗記するようにしましょう。また，試験の時間内に解答を終えるためには，問題を解くスピードも必要となりますので，制限時間を設けて解く練習をしましょう。

学習方法例

情報処理安全確保支援士午後Ⅰ試験の時間は90分です。90分で3問出題の内，2問を選択して解答するため，問題選択や見直しに10分使うとすると，1問は40分で解くことになります。40分の制限時間内に解く練習をしましょう。

▶準備するもの

過去問題と解答	IPA（独立行政法人 情報処理推進機構）のサイトから過去問題・解答例をダウンロード
ノート	学習の記録に使用。縦横罫線のある升目ノートがお勧め
タイマー	問題を解く制限時間の設定に使用する

▶学習方法例

1. 問題とノートとタイマーを準備します。
   - ・ノートは見開き左側を解答欄として使用する
   - ・タイマーは制限時間の 40 分にセットする

2. 問題を解き始めます。
   ①タイマースタート
   ②問題全体をざっと見て，大まかな流れを把握する
   ③設問を見て，問われていることを把握する
   ④問題にマークをしながら，解答を考える
   ⑤解答が分かればノート見開き左側の解答欄に記述する
   ⑥解答が分からなければ次の設問に進む
   ⑦制限時間内に全設問の解答欄を埋めることを目標に問題を解く
   ⑧制限時間になれば，未解答があっても終了する

3. 自己解答プロセス分析を行う
   ①答え合わせをする
   ②正解をノート見開き右側に記述する
   自己解答と正解を並べて書き，違いを確認することが大切です。正解を実際に書くことによって，午後Ⅰ記述式問題の解答の書き方パターンやコツを習得しましょう。
   ③自己採点する
   配点は公開されていませんので，全小問数のうち何問正解できたかなどで正解率を出しましょう。記述式で正誤に迷う場合は部分点として 5 割などで計算しましょう。あくまでも目安ですので，時間をかけずに正解率を出してノートに記録しておきましょう。
   ④自己解答プロセス分析を行う
   自己解答が不正解の場合は，前述の「4　自己解答プロセス分析」を行いましょう。自己解答プロセス分析は，不明点が残らないように時間をかけてでも調べて，確実に理解するようにしましょう。苦手分野の問題についても，諦めずに時間をかけて確実に理解・習得することをお勧めします。諦めずに確実に理解・習得して，苦手問題をなくすことで確実に得点アップすることができます。苦手な問題を放置しないように学習しましょう。
   ⑤記録する
   最後に記録です。次回，同じ問題を解いたときに正解率がアップするはずです

ので，今回と比較できるように問題を解いた日付と解答内容，正解率をノートに記録して残しておきましょう。次回，同じ問題を解いたときに，自分の解答の変化・成長を確かめましょう。

午後Ⅰ試験対策は，いかに集中して問題に取り組めるかが勝負です。本番試験では，限られた時間内に設問で問われていることを正確に把握して，問題文の中から素早く正解を導き出すことが求められます。過去問を解くときも本試験を意識して集中しましょう。集中力を養うためには，制限時間を30分に設定して解く練習も効果的です。締め切り効果を利用して集中力を養いましょう。

6 午後Ⅱ試験学習方法

午後Ⅱ試験の学習方法も基本的には午後Ⅰ試験学習方法と同じです。午後Ⅰ試験との違いは，午後Ⅱ試験は問題文が長く約10ページあります。午後Ⅰの約5ページに比べて約2倍の文章量になります。約10ページにわたる問題文の内容を正確に把握して解答を進める必要があります。また制限時間も長くなります。実際の試験時間は120分ですので，問題選択や見直しに10分使うと考えて，110分の制限時間内に解く練習をしましょう。

ただし，忙しい生活の中で連続した110分を確保することは難しいと考えられます。連続した学習時間確保が難しい場合は，1問を複数回に分けて解くなど工夫して学習することが大切です。

午後Ⅱ試験は全体ストーリーの中で話題が展開するいくつかの区切りがあります。ストーリーの中の区切りを利用して，効率よく学習するようにしましょう。連続した時間確保が難しいために午後Ⅱ学習を後回しにすることがないように計画を立てましょう。いかに効率良く問題文を読み，設問に関するヒントを見つけ出すかが解答の鍵になります。

ネットワークと認証の基礎知識

▶CONTENTS

午後試験問題では多くの場合，最初にネットワーク図が示されており，「ネットワーク」に対する理解は欠かせないものとなっています。またネットワークを介して企業のシステムを利用するためには必ず「認証」が必要です。問題に登場するセキュリティインシデントは「ネットワーク」経由で侵入を行い，「認証」を破って不正アクセスを行います。

このことより，「ネットワーク」と「認証」を理解し，「なぜ不正アクセスされたのか」及び「不正アクセスを防ぐ方法」が分かるようになることが試験合格への近道といえます。

令和元年以降の午後問題の出題傾向を分析した結果，以下のことが分かります。

- ネットワーク図を元にネットワークの理解をベースとしたインシデント対応の出題が一番多い
- 2番目に多い出題テーマは，認証や証明書関連
- 3番目に多い出題テーマは，インシデント対応に関するマネジメント系

また，初学者の方にとっては，出題傾向の分析結果より次の知識を優先して習得することで効率よく学習を進められると考えられます。

- ネットワーク機器の理解と相互の関係（ネットワーク図の理解に必須）
- ファイアウォールのフィルタリングルール（頻出であり設問で問われる）
- ネットワーク図と構成機器を理解し，問題点を発見・改善する能力（特に午後Ⅱでは必須）
- 認証や攻撃などのシーケンス図について，理解し，問題点を発見・改善する能力
- ネットワークの前提知識としてDNSの理解

上記の出題傾向の分析結果より，本書では「ネットワーク」（ネットワーク構成図の理解と各機器の理解・しくみ，相互の関連性理解），と「認証」をメインテーマとして解説しています。

1 ネットワークの基礎知識

ネットワーク機器の理解と相互の関係 1

ネットワーク機器の理解と相互の関係については，2 つの実際の試験問題のネットワーク図を例に解説します。各機器の機能と関連について理解するようにしましょう。

一つ目のネットワーク図は，令和元年秋期午後 I 問 1 のネットワーク図です。このネットワーク図は，オーソドックスな基本形といえますので，下の解説とともに覚えておいてください。

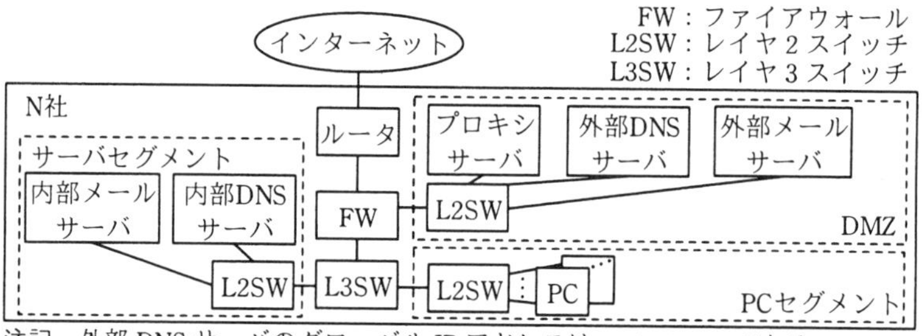

注記　外部 DNS サーバのグローバル IP アドレスは，x1.y1.z1.2 である。

図 1　N 社の情報システムの構成

図に記載されているネットワーク機器，用語を順に解説します。

ルータ

ルータは，インターネットなどの WAN と企業内ネットワークなど LAN 間に設置する機器で，異なるネットワーク間で通信を中継します。主な機能を簡単に記します。

- **ルーティング機能**

通信データの転送制御を行います。通信パケット内の宛先 IP アドレスから適切な通信機器を判断して通信振り分けを行います。通信の制御は，事前にルーティングテーブルに設定する必要があります。

・**DHCP 機能**

設定を有効にすることで DHCP サーバとして機能させることも可能です。DHCP とは，ネットワークに接続した機器に対して IP アドレスなどの通信に使用する設定情報を自動配布する機能です。DHCP については「午後 II 問 2　クラウドサービスでのセキュリティ DHCP サーバと認証の知識」の「学習ポイント① DHCP サーバ」を参照してください。

▶ FW：ファイアウォール

FW とは，異なるネットワークの間に設置し通信を監視することで，必要のない通信を遮断する機器です。外部から内部を守る「防火壁（ファイアウォール）」の役目を持ちます。ファイアウォールの通信の制御は，事前にフィルタリングテーブルに設定する必要があります。フィルタリングルールについてはこの後の「ファイアウォールのフィルタリングルール」で説明します。

▶ L3SW：レイヤ 3 スイッチ

L3SW とは，ルータと同様に異なるネットワーク間で通信の中継・制御を行います。ルータとの違いは, LAN 内でネットワークを分ける場合に使用します。また専用のハードウェア機器のため処理速度が高速という特徴があります。

▶ L2SW：レイヤ 2 スイッチ

L2SW とは，データリンク層の情報で通信制御を行う中継器のことです。スイッチングハブともよばれます。ネットワーク図に記載のとおり，ひとつのネットワーク内に設置して複数のサーバや PC を接続します。

ネットワーク機器については，どのプロトコルと関係があるのか等が問題を解く上で必要となる場合もあるので，OSI 基本参照モデルとともに関連付けて覚えておきましょう。

層（レイヤ）		OSI基本参照モデル	TCP/IP階層	主なプロトコル	ネットワーク機器（ポートが複数）	ネットワーク機器（ポートが1組）
上位層	第7層（L7）	アプリケーション層	アプリケーション層	DNS, HTTP, SMTP, POP，FTP, Telnet	ゲートウェイ	
	第6層（L6）	プレゼンテーション層				
	第5層（L5）	セション層		TLS, NetBIOS		
下位層	第4層（L4）	トランスポート層	トランスポート層	TCP, UDP		
	第3層（L3）	ネットワーク層	ネットワーク層	IP，ARP, ICMP	ルータ, L3スイッチ	
	第2層（L2）	データリンク層	ネットワークインタフェース層	Ethernet, PPP	スイッチングハブ, L2スイッチ	ブリッジ
	第1層（L1）	物理層		RS-232, UTP，無線	ハブ, ケーブル, NIC	リピータ

▶DMZ

DMZとは，インターネットに公開する必要のあるサーバを設置するネットワークセグメントのことです。非武装地帯とも呼ばれます。DMZの通信を中継するFWにて以下の設定を行います。

・インターネットとDMZ間の通信は許可する
・インターネットから企業内LANへの通信は遮断する
・企業内LANからDMZへの通信は許可する
・DMZから企業内LANへの通信は遮断する
※実際には必要最低限の通信のみを許可する細かい設定を行います。

▶サーバセグメント，PCセグメント

セグメントとは，FWやL3SWで分けているネットワークの単位を指します。図では，サーバ接続用のセグメントをサーバセグメント，PC接続用のセグメントをPCセグメントとよんでいます。設置する機器により，必要最低限の通信のみ許可するようFWやL3SWで制御します。

▶ プロキシサーバ

プロキシとは，代理という意味です。プロキシサーバは企業内 LAN の PC からインターネットへのアクセスを代理で行います。インターネットへのアクセスをプロキシサーバが代理することで，通信制御設定や通信ログの取得，セキュリティ管理を集中管理することができます。プロキシサーバは，インターネットと通信するため，図のとおり DMZ に設置します。

▶ 外部 DNS サーバ，内部 DNS サーバ

DNS サーバとは，ドメイン名と IP アドレスの対応（名前解決）を管理するサーバです。外部 DNS サーバは，インターネットからの名前解決問合せに応答します。そのため DMZ に設置する必要があります。内部 DNS サーバは，企業内 LAN の名前解決問合せに応答するため，企業内のネットワークに設置します。外部 DNS サーバと内部 DNS サーバは，処理対象が異なるため，セキュリティ面を考慮して分ける必要があります。

DNS サーバについては「午後 I 問 2　ネットワークのセキュリティ対策」の「学習ポイント① DNS サーバ」を参照してください。

▶ 外部メールサーバ，内部メールサーバ

メールサーバについても DNS サーバと同様に外部用と内部用に分ける必要があります。

外部メールサーバは，外部からのインターネット経由のメールを受信して内部メールサーバへ中継します。また，内部メールサーバから中継されたメールを受信してインターネット上のメールサーバへ中継します。インターネットと通信する必要があるため DMZ に設置します。内部メールサーバは PC セグメントの PC からの送信メールを受信して外部メールサーバに中継します。また，外部メールサーバから受信したメールを PC セグメントの PC へ中継します。外部メールサーバと内部メールサーバは，処理内容や通信相手が異なるため，セキュリティ面を考慮して分ける必要があります。

ネットワーク機器の理解と相互の関係 2

二つ目のネットワーク図は，令和 3 年春期午後 II 問 2 のネットワーク図です。このネットワーク図は先の図とは異なり，クラウドサービス及び無線 LAN が含まれています。クラウドセキュリティや無線 LAN のセキュリティは今後も出題が続くことが考えられるため，理解しておきましょう。

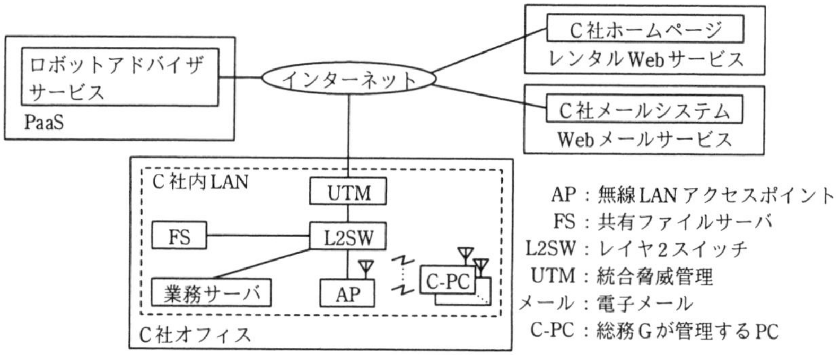

図1　C社の現在の情報システム概要

図に記載しているネットワーク機器，用語を解説します。

▶UTM：総合脅威管理

UTM（Unified Threat Management）とは，ファイアウォールに複数のセキュリティ機能を統合した機器のことです。複数の機能を1台の機器に搭載することで，機器の管理やコスト面でメリットがある反面，負荷の集中や障害時の影響範囲が大きいことなどデメリットもあります。

UTMに搭載する主な機能を以下に挙げます。

・ファイアウォール機能
・IPS（侵入防御システム）/IDS（侵入検知システム）
・アンチウイルス
・Webフィルタリング

▶AP：無線LANアクセスポイント

APとは，パソコンなどと無線LANで接続し，企業内ネットワークへ通信を中継するための機器です。無線LANについては脆弱性対策に関する出題が多いため，以下の脆弱性とその対策について理解しておきましょう。

・暗号化WEP規格の脆弱性対策

以前利用されていた暗号化WEP規格には，通信データの盗聴や改ざんが可能な脆弱性が報告されています。この脆弱性に対応するためには，セキュリティの強化された無線LAN規格のIEEE 802.11iに対応する必要があります。IEEE 802.11iでは，暗号化についてはWEP規格の脆弱性を克服したTKIPなどを採用し，認証についてはRADIUSを使用するIEEE 802.1Xが採用されます。

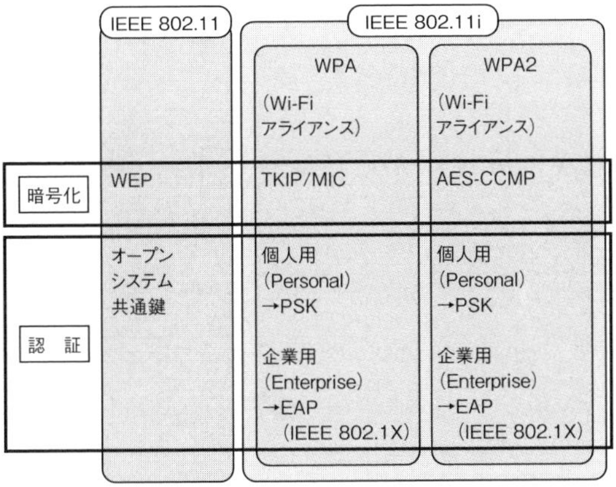

ファイアウォールのフィルタリングルール

次に，ネットワーク図に続いて問題文に掲載されることの多いファイアウォールのフィルタリングルールの読み方について，解説します。フィルタリングルールについても，実際の試験問題（令和3年春期午後Ｉ問2）のネットワーク図とフィルタリングルールを例に解説します。ネットワーク図の各機器とフィルタリングルールの関連について理解するようにしましょう。このフィルタリングルールは，オーソドックスな基本形といえます。

表2　FWのフィルタリングルール

項番	送信元	宛先	サービス	動作
1	プロキシサーバ	インターネット	HTTP，HTTPS	許可
2	インターネット	公開Webサーバ	HTTP，HTTPS	許可
3	メールサーバ	インターネット	SMTP	許可
4	インターネット	メールサーバ	SMTP	許可
5	外部DNSサーバ	インターネット	DNS	許可
6	インターネット	外部DNSサーバ	DNS	許可
7	PCセグメント	プロキシサーバ	HTTP，HTTPS	許可
8	PCセグメント	メールサーバ	SMTP，POP3	許可
⋮	⋮	⋮	⋮	⋮
14	全て	全て	全て	拒否

注記1　FWは，ステートフルパケットインスペクション型である。
注記2　項番が小さいルールから順に，最初に一致したルールが適用される。
注記3　項番9～13には，DNSに関するルールは記述されていない。

フィルタリングルールの項番順に説明します。次ページのネットワーク図の機器の位置を確認しながら読み進めてください。ネットワーク図に記載の丸付き番号がフィルタリングルール項番に対応しています。

項番 1　プロキシサーバからインターネットへの通信を許可

プロキシサーバは，インターネットへアクセスする必要があるため，インターネットへの通信を許可しています。インターネットからプロキシサーバへは自由にアクセスされてはいけないため許可の設定はしません。ただし，企業内からインターネットへアクセスした応答は通信する必要があります。これは，注記 1 の「FW はステートフルパケットインスペクション型である。」の記述により，許可している送信パケットに対応する戻りパケットは通過させていると判断します。

項番 2　インターネットから公開 Web サーバへの通信を許可

公開 Web サーバは外部からアクセスさせる必要があるためインターネットからの通信を許可します。公開 Web サーバからインターネットへのアクセスは許可していませんが，外部からの通信のあったパケットの戻りパケットのみは，ステートフルパケットインスペクション型 FW の機能で通過させています。

項番 3　メールサーバからインターネットへの通信を許可
項番 4　インターネットからメールサーバへの通信を許可

このメールサーバは，内部用と外部用に分けられていないため，インターネットとの通信を両方向とも許可しています。

項番 5　外部 DNS サーバからインターネットへの通信を許可
項番 6　インターネットから外部 DNS サーバへの通信を許可

外部 DNS サーバは，インターネットとの通信を両方向とも行う必要があるため許可しています。

項番 7　PC セグメントからプロキシサーバへの通信を許可

PC セグメントの PC からインターネットへアクセスするためにはプロキシサーバが中継を行うため，PC セグメントからプロキシサーバへの通信を許可しています。PC からインターネットへの通信をプロキシサーバ経由にすることでセキュリティを強化しています。

項番 8　PC セグメントからメールサーバへの通信を許可

PC セグメントの PC から外部へメール送信するためにはメールサーバが中継を行うため，PC セグメントからメールサーバへの通信を許可しています。

項番 14　残りの全ての通信を拒否

項番 8 までで必要な通信を許可しました。それ以外の通信は最後に全て拒否することでセキュリティを高めるのが基本です。

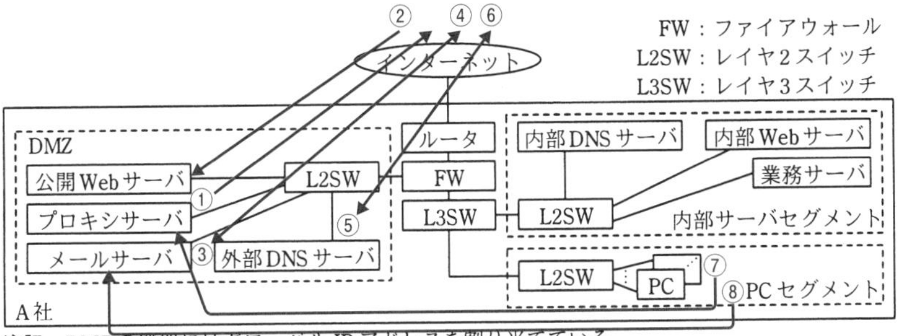

注記　DMZ の機器にはグローバル IP アドレスを割り当てている。

図 1　A 社のネットワーク構成

以上のように，フィルタリングルールに記載の通信動作設定について，ネットワーク図と関連付けて理解するようにしましょう。セキュリティ面で問題のあるフィルタリングルールが設定されている場合や，ネットワーク構成が変更になった場合は，変更に合わせた適切なフィルタリングルールを再設定する必要があります。

2　ネットワークのセキュリティ技術

ここまでのネットワーク機器の知識に加えて，不正侵入や攻撃を防ぐなどセキュリティに強いネットワークを構築する必要があります。ここでは，ネットワークに関するセキュリティ技術について解説します。

セキュリティ機能を強化したネットワーク機器

基礎学習編では FW（ファイアウォール）でフィルタリングルールを設定することで必要のない通信を遮断できることを解説しましたが，FW だけではすべての攻撃を防御することはできません。例えば，フィルタリングルールで許可されている通信であるメールからのマルウェア侵入や，Web サーバへの通信を利用した攻撃などは防御できないため，これらを防御するシステム（機器やソフトウェア）が必要となります。ここでは，IDS（侵入検知システム），IPS（侵入防止システム），Web アプリケーションファイアウォールについて，解説します。

IDS（侵入検知システム）

IDS（侵入検知システム：Intrusion Detection System）とは，情報システムへの不正侵入を**検知する**システムのことです。ネットワーク上の通信データや，サーバの外部との通信内容をリアルタイムに監視し、攻撃や侵入などの不正な動作を検知した場合に，管理者にメールなどで通知します。

IDS には**シグネチャ方式**と**アノマリ方式**の 2 つの不正検出方法があります。

方式	特徴
シグネチャ方式	あらかじめ既知の攻撃の特徴となるパターン（シグネチャ）をデータベースとして保持しておき，実際の動作とデータベースを比較することで，攻撃や不正動作を検知する。 アノマリ型と比べると既知の攻撃については精度高く検知することができるが，未知の攻撃には対応できない特徴がある。
アノマリ方式	あらかじめ正常時の通信状況（時間帯ごとのトラフィック量など）と異常時の通信状況を判別するためのしきい値を定義しておき，実際の通信状況としきい値を比較することで異常動作を検知する。 シグネチャ型と比較すると誤検知の可能性は高くなるが，未知の攻撃にも対応できる特徴がある。 しきい値の調整を慎重に行う必要がある。

IDS はまた監視対象の違いによって，**ネットワーク型 IDS** と**ホスト型 IDS** に大別されます。

種類	特徴
ネットワーク型IDS (NIDS： Network-based IDS)	ネットワークセグメント内のすべての通信を監視対象にできる。 DMZや社内セグメントなど，設置するネットワークセグメントに応じた監視設定が可能。 シグネチャ方式，アノマリ方式の両方の検知が可能。 専用機器と汎用サーバ上で動作するソフトウェア製品がある。 ネットワーク内に接続されているすべての機器を1台で監視できる。
ホスト型IDS (HIDS： Host-based IDS)	サーバやパソコンなどのホストを監視対象とする。 ホストに常駐するソフトウェアとして動作する。 シグネチャ方式，アノマリ方式の両方の検知が可能。 通信動作だけでなく，コマンド発行動作やプログラムのインストール動作なども監視可能。 ホスト1台ごとにインストールする必要がある。 ネットワーク型よりもホスト内の動作を詳細に監視できる。 監視動作と監視情報の記録（ログ）にホストのリソースを使用するためホストに負荷がかかる。

IDSは上記の特徴を踏まえて，両者を効率よく組み合わせて運用する必要があります。

▶IPS（侵入防止システム）

IPS（侵入防止システム：Intrusion Prevention System）とは，情報システムへの不正侵入を**防止する**システムのことです。IDSの検知機能に加えて侵入防止機能が追加されたシステムです。IDSと同様に，ネットワーク上の通信データや，サーバの外部との通信内容をリアルタイムに監視し，攻撃や侵入などの不正な動作を検知した場合に通信を遮断することで侵入防止を行うとともに，管理者にメールなどで通知します。IDSのセキュリティレベルを強化した製品という位置づけになります。

「シグネチャ方式」と「アノマリ方式」の不正検出方式や，監視対象によりネットワーク型とホスト型に大別されるのはIDSと同様です。

IPSにはIDSに比べて以下の特徴があります。

- 通信を遮断させるためには，通信経路上に設置する必要がある。
- 通信を監視しているだけのIDSと異なり，監視対象の通信は全てIPSを経由するため，IPSの処理性能や障害はネットワークへの影響が大きい。
- IPSの処理性能見積りはIDSに比べて慎重に行う必要がある。

・正常な動作を不正な動作と検知した場合に通信を遮断するため，業務への影響が大きい。
・IPS のしきい値設定は IDS に比べて慎重に行う必要がある。製品としても誤検知を減らせるよう IDS に比べて検知機能が強化されている。

下記 2 種類の誤検知について，試験に出題されるため覚えておきましょう。

誤検知の種類	意味
フォールスポジティブ	正常動作を不正動作だと誤検知すること。　（ポジティブ（正常）を不正と誤検知（フォールス）してしまう）
フォールスネガティブ	不正動作を正常動作だと誤検知すること。（ネガティブ（不正）を正常と誤検知（フォールス）してしまう）

WAF（Web アプリケーションファイアウォール）

WAF（Web アプリケーションファイアウォール：Web Application Firewall）とは，Web サーバ上で動作する Web アプリケーションの脆弱性を狙った攻撃を防御することに特化したファイアウォールの一種です。一般的なファイアウォールや IDS/IPS では検知できない攻撃を検知し，Web サーバを防御するためのものです。主な防御対象の攻撃としては，SQL インジェクションやクロスサイトスクリプティングがあげられます。ファイアウォールと IDS/IPS と WAF の防御対象例を図に示します。

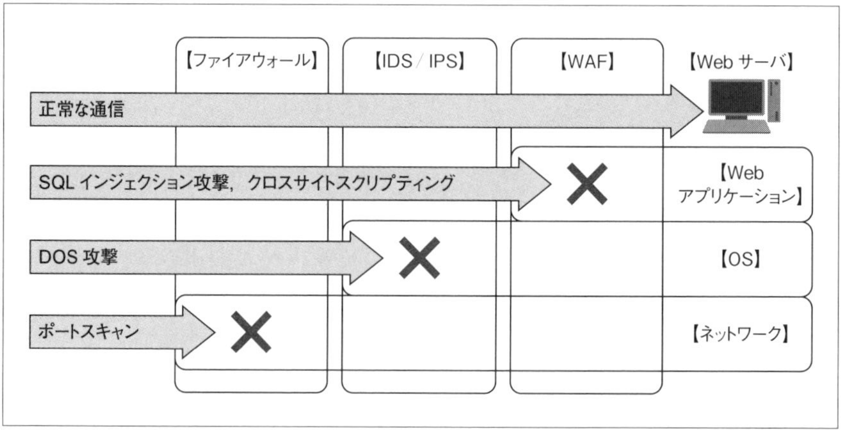

一般的なファイアウォールでは，事前に定義した通信を遮断しますがそれ以外の通信は通過します。また IDS/IPS では，ネットワーク上の通信の異常やサーバ内の異常

動作を検知しますが，Web アプリケーションの脆弱性対策としては不十分です。Web アプリケーションの脆弱性に対する攻撃は WAF で検知する必要があります。それぞれの機器の特徴を把握して組み合わせて使用します。

WAF は IDS/IPS と同様に，あらかじめ既知の攻撃の特徴となるパターン（シグネチャ）をデータベースとして保持しておき，実際の動作とデータベースを比較する「シグネチャ方式」を用いて攻撃を検知します。攻撃検知の判定方式には**拒否リスト方式**（ブラックリスト方式）と**許可リスト方式**（ホワイトリスト方式）があります。

判定方式	概要
拒否リスト （ブロックリスト， ブラックリスト方式とも）	既知の攻撃パターンをシグネチャに定義する。 シグネチャと一致する通信を遮断する。 未知の攻撃に対応できない。 シグネチャを常に最新情報に更新する必要がある。
許可リスト （パスリスト， ホワイトリスト方式とも）	許可する通信をシグネチャに定義する。 シグネチャと一致しない通信を遮断する。 未知の攻撃に対応できる。 許可する通信は個々のシステムの追加・変更に合わせて設定・更新する必要がある。

また WAF の動作形態には，**アプライアンス型**，**ソフトウェア型**，**クラウド型**の 3 種類があります。

種類	特徴
アプライアンス型 （ゲートウェイ型）	WebサーバやWebアプリケーションサーバと外部ネットワークの間にハードウェア機器を設置する。 システム規模に応じた製品の選定を行う必要がある。
ソフトウェア型 （ホスト型）	WebサーバやWebアプリケーションサーバにインストールする。 サーバが複数の場合は，サーバごとにインストールする必要がある。 WAF機能も含めたサーバの性能見積りが必要。 導入のためのネットワーク構成変更やハードウェア機器の購入は不要である。
クラウド型	クラウド上のWAFサービスを使用する。 WAFの管理はサービス提供元に依存するため，慎重に業者選定する必要がある。

3 認証技術でおさえておきたい知識

ここでは，情報システムや情報サービスを利用する上で欠かせない認証技術について解説します。特に試験によく登場するRADIUS，EAP，Kerberos、ディレクトリサービスについて解説します。

▶ RADIUS

RADIUS（Remote Authentication Dial-In User Service）とは，ネットワーク経由でリモート接続する利用者の認証を行うシステムです。認証機能に加えて，利用状況の記録機能（課金機能，ログ管理）を持っていることが特徴です。公衆電話網を利用したダイアルアップ接続経由の認証・課金が当初の目的でしたが，ブロードバンド接続や無線LAN接続などの認証などに，現在でも広く利用されています。無線LAN環境における認証システムの標準規格として広く利用されているIEEE 802.1Xの認証システムにも利用されています。

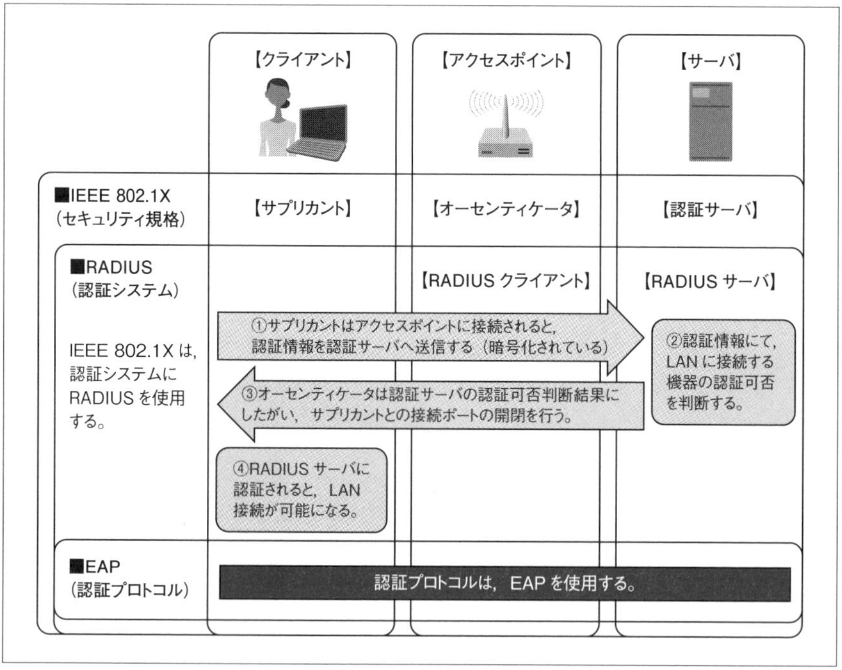

EAP

EAP（Extensible Authentication Protocol）とは，2つの機器間で通信する際のプロトコルであるPPP（Point-to-Point Protocol）の認証機能を強化・拡張したプロトコルです。無線LANや有線LANにおいてもクライアントの認証に広く利用されています。無線LAN環境における認証システムの標準規格として広く利用されているIEEE 802.1Xの認証プロトコルとして利用されています。

EAPの主な認証方式と概要を以下に示します。

EAP-MD5	ユーザIDとパスワードで認証を行う。チャレンジレスポンス方式でパスワードの暗号化を行い，サプリカントの認証のみを行う。ハッシュ関数にMD5を使用する
EAP-TLS	デジタル証明書を使用する。サプリカントと認証サーバと相互に認証する。
EAP-TTLS	通信路をSSL/TLSで暗号化を行う。デジタル証明書でサーバを認証する。ユーザIDとパスワードでサプリカントを認証する。
EAP-PEAP	通信路をSSL/TLSで暗号化を行う。デジタル証明書でサーバを認証する。ユーザIDとパスワードでサプリカントを認証する際にはチャレンジレスポンス方式を用いる。

Kerberos

Kerberos（ケルベロス）とは，認証システムのひとつであり，シングルサインオンを実現する認証方式のひとつとしても使用されています。

Kerberosとは，**レルム**とよばれる範囲の中で，**KDC**（Key Distribution Server）とよばれる認証サーバが発行するサービスチケットを利用することで，**プリンシパル**（クライアントとサーバの総称）間の認証を行います。

- **レルム**……KDC（認証サーバ）が管理する領域のこと
- **プリンシパル**……レルム内のクライアントやサーバの総称
- **KDC**……以下の三つの機能からなる認証サーバ

①認証サーバ（AS：Authentication Server）

クライアントの認証とチケット認可チケット（TGT：Ticket Granting Ticket）を発行する。

②チケット発行サーバ（TGS：Ticket Granting Server）

サーバ利用を認証するサービスチケットを発行する。

③データベースサーバ（KDB：Kerberos DataBase）

プリンシパル内のクライアントの情報や，プリンシパルで利用する共通鍵などを管理する。

Kerberosの認証動作を図に示します。

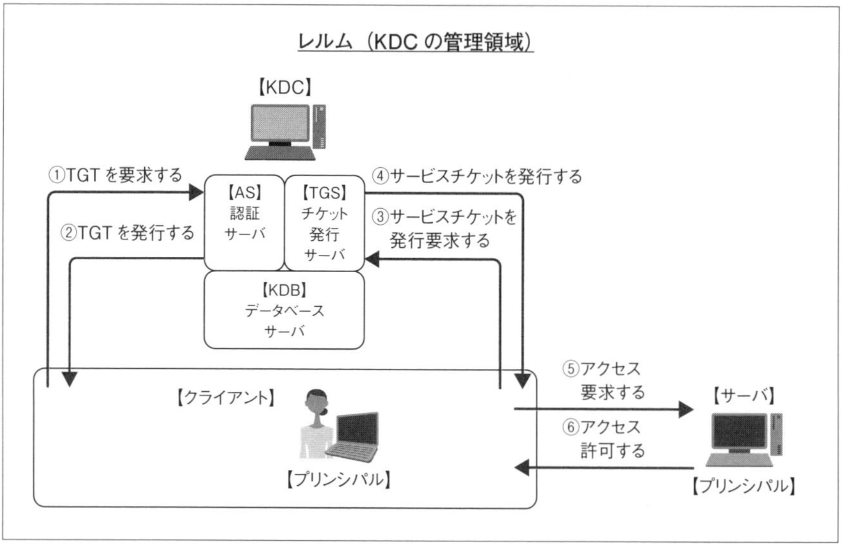

① TGTを要求する

TGT（Ticket Granting Ticket）とは，サービスチケットを交付してもらうためのチケットです。クライアントは，KDCに対してTGTの発行を要求します。

② TGTを発行する

ASがKDBの情報を参照してクライアントを認証します。

ASがTGTを発行します。

③サービスチケットを発行要求する

クライアントは，TGTを利用して，利用したいサーバのサービスチケットの発行を要求します。サービスチケットとは，サーバの利用を認証するチケットのことです。

④サービスチケットを発行する

TGSがKDBの情報を参照してサービスチケットを発行します。

⑤アクセス要求する

クライアントはサービスチケットを使用して利用したいサーバへアクセス要求を行います。

⑥アクセス許可する

サーバは，サービスチケットの情報を確認し，アクセスを許可します。

▶ディレクトリサービス

ディレクトリサービスとは，管理対象とするネットワーク内の利用者情報及び資源（サーバやアプリケーション，プリンタなど）を一元管理するサービスです。サービスを提供するサーバのことを，**ディレクトリサーバ**とよびます。ディレクトリサービスを導入することで，従来はサーバごとに行っていた利用者情報の管理を一元管理することができるようになり，管理面において利用者情報の登録・更新・削除作業などが効率化できます。利用者側としては，ディレクトリサーバに認証を受けることで，管理対象内のサーバやプリンタにアクセスすることができるようになり，シングルサインオンが実現できます。

ディレクトリサービスにアクセスするためには，**LDAP**（Lightweight Directory Access Protocol）というプロトコルを使用します。LDAPは，ディレクトリサービスに関する標準規格であるITU-T勧告のX.500を簡略化し，TCP/IP対応にしたものです。

午後Ⅰ問題の徹底解説

午後I 問1 電子メールのセキュリティ対策と送信ドメイン認証

電子メールのセキュリティ対策に関する次の記述を読んで，設問 1 ～ 4 に答えよ。

N 社は，従業員数 500 名の情報サービス事業者である。N 社の情報システムの構成を図 1 に示す。

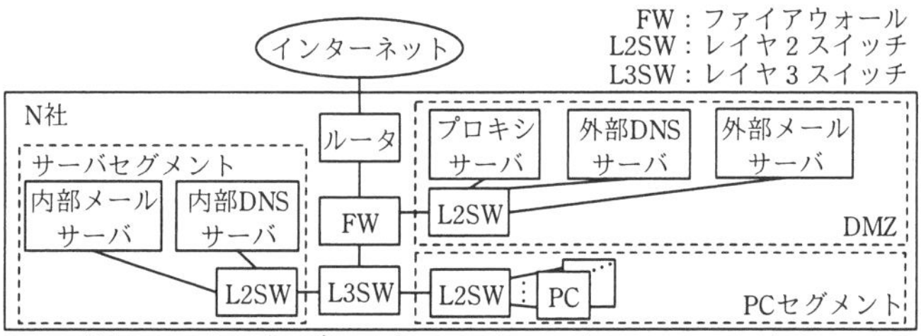

注記　外部 DNS サーバのグローバル IP アドレスは，x1.y1.z1.2 である。

図 1　N 社の情報システムの構成

N 社の情報システムは，情報システム部（以下，情シ部という）の Q 部長と U 主任を含む 5 名で運用している。

各PC及び各サーバは脆《ぜい》弱性修正プログラムが自動的に適用され，導入済のマルウェア対策ソフトのマルウェア定義ファイルが自動的にアップデートされる設定になっている。外部メールサーバでは，スパムメールフィルタの機能を利用している。

N 社では，インターネットドメイン名 n-sha.co.jp（以下，N 社ドメイン名という）を取得しており，メールアドレスのドメイン名にも使用している。外部 DNS サーバは，電子メール（以下，メールという）に関して図 2 のように設定してある。

```
n-sha.co.jp.         IN MX   10   mail.n-sha.co.jp. 1)
mail.n-sha.co.jp.    IN A    x1.y1.z1.1 2)
```

注記 逆引きの定義は省略しているが，適切に設定されている。
注 1) mail.n-sha.co.jp は，外部メールサーバのホスト名である。
2) x1.y1.z1.1 は，グローバル IP アドレスを示す。

図 2 N 社の外部 DNS サーバのメールに関する設定

送信者メールアドレスには，SMTP の [a] コマンドで指定されるエンベロープの送信者メールアドレス（以下，Envelope-FROM という）と，メールデータ内のメールヘッダで指定される送信者メールアドレス（以下，Header-FROM という）がある。送信したメールが不達になるなど配送エラーとなった場合，Envelope-FROM で指定したメールアドレス宛てに通知メールが届く。N 社では，従業員が PC からメールを送信する場合，Envelope-FROM 及び Header-FROM とも自身のメールアドレスが設定される。

昨今，メールを悪用して企業秘密や金銭をだまし取る攻撃が発生しており，N 社が属する業界団体の会員企業でも，なりすましメールによる攻撃によって被害が発生した。こうした被害を少しでも抑えるため，同団体から送信者メールアドレスが詐称されているかをドメイン単位で確認する技術（以下，送信ドメイン認証技術という）を普及させるよう働きかけがあったことから，N 社でも情シ部が中心になって送信ドメイン認証技術の利用を検討することになった。

〔送信ドメイン認証技術の検討〕

Q 部長と U 主任は，送信ドメイン認証技術の利用について検討を始めた。次は，その際の Q 部長と U 主任の会話である。

Q 部長 ：当社でも送信ドメイン認証技術を利用すべきだと経営陣に報告したい。まずは，どのような送信ドメイン認証技術を利用するかを検討しよう。

U 主任 ：送信ドメイン認証技術では，SPF，DKIM，DMARC が標準化されています。当社の外部メールサーバでは，いずれも利用が可能です。

Q部長は，図3のなりすましメールによる攻撃の例を示し，送信ドメイン認証技術が各攻撃の対策となるかどうかをまとめるようにU主任に指示した。

攻撃 1　N 社の取引先のメールアドレスを送信者として設定したメールを，攻撃者のメールサーバからN社に送信する。
攻撃 2　N 社のメールアドレスを送信者として設定したメールを，攻撃者のメールサーバからN社の取引先に送信する。

図3　なりすましメールによる攻撃の例

U主任は，SPFへの対応と各攻撃に対する効果の関係を表1にまとめ，SPFが対策となるかどうかを同表を用いてQ部長に説明した。

表1　SPFへの対応状況と各攻撃に対する効果

項番	SPFへの対応状況				攻撃1に対する効果	攻撃2に対する効果
	外部DNSサーバでの設定1)	外部メールサーバでの対応2)	取引先のDNSサーバでの設定1)	取引先のメールサーバでの対応2)		
1	設定済み	実施する	設定済み	実施する	○	○
⋮	⋮	⋮	⋮	⋮	⋮	⋮
4	設定済み	実施する	未設定	実施しない	b	c
⋮	⋮	⋮	⋮	⋮	⋮	⋮
6	設定済み	実施しない	設定済み	実施しない	d	e
7	設定済み	実施しない	未設定	実施する	f	g
⋮	⋮	⋮	⋮	⋮	⋮	⋮
13	未設定	実施しない	設定済み	実施する	h	i
⋮	⋮	⋮	⋮	⋮	⋮	⋮
16	未設定	実施しない	未設定	実施しない	×	×

注記　表中の“○”は送信者メールアドレスが詐称されているかを判断可，“×”は判断不可を示す。
注1)　SPFに必要な設定をDNSサーバに設定済みかを示す。
2)　メール受信時に，SPFに必要な問合せを実施するかを示す。

次は，その後のQ部長とU主任の会話である。

Q部長　：SPFに対応するには，具体的にどのような設定が必要になるのか。
U主任　：DNSサーバでの設定は，当社の外部DNSサーバに図4に示すTXTレコードを登録します。

n-sha.co.jp.　IN TXT　"v=spf1 +ip4:［　j　］ -all"

図4　TXTレコード

メールサーバでの対応は，当社の外部メールサーバの設定を変更します。SPFによる検証（以下，SPF認証という）が失敗したメールは，件名に[NonSPF]などの文字列を付加して，受信者に示すこともできます。

Q部長　：なるほど。SPFの利用に注意点はあるのかな。

U主任　：メール送信側のDNSサーバ，メール受信側のメールサーバの両方がSPFに対応している状態であっても，その間でSPFに対応している別のメールサーバがEnvelope-FROMを変えずにメールをそのまま転送する場合は，①メール受信側のメールサーバにおいて，SPF認証が失敗してしまうという制約があります。

Q部長　：なるほど。それでは，DKIMはどうかな。

U主任　：DKIMに対応したメールを送信するためには，まず，準備として公開鍵と秘密鍵のペアを生成し，そのうち公開鍵を当社の外部DNSサーバに登録し，当社の外部メールサーバの設定を変更します。DKIM利用のシーケンスは，図5及び図6に示すとおりとなります。

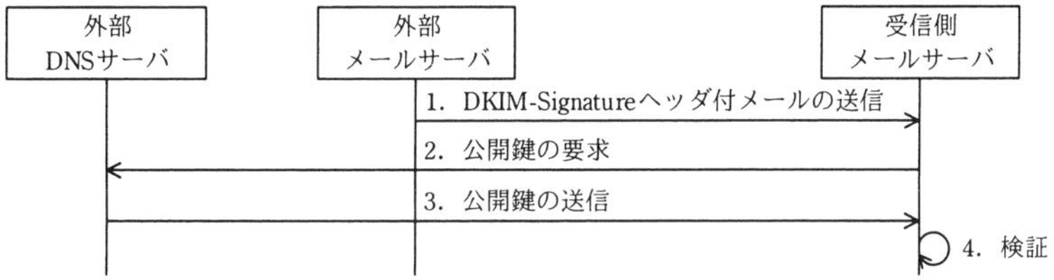

図5　DKIM利用のシーケンス

1. DKIM-Signatureヘッダにディジタル署名を付与し，メールを送信する。
2. 受信側メールサーバは，DKIM-Signatureヘッダのdタグに指定されたドメイン名を基に，外部DNSサーバに公開鍵を要求する。
3. 要求を受けた外部DNSサーバは，登録されている公開鍵を送信する。
4. ②受信した公開鍵，並びに署名対象としたメール本文及びメールヘッダを基に生成したハッシュ値を用いて，DKIM-Signatureヘッダに付与されているディジタル署名を検証する。

図6　DKIM利用のシーケンスの説明

Q 部長　：DKIM の方が少し複雑なのだな。

U 主任　：はい。しかし，DKIM は，メール本文及びメールヘッダを基にディジタル署名を付与するので，転送メールサーバがディジタル署名，及びディジタル署名の基になったメールのデータを変更しなければ，たとえメールが転送された場合でも検証が可能です。SPF と DKIM は併用できます。

Q 部長　：分かった。両者を導入するのがよいな。それでは，DMARC はどうかな。

U 主任　：DMARC は，メール受信側での，SPF と DKIM を利用した検証，検証したメールの取扱い，及び集計レポートについてのポリシを送信側が表明する方法です。DMARC のポリシの表明は，DNS サーバに TXT レコードを追加することによって行います。TXT レコードに指定する DMARC の主なタグを表 2 に示します。

表 2　DMARC の主なタグ（概要）

タグ	タグの説明	値と説明
p	送信側が指定する受信側でのメールの取扱いに関するポリシ（必須）	none：何もしない。 quarantine：検証に失敗したメールは隔離する。 reject：検証に失敗したメールは拒否する。
aspf	SPF 認証の調整パラメタ（任意）	r：Header-FROM と Envelope-FROM に用いられているドメイン名の組織ドメインが一致していれば認証に成功 s：Header-FROM と Envelope-FROM に用いられている完全修飾ドメイン名が一致していれば認証に成功
adkim	DKIM 認証の調整パラメタ（任意）	r：DKIM-Signature ヘッダの d タグと Header-FROM に用いられているドメイン名の組織ドメインが一致していれば認証に成功 s：DKIM-Signature ヘッダの d タグと Header-FROM に用いられている完全修飾ドメイン名が一致していれば認証に成功
rua	DMARC の集計レポートの送信先（任意）	URI 形式で指定する。

注記　完全修飾ドメイン名が "a-sub.n-sha.co.jp" の場合，組織ドメインは "n-sha.co.jp" となる。

これらの検討結果を経営陣に報告したところ，N 社は送信ドメイン認証技術として SPF，DKIM，DMARC を全て利用することになり，情シ部が導入作業に着手した。

〔ニュースレターの配信〕

送信ドメイン認証技術の導入作業着手から 1 週間後，N 社営業部で取引先宛てにニュースレターを配信する計画が持ち上がった。ニュースレターの配信には，X 社のクラウド型メール配信サービス（以下，X 配信サービスという）を利用する。ニュースレターは，X 社のメールサーバから配信され，配送エラーの通知メールは，X 社のメールサーバに届くようにする。Header-FROM には，N 社ドメイン名のメールアドレス（例：letter@n-sha.co.jp）を設定する。Envelope-FROM には，N 社のサブドメイン名 a-sub.n-sha.co.jp のメールアドレス（例：letter@a-sub.n-sha.co.jp）を設定する。X 社のメールサーバのホスト名は，mail.x-sha.co.jp であり，グローバル IP アドレスは，x2.y2.z2.1 である。X 社の DNS サーバのグローバル IP アドレスは，x2.y2.z2.2 である。X 配信サービスでは，SPF，DKIM，DMARC のいずれも利用が可能である。

N 社は，ニュースレターの配信についても，3 種類の送信ドメイン認証技術を利用することにした。具体的には，N 社の外部 DNS サーバに図 7 のレコードを追加する。

```
a-sub.n-sha.co.jp. IN MX 10 [  k  ]
a-sub.n-sha.co.jp. IN TXT "v=spf1 +ip4:[  l  ] -all"
```

注記 1　逆引きの定義は省略しているが，適切に設定されている。
注記 2　DKIM，DMARC のレコードは省略しているが，適切に設定されている。

図 7　追加するレコード

ここで，受信側で検証に失敗したメールは隔離するポリシとするため，DMARC の p タグと aspf タグの設定は表 3 のとおりとする。

表 3　DMARC のタグ設定

タグ	値
p	m
aspf	n

注記　ほかのタグは省略しているが，適切に設定されている。

その後，N 社と主要な取引先での送信ドメイン認証技術の導入が完了した。

設問 1　本文中の［　a　］に入れる適切な字句を答えよ。

設問 2 〔送信ドメイン認証技術の検討〕について，(1)～(4) に答えよ。

(1) 表 1 中の［　b　］～［　i　］に入れる適切な内容を，“○”又は“×”のいずれかで答えよ。

(2) 図 4 中の［　j　］に入れる適切な字句を答えよ。

(3) 本文中の下線①について，SPF 認証が失敗する理由を，SPF 認証の仕組みを踏まえて，50 字以内で具体的に述べよ。

(4) 図6中の下線②の検証によってメールの送信元の正当性以外に確認できる事項を，20 字以内で述べよ。

設問 3　図 7 中の［　k　］，［　l　］，表 3 中の［　m　］，［　n　］に入れる適切な字句を答えよ。

設問 4　攻撃者がどのようにN社の取引先になりすましてN社にメールを送信すると，N社がSPF，DKIM及びDMARCでは防ぐことができなくなるのか。その方法を 50 字以内で具体的に述べよ。

令和元年秋 午後Ⅰ・問1

問題文の読み方

ここでは下記項目について解説します。

・問題文の読み方
・マークしておくべきポイント

解答についての詳しい解説は，後の「設問の詳細解説」を参照してください。
それでは，問題文と設問を一緒に読んでいきましょう。

▶ 対象企業の説明，対象システムのネットワーク構成

電子メールのセキュリティ対策に関する次の記述を読んで，設問1～4に答えよ。

N社は，従業員数500名の情報サービス事業者である。N社の情報システムの構成を図1に示す。

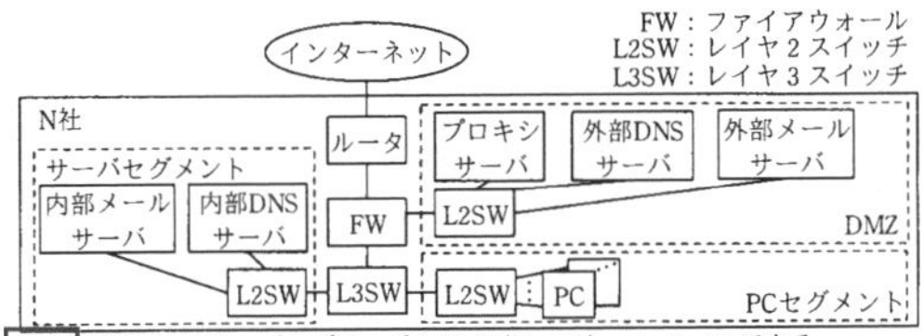

注記　外部DNSサーバのグローバルIPアドレスは，x1.y1.z1.2である。

図1　N社の情報システムの構成

注記は注意！

N社の情報システムは，情報システム部（以下，情シ部という）のQ部長とU主任を含む5名で運用している。

N社

会社や人物は最初に登場した箇所をメモして把握する！

Q部長
U主任

最初に問題文冒頭部分を読みましょう。以下のことが記載されています。

・対象企業の規模，業種
・対象システムのネットワーク構成

第2章　午後Ⅰ問題編

問題に登場する会社名や人物は，最初に登場したときに欄外にメモ書きしておきましょう。また，図の注記には注意しましょう。注記に記載がある場合は，設問に関係があると考えてマークをして読み進めましょう。

▶ 全体を把握する

次に問題文全体をざっと見て，全体構成を把握しましょう。以下のように図や表と見出しを確認しましょう。

・ネットワーク構成図があること
・図2にN社の外部DNSサーバのメールに関する設定があること
・見出し一つ目が〔送信ドメイン認証技術の検討〕であること
・図3になりすましメールによる攻撃の例があること
・表1にSPFに関する表があること
・図4にTXTレコードがあること
・図5，図6にDKIMに関する図があること
・表2にDMARCの主なタグの表があること
・見出し二つ目が〔ニュースレターの配信〕であること
・図7に追加するレコードがあること
・表3にDMARCのタグ設定があること

引き続き設問にも目を通し，問題文と設問の位置関係を把握しておきましょう。この問題は，メールの送信ドメイン認証に関する問題で，技術的な内容が多く問われていると把握しましょう。

学習を続けるにつれて，問題全体をざっと見るだけで「何に関する問題か」「自分の得意分野か不得意分野か」「難易度は易しそうか難しそうか」推測できるようになります。繰り返し過去問を解く練習をすることで，問題のパターンが見えてきます。

ここまでの作業は実際の試験では，解答する問題を選択するタイミングで行います。過去問を解くときも本番試験と同様に全体を把握する練習をしましょう。

対象システムの説明の続き

各PC及び各サーバは脆《ぜい》弱性修正プログラムが自動的に適用され，導入済のマルウェア対策ソフトのマルウェア定義ファイルが自動的にアップデートされる設定になっている。外部メールサーバでは，スパムメールフィルタの機能を利用している。

N社では，インターネットドメイン名n-sha.co.jp（以下，N社ドメイン名という）を取得しており，メールアドレスのドメイン名にも使用している。外部DNSサーバは，電子メール（以下，メールという）に関して図2のように設定してある。

```
n-sha.co.jp.        IN MX   10   mail.n-sha.co.jp. 1)
mail.n-sha.co.jp.   IN A    x1.y1.z1.1 2)
```

注記　逆引きの定義は省略しているが，適切に設定されている。
注1)　mail.n-sha.co.jp は，外部メールサーバのホスト名である。
注2)　x1.y1.z1.1 は，グローバルIPアドレスを示す。

図2　N社の外部DNSサーバのメールに関する設定

注記は注意！

脆弱性プログラムやマルウェア定義ファイルの更新タイミングは設問に関係することが多いため，マークしておきましょう。ドメイン名やIPアドレスについても設問に関係することが多いため，マークしておきます。

図の注記には，注意しましょう。注記に記載があることは，設問に関係があると考えて，マークをして読み進めましょう。

▶ 送信ドメイン認証技術の利用に関する説明

送信者メールアドレスには，SMTP の［ a ］コマンドで指定されるエンベロープの送信者メールアドレス（以下，Envelope-FROM という）と，メールデータ内のメールヘッダで指定される送信者メールアドレス（以下，Header-FROM という）がある。送信したメールが不達になるなど配送エラーとなった場合，Envelope-FROM で指定したメールアドレス宛てに通知メールが届く。N 社では，従業員が PC からメールを送信する場合，Envelope-FROM 及び Header-FROM とも自身のメールアドレスが設定される。

昨今，メールを悪用して企業秘密や金銭をだまし取る攻撃が発生しており，N 社が属する業界団体の会員企業でも，なりすましメールによる攻撃によって被害が発生した。こうした被害を少しでも抑えるため，同団体から送信者メールアドレスが詐称されているかをドメイン単位で確認する技術（以下，送信ドメイン認証技術という）を普及させるよう働きかけがあったことから，N 社でも情シ部が中心になって送信ドメイン認証技術の利用を検討することになった。

設問1
MAIL FROM

問題文と設問の対応をメモする！
解答が分かれば，解答もメモする！

最初の「全体を把握する」で確認したとおり，［ a ］は設問１に対応しています。欄外に「設問１」とメモしておきましょう。情報処理安全確保支援士試験の問題は，設問の対象の位置（［ a ］など）までに読んだ内容で解ける問題がほとんどです。問題を読みながら解き，解答が分かれば解答用紙に書き込んでいきましょう。

欄外にメモした解答は，問題を読み返して他の問題を解くときに役立ちます。「この［ a ］は何だったっけ？」と解答用紙を見て確認し直す時間を短縮できます。また，欄外に記入したメモは，試験後の自己採点にも使用します。

このタイミングで解けないと判断した場合はすぐに次を読み進めましょう。このタイミングで解けなかった設問は，全体読み終えた後に，再度解くことになります。再度解く場合は，欄外のメモを見て素早く設問に対応する問題文の位置に戻りましょう。このメモは，後になるほど役に立ちます。

送信ドメイン認証技術の検討

〔送信ドメイン認証技術の検討〕

Q部長とU主任は，送信ドメイン認証技術の利用について検討を始めた。次は，その際のQ部長とU主任の会話である。

Q部長　：当社でも送信ドメイン認証技術を利用すべきだと経営陣に報告したい。まずは，どのような送信ドメイン認証技術を利用するかを検討しよう。

U主任　：送信ドメイン認証技術では，SPF，DKIM，DMARCが標準化されています。当社の外部メールサーバでは，いずれも利用が可能です。

技術的なキーワードをマーク！

Q部長は，図3のなりすましメールによる攻撃の例を示し，送信ドメイン認証技術が各攻撃の対策となるかどうかをまとめるようにU主任に指示した。

攻撃1　N社の取引先のメールアドレスを送信者として設定したメールを，攻撃者のメールサーバからN社に送信する。

攻撃2　N社のメールアドレスを送信者として設定したメールを，攻撃者のメールサーバからN社の取引先に送信する。

図3　なりすましメールによる攻撃の例

技術的なキーワードについても設問で問われる可能性が高いと考えてマークしておきましょう。

・SPF
・DKIM
・DMARC

U主任は，SPFへの対応と各攻撃に対する効果の関係を表1にまとめ，SPFが対策となるかどうかを同表を用いてQ部長に説明した。

図3の内容をメモする！

N社　取引先

表1　SPFへの対応状況と各攻撃に対する効果　N←攻撃　攻撃→取引先

設問2(1)

問題文と設問の対応をメモする！

項番	SPFへの対応状況				攻撃1に対する効果	攻撃2に対する効果
	外部DNSサーバでの設定 1)	外部メールサーバでの対応 2)	取引先のDNSサーバでの設定 1)	取引先のメールサーバでの対応 2)		
1	設定済み	実施する	設定済み	実施する	○	○
⋮	⋮	⋮	⋮	⋮	⋮	⋮
4	設定済み	実施する	未設定	実施しない	b	c
⋮	⋮	⋮	⋮	⋮	⋮	⋮
6	設定済み	実施しない	設定済み	実施しない	d	e
7	設定済み	実施しない	未設定	実施する	f	g
⋮	⋮	⋮	⋮	⋮	⋮	⋮
13	未設定	実施しない	設定済み	実施する	h	i
⋮	⋮	⋮	⋮	⋮	⋮	⋮
16	未設定	実施しない	未設定	実施しない	×	×

注記　表中の“○”は送信者メールアドレスが詐称されているかを判断可，“×”は判断不可を示す。
注 1)　SPFに必要な設定をDNSサーバに設定済みかを示す。
2)　メール受信時に，SPFに必要な問合せを実施するかを示す。

表1の空欄は設問2の(1)に対応しています。欄外に「設問2(1)」とメモしておきましょう。

また設問2(1)は，図3を見ながら解答することになるので，読み間違いなく効率よく解答するために，図3の内容を見やすい位置にメモしましょう。これは問題を解くときで結構です。

SPFの設定

次は，その後のQ部長とU主任の会話である。

Q部長　：SPFに対応するには，具体的にどのような設定が必要になるのか。

U主任　：DNSサーバでの設定は，当社の外部DNSサーバに図4に示すTXTレコードを登録します。

```
n-sha.co.jp.  IN TXT  "v=spf1 +ip4:[  j  ] -all"
```

図4　TXTレコード

設問2(2)

問題文と設問の対応をメモする！
解答が分かれば，
解答もメモする！

メールサーバでの対応は，当社の外部メールサーバの設定を変更します。SPFによる検証（以下，SPF認証という）が失敗したメールは，件名に[NonSPF]などの文字列を付加して，受信者に示すこともできます。

Q部長　：なるほど。SPFの利用に注意点はあるのかな。

U主任　：メール送信側のDNSサーバ，メール受信側のメールサーバの両方がSPFに対応している状態であっても，その間でSPFに対応している別のメールサーバがEnvelope-FROMを変えずにメールをそのまま転送する場合は，①メール受信側のメールサーバにおいて，SPF認証が失敗してしまうという制約があります。

設問2(3)

欄外に設問との対応をメモしながら読み進めましょう。また，問題を読みながら解ける問題は解いて解答用紙に書き込んでいきましょう。欄外に解答もメモしておきましょう。

▶ DKIMについて

Q部長　：なるほど。それでは，DKIMはどうかな。

U主任　：DKIMに対応したメールを送信するためには，まず，準備として公開鍵と秘密鍵のペアを生成し，そのうち公開鍵を当社の外部DNSサーバに登録し，当社の外部メールサーバの設定を変更します。DKIM利用のシーケンスは，図5及び図6に示すとおりとなります。

図5　DKIM利用のシーケンス

1. DKIM-Signatureヘッダにディジタル署名を付与し，メールを送信する。
2. 受信側メールサーバは，DKIM-Signatureヘッダのdタグに指定されたドメイン名を基に，外部DNSサーバに公開鍵を要求する。
3. 要求を受けた外部DNSサーバは，登録されている公開鍵を送信する。
4. ②受信した公開鍵，並びに署名対象としたメール本文及びメールヘッダを基に生成したハッシュ値を用いて，DKIM-Signatureヘッダに付与されているディジタル署名を検証する。

図6　DKIM利用のシーケンスの説明

Q部長　：DKIMの方が少し複雑なのだな。

U主任　：はい。しかし，DKIMは，メール本文及びメールヘッダを基にディジタル署名を付与するので，転送メールサーバがディジタル署名，及びディジタル署名の基になったメールのデータを変更しなければ，たとえメールが転送された場合でも検証が可能です。SPFとDKIMは併用できます。

技術的なキーワードをマーク！

設問2(4)

問題文と設問の対応をメモする！解答が分かれば，解答もメモする！

ここからDKIMについての確認に入ります。技術的なキーワードについては設問で問われる可能性が高いと考えて，マークしておきましょう。

- 公開鍵
- 秘密鍵
- デジタル署名

▶ DMARCについて

U主任　：DMARCは，メール受信側での，SPFとDKIMを利用した検証，検証したメールの取扱い，及び集計レポートについてのポリシを送信側が表明する方法です。DMARCのポリシの表明は，DNSサーバにTXTレコードを追加することによって行います。TXTレコードに指定するDMARCの主なタグを表2に示します。

表2　DMARCの主なタグ（概要）

タグ	タグの説明	値と説明
p	送信側が指定する受信側でのメールの取扱いに関するポリシ（必須）	none：何もしない。 quarantine：検証に失敗したメールは隔離する。 reject：検証に失敗したメールは拒否する。
aspf	SPF 認証の調整パラメタ（任意）	r：Header-FROM と Envelope-FROM に用いられているドメイン名の組織ドメインが一致していれば認証に成功 s：Header-FROM と Envelope-FROM に用いられている完全修飾ドメイン名が一致していれば認証に成功
adkim	DKIM 認証の調整パラメタ（任意）	r：DKIM-Signature ヘッダの d タグと Header-FROM に用いられているドメイン名の組織ドメインが一致していれば認証に成功 s：DKIM-Signature ヘッダの d タグと Header-FROM に用いられている完全修飾ドメイン名が一致していれば認証に成功
rua	DMARCの集計レポートの送信先（任意）	URI形式で指定する。

注記　完全修飾ドメイン名が“a-sub.n-sha.co.jp”の場合，組織ドメインは“n-sha.co.jp”となる。

注記は注意！

これらの検討結果を経営陣に報告したところ，N社は送信ドメイン認証技術としてSPF，DKIM，DMARCを全て利用することになり，情シ部が導入作業に着手した。

表2を読むこのタイミングでは，何が設問で問われるか分からないため，表内の情報はざっと目を通す程度にしておきましょう。

ニュースレターの配信

〔ニュースレターの配信〕

送信ドメイン認証技術の導入作業着手から 1 週間後，N 社営業部で取引先宛てにニュースレターを配信する計画が持ち上がった。ニュースレターの配信には，X 社のクラウド型メール配信サービス（以下，X 配信サービスという）を利用する。ニュースレターは，X 社のメールサーバから配信され，配送エラーの通知メールは，X 社のメールサーバに届くようにする。Header-FROM には，N 社ドメイン名のメールアドレス（例：letter@n-sha.co.jp）を設定する。Envelope-FROM には，N 社のサブドメイン名 a-sub.n-sha.co.jp のメールアドレス（例：letter@a-sub.n-sha.co.jp）を設定する。X 社のメールサーバのホスト名は，mail.x-sha.co.jp であり，グローバル IP アドレスは，x2.y2.z2.1 である。X 社の DNS サーバのグローバル IP アドレスは，x2.y2.z2.2 である。X 配信サービスでは，SPF，DKIM，DMARC のいずれも利用が可能である。

N 社は，ニュースレターの配信についても，3 種類の送信ドメイン認証技術を利用することにした。具体的には，N 社の外部 DNS サーバに図 7 のレコードを追加する。

```
a-sub.n-sha.co.jp. IN MX 10 [  k  ]
a-sub.n-sha.co.jp. IN TXT "v=spf1 +ip4:[  l  ] -all"
```

注記 1　逆引きの定義は省略しているが，適切に設定されている。
注記 2　DKIM，DMARC のレコードは省略しているが，適切に設定されている。

図 7　追加するレコード

ここで，受信側で検証に失敗したメールは隔離するポリシとするため，DMARC の p タグと aspf タグの設定は表 3 のとおりとする。

表 3　DMARC のタグ設定

タグ	値
p	[m]
aspf	[n]

注記　ほかのタグは省略しているが，適切に設定されている。

その後，N 社と主要な取引先での送信ドメイン認証技術の導入が完了した。

X社

会社やサービス名は最初に登場した箇所をメモして把握する！

設問3

問題文と設問の対応をメモする！解答が分かれば，解答もメモする！

ニュースレターの配信について，ホスト名や IP アドレスが細かく説明されています。細かく説明されている場合は，設問で問われる可能性が高いと考えてマークしておきましょう。

「問題文の読み方」は，以上です。

この問題では，送信ドメイン認証技術である，SPF，DKIM，DMARC について，順番に説明されています。全体構成を把握したうえで，順番に設問を解いていきましょう。

それでは「設問の詳細解説」に進みます。

令和元年秋 午後Ⅰ・問1

設問の詳細解説

問題のポイント

設問 1 から 4 まで，全て送信ドメイン認証技術の SPF，DKIM，DMARC に関する問題です。これら認証技術の設定についての知識を問う問題と，問題文をよく読むことで解答できる問題で構成されています。設問 4 の解答に一般知識で答える迷う問題も含まれています。ドメイン認証技術に詳しい人には易しめ，そうでない人には難易度中程度の問題といえます。

問題の要約

この問題を要約します。

- N 社は，従業員数 500 名の情報サービス事業者である。
- 各 PC 及び各サーバは脆弱性修正プログラムが自動的に適用され，導入済のマルウェア対策ソフトのマルウェア定義ファイルが自動的にアップデートされる設定になっている。外部メールサーバでは，スパムメールフィルタの機能を利用している。
- 昨今，メールを悪用して企業秘密や金銭をだまし取る攻撃が発生しており，N 社が属する業界団体の会員企業でも，なりすましメールによる攻撃によって被害が発生した。こうした被害を少しでも抑えるため，N 社でも情シ部が中心になって送信ドメイン認証技術の利用を検討することになった。
- 情報システム部の Q 部長と U 主任は，送信ドメイン認証技術の利用について検討を始めた。送信ドメイン認証技術では，SPF，DKIM，DMARC が標準化されており，N 社の外部メールサーバでは，いずれも利用が可能であった。
- U 主任は，SPF への対応と攻撃に対する効果や，SPF の設定方法，SPF の制約を調査し，Q 部長に報告した。
- 次に，DKIM と DMARC についても設定方法などの調査を行い，N 社は SPF，DKIM，DMARC の全てを利用することに決めた。
- 送信ドメイン認証技術の導入作業着手から 1 週間後，N 社営業部で取引先宛てにニュースレターを配信する計画が持ち上がった。
- N 社は，ニュースレターの配信についても，3 種類の送信ドメイン認証技術を利用することにした。その後，Ｎ社と主要な取引先での送信ドメイン認証技術の導入が完了した。

設問1 の解説　知識問題

本文中の［ a ］に入れる適切な字句を答えよ。

問題を解く前に，電子メール送受信の仕組みと主なプロトコルについて学習しましょう。電子メール送受信の仕組みと主なプロトコルについて，この後の「学習ポイント①」を参照してください。

それでは［ a ］の前後を確認します。

> 送信者メールアドレスには，SMTP の［ a ］コマンドで指定されるエンベロープの送信者メールアドレス（以下，Envelope-FROM という）と，メールデータ内のメールヘッダで指定される送信者メールアドレス（以下，Header-FROM という）がある。

SMTP のコマンドが問われています。SMTP のコマンドとは，SMTP プロトコルを使用してメールサーバと通信を行うコマンドのことです。主な SMTP コマンドとして以下のコマンドがあります。

- HELO ………… メールサーバと通信を開始する
- MAIL FROM … 送信元メールアドレスを指定する
- RCPT To……… 宛先メールアドレスを指定する
- DATA ………… メールデータをメールサーバへ送信する
- QUIT ………… メールサーバと通信を終了する

上記の通り，送信者のメールアドレスは，**MAIL FROM** コマンドで指定します。問題文に書かれているとおり，MAIL FROM コマンドで指定した送信者メールアドレスのことを **Envelope-FROM** ということがあります。Envelope（エンベローブ）とは，日本語で「封筒」のことで，SMTP プロトコルで通信する制御情報を意味します。

設問1の解答

【IPA 解答例】

a ：MAIL FROM

▶学習ポイント❶

電子メール送受信の仕組みと主なプロトコル

　ここでは下記重要キーワードについて，説明できるように理解・暗記しましょう。

【重要キーワード】

- SMTP
- SMTP-AUTH
- POP
- IMAP

■電子メール送受信の仕組み（概要）

　一般的な電子メール送受信の仕組みを解説します。

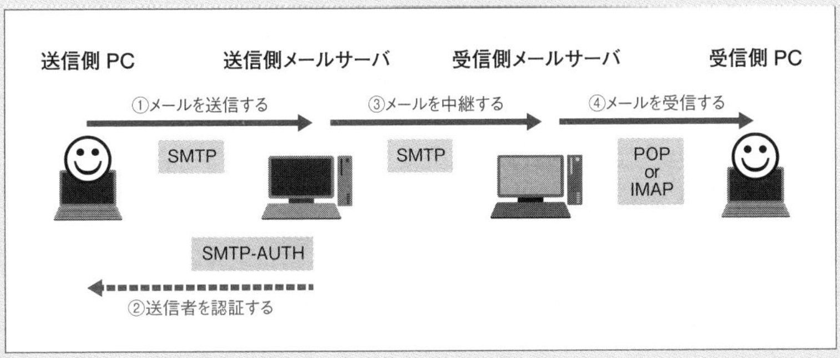

①メールを送信する

メール送信者がメールソフトを使用して，メール受信者宛へメールを送信します。SMTP プロトコルを使用します。

②送信者を認証する

送信側メールサーバは，SMTP-AUTH プロトコルを使用して送信者を認証します。

③メールを中継する

送信側メールサーバは，SMTP プロトコルを使用して受信側メールサーバへメールを転送します。

④メールを受信する

メール受信者が，POP または IMAP プロトコルを使用してメールを受信します。

■電子メールで使用する主なプロトコル

・SMTP（Simple Mail Transfer Protocol）

メールの送信に使用するプロトコルです。メールソフトから送信側メールサーバへの送信や，メールサーバ間のメール転送を行います。

・SMTP-AUTH（SMTP Authentication）

メール送信ユーザを認証するプロトコルです。事前にメールサーバに登録するユーザ ID とパスワードで認証を行います。

・POP（Post Office Protocol）

メールの受信に使用するプロトコルです。受信側メールサーバのメールボックスからメールソフトにメールをダウンロードします。

・IMAP（Internet Mail Access Protocol）

POP と同様に，メールの受信に使用するプロトコルです。POP との違いは，メールソフトにメールをダウンロードしません。メールソフトはメールボックス内のメールを参照して表示します。

設問2 (1)の解説 問題文のヒントから考える問題

設問2 〔送信ドメイン認証技術の検討〕について，(1)～(4)に答えよ。

(1) 表1中の [b] ～ [i] に入れる適切な内容を，“○”又は“×”のいずれかで答えよ。

Q部長とU主任は，送信ドメイン認証技術のSPF，DKIM，DMARCについて検討を始めています。設問2は，SPF（Sender Policy Framework）に関する設問です。SPFの仕組みについてはこの後の「学習ポイント② SPF」を参照してください。

表1に記載のSPFへの対応状況について，攻撃1と2について対策の効果があるかを答える問題です。[b] から [i] を順に確認します。

●項番4（[b]，[c]）

(b) 攻撃者→N社に送信。N社メールサーバは対応しているが，取引先DNSサーバが未設定のためSPFは対策にならない
(c) 攻撃者→取引先に送信。取引先メールサーバが対応していないためSPFは対策にならない

項番4の [b] は，攻撃者からのメールを受信したN社がSPFに必要な問合せを実施しますが，取引先DNSサーバの設定が未設定のため送信者メールアドレスが詐称されているか判断できません。×です。

項番4の [c] は，攻撃者からのメールを受信した取引先がSPFに必要な問合せを実施しないため送信者メールアドレスが詐称されているか判断できません。×です。

●項番6（[d], [e]）

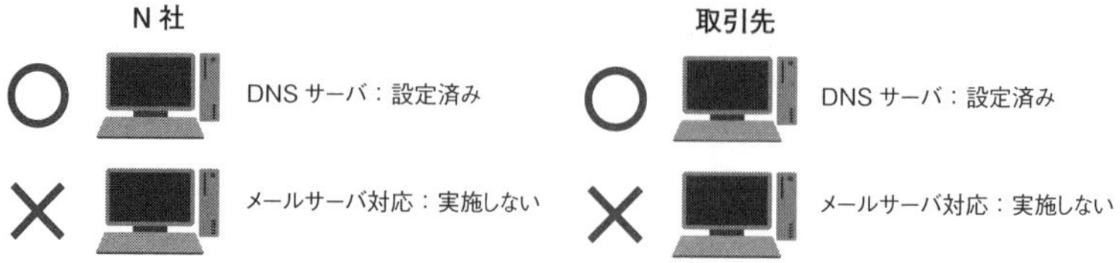

(d) 攻撃者→N社に送信。N社メールサーバが対応していないためSPFは対策にならない
(e) 攻撃者→取引先に送信。取引先メールサーバが対応していないためSPFは対策にならない

項番6の[d]は，攻撃者からのメールを受信したN社がSPFに必要な問合せを実施しないため送信者メールアドレスが詐称されているか判断できません。×です。

項番6の[e]は，攻撃者からのメールを受信した取引先がSPFに必要な問合せを実施しないため送信者メールアドレスが詐称されているか判断できません。×です。

●項番7（[f], [g]）

(f) 攻撃者→N社に送信。N社メールサーバが対応していないためSPFは対策にならない
(g) 攻撃者→取引先に送信。取引先メールサーバが対応しており，N社DNSサーバに設定済みのため SPFは対策になる

項番7の[f]は，攻撃者からのメールを受信したN社がSPFに必要な問合せを実施しないため送信者メールアドレスが詐称されているか判断できません。×です。

項番7の[g]は，攻撃者からのメールを受信した取引先がSPFに必要な問合せを実施して，N社側ではSPFに必要な設定をDNSサーバに設定済みのため，送信者メールアドレスが詐称されているか判断できます。○です。

●項番13（ h , i ）

(h) 攻撃者→N社に送信。N社メールサーバが対応していないためSPFは対策にならない
(i) 攻撃者→取引先に送信。取引先メールサーバは対応しているが，N社 DNS サーバが未設定のためSPFは対策にならない

項番13の h は，攻撃者からのメールを受信したN社がSPFに必要な問合せを実施しないため送信者メールアドレスが詐称されているか判断できません。×です。

項番13の i は，攻撃者からのメールを受信した取引先がSPFに必要な問合せを実施するが，N社側DNSサーバの設定が未設定のため送信者メールアドレスが詐称されているか判断できません。×です。

上記のとおり，項番7の攻撃2 g の場合のように，メール受信側のメールサーバでSPFの対応を実施しており，送信ドメイン認証の確認に使用する送信者側DNSサーバが設定済みの場合にSPFが有効になります。

設問2(1)の解答

【IPA解答例】
b：×　c：×　d：×　e：×　f：×　g：○　h：×　i：×

▶学習ポイント❷

SPF

ここではSPFについて学びます。また下記重要キーワードについて説明できるように理解・暗記しましょう。

【重要キーワード】

●SPF (Sender Policy Framework)

■ SPF

SPF (Sender Policy Framework) とは，電子メールの送信ドメインを認証する技術のひとつで，DNS (Domain Name System) の仕組みを利用して，送信元ドメインが正しい送信元かを確認します。

SPFを利用して送信ドメイン認証を行うためには，送信側・受信側ともSPFを導入している必要があります。

--- 引用ここから ---

インターネットで使われる電子メールは，送信元メールアドレスを自由に設定できます。そのため，偽の送信元メールアドレスが設定されている，いわゆる「なりすましメール」が多くあります。「なりすましメール」は，標的型攻撃メールや迷惑メールの中で使われることも多くあり，いかにして「なりすましメール」を減らしていくかが，課題となっています。

「なりすましメール」をなくすためには，メールの送信側と受信側の連携が必要です。まず送信側は，正しく送信するメールがどのようなものか，情報を提供することが必要です。そのようにして初めて，受信側は受信したメールが「なりすましメール」かどうかを区別でき，「なりすましメール」であれば排除するなどの対応が可能になります。

このような，送信側と受信側が連携するための方式の1つが，SPF(Sender Policy Framework) です。本ページでは，SPF導入の端緒となる，送信側としての導入方法を説明します。送信側・受信側ともSPFを導入している場合，受信側でSPFによる確認が取れるため，受信側は安心してメールを受信できます (図1)。

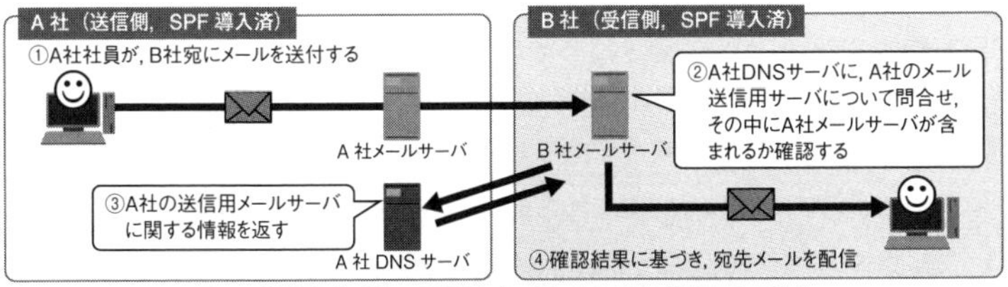

図 1：送信側（A 社）・受信側（B 社）とも SPF 対応済みの場合

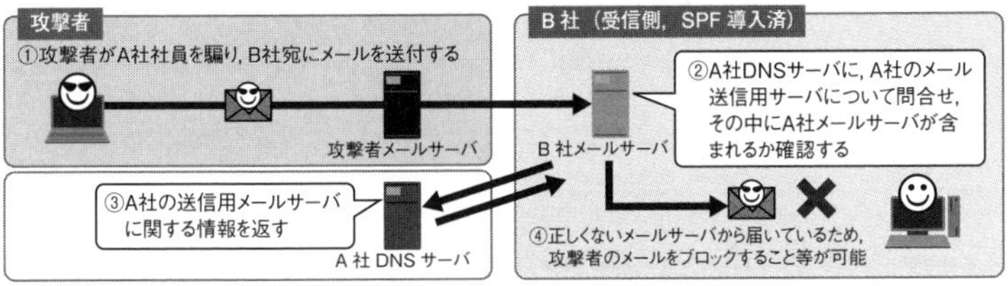

図 2：A 社を騙った「なりすましメール」を B 社が受信する場合

また，「なりすましメール」があった場合でも，受信側で SPF による確認をとった結果，「なりすましメール」だと判断できるため，排除することができます（図 2）。

一方で，送信側が SPF を未導入の場合，受信側は「なりすましメール」かどうかを区別できないため全体として機能せず，攻撃者からの「なりすましメール」をブロックできません（図 3）。

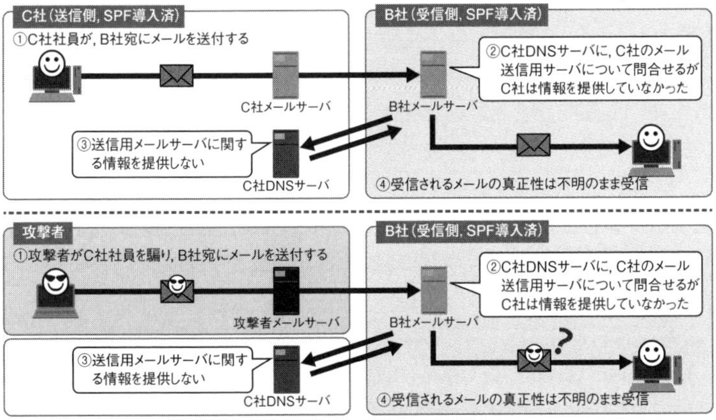

図 3：送信側（C 社）が SPF 未対応の場合

このため，メールを送信する機会がある組織は，受信側への気配りとしてSPFを導入することが推奨されます。そこを端緒に，社会全体で「なりすましメール」を排除できるようになります。

--- 引用ここまで ---

出所：なりすましメール撲滅に向けたSPF (Sender Policy Framework) 導入の手引き　独立行政法人情報処理推進機構 セキュリティセンター)
https://www.ipa.go.jp/security/topics/20120523_spf.html

設問2 (2) の解説　問題文のヒントから考える問題

(2) 図4中の [j] に入れる適切な字句を答えよ。

SPFへ対応するためには，自社の外部DNSサーバに，自社のメールサーバの**ドメイン名**を登録しておく必要があります。この登録に使用するのが，図4のTXTレコードの一種であるSPFレコードです。[j] には，メールサーバのIPアドレスを指定します。

n-sha.co.jp.　IN TXT　"v=spf1 +ip4: [j] -all"

図4　TXTレコード

図2のMXレコードとAレコードの記載，及び，図2の前の問題文記述より，メールサーバのIPアドレスは，x1.y1.z1.1であることが分かります。

N社では，インターネットドメイン名n-sha.co.jp（以下，N社ドメイン名という）を取得しており，メールアドレスのドメイン名にも使用している。外部DNSサーバは，電子メール（以下，メールという）に関して図2のように設定してある。

n-sha.co.jp.	IN MX	10	mail.n-sha.co.jp. 1)
mail.n-sha.co.jp.	IN A	x1.y1.z1.1 2)	

注記　逆引きの定義は省略しているが，適切に設定されている。
注 1)　mail.n-sha.co.jp は，外部メールサーバのホスト名である。
　 2)　x1.y1.z1.1 は，グローバル IP アドレスを示す。

図2　N社の外部DNSサーバのメールに関する設定

［ j ］にはメールサーバのIPアドレスであるx1.y1.z1.1を指定します。

設問2(2)の解答

【IPA 解答例】
j：x1.y1.z1.1

▶学習ポイント❸

DNSレコード

DNSレコードについて学習します。この学習ポイントでは，下記重要キーワードについて説明できるように理解・暗記しましょう。

【重要キーワード】
- DNSレコード
- ゾーンファイル
- MXレコード
- Aレコード
- TXTレコード
- SPFレコード

■ DNS レコード

DNS レコードについて解説します。SPF 認証技術に対応するためには，送信元外部 DNS サーバに，**送信元メールサーバのドメイン名と IP アドレス**を登録しておく必要があります。この登録に使用するのが，DNS レコードであり，DNS サーバのゾーンファイルに登録します。

■ゾーンファイル

ゾーンファイルとは，ホスト名と IP アドレスの対応付けを管理しているファイルで，権威 DNS サーバ内に保存されています。ゾーンファイル内のデータレコードを DNS レコードやリソースレコードともよびます。

■主な DNS レコード

- SOA レコード … DNS サーバの動作に関する管理情報
- NS レコード …… DNS サーバのホスト名
- MX レコード …… メールサーバのホスト名
- A レコード ……… ホスト名と IP アドレスの関連付け
- TXT レコード … コメント（任意の文字列）を書ける
SPF レコードのように特定のコメントの書き方をすることで，特定の用途に使用することができます。
- SPF レコード…… 図 4 のように TXT レコードに "v=spf1 " と書くことで SPF レコードとして機能します。

```
n-sha.co.jp.   IN TXT   "v=spf1 +ip4: [   j   ] -all"
```

図 4　TXT レコード

設問2（3）の解説 知識問題

（3）本文中の下線①について，SPF 認証が失敗する理由を，SPF 認証の仕組みを踏まえて，50 字以内で具体的に述べよ。

下線部①の U 主任の発言を確認します。

> U 主任　：メール送信側の DNS サーバ，メール受信側のメールサーバの両方が SPF に対応している状態であっても，その間で SPF に対応している別のメールサーバが Envelope-FROM を変えずにメールをそのまま転送する場合は，①メール受信側のメールサーバにおいて，SPF 認証が失敗してしまうとい

下線部①の条件として，「メール送信側の DNS サーバ，メール受信側のメールサーバの両方が SPF に対応している状態であっても，その間で SPF に対応している別のメールサーバが Envelope-FROM を変えずにメールをそのまま転送する場合は，」と記述されています。この場合，メール受信側は Envelope-FROM に指定されているドメイン名の DNS サーバに認証問合せを行います。

問合せを受けた送信側 DNS サーバは，DNS サーバに登録されているメールサーバの IP アドレスを答えます。受信メールサーバ側では，送信側 DNS サーバから取得した送信元メールサーバの IP アドレスと SMTP 接続元である転送メールサーバの IP アドレスを照合するため不一致となり SPF 認証に失敗します。

転送メールサーバがある場合の，認証について，図に示します。

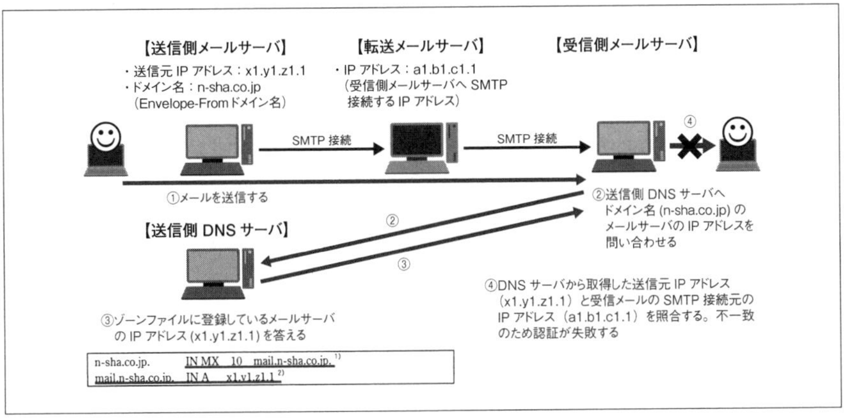

設問に「SPF 認証の仕組みを踏まえて」と記載されているため，認証動作における具体的な失敗理由を解答する必要があります。

設問2(3)の解答

【IPA 解答例】

送信側の DNS サーバに設定された IP アドレスと SMTP 接続元の IP アドレスが一致しないから（45 字）

設問2（4）の解説 知識問題

（4）図 6 中の下線②の検証によってメールの送信元の正当性以外に確認できる事項を，20 字以内で述べよ。

DKIM（DomainKeys Identified Mail）では，送信側メールサーバでメールに電子署名を付与します。受信メールサーバ側では，送信者が付与した電子署名を検証することで，メールの送信元の正当性確認に加えて，メールヘッダ本文とメール本文の**完全性**，すなわち，メールヘッダとメール本文が改ざんされていないことを確認できます。

DKIM の認証方式については，この後の「学習ポイント④ DKIM」を参照してください。

設問2(4)の解答

【IPA 解答例】

メール本文及びメールヘッダの改ざんの有無（20 字）

【別解】

メール本文とメールヘッダの完全性（16 字）

▶学習ポイント❹

DKIM

ここではDKIMについて学習しましょう。この学習ポイントでは，下記重要キーワードについて説明できるように理解・暗記しましょう。

【重要キーワード】

- DKIM（DomainKeys Identified Mail）

■ DKIM

DKIM（DomainKeys Identified Mail）とは，電子メールの送信ドメインを認証する技術のひとつです。「秘密鍵」と「公開鍵」のペア及び「電子署名」を利用することで，送信元の正当性やメールの改ざんの有無を確認できる仕組みです。DKIMの認証動作について図に示します。

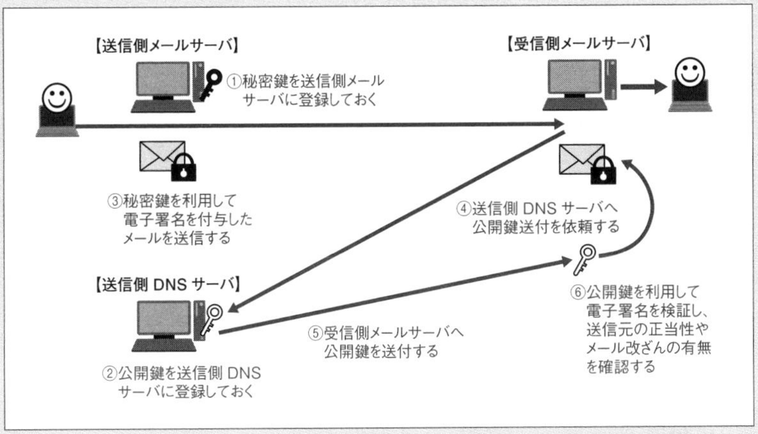

設問3 の解説　問題文から抜粋問題

図7中の[k]，[l]，表3中の[m]，[n]に入れる適切な字句を答えよ。

●空欄 k，l

最初に，図7中の[k]，[l]について，確認しましょう。

図7中の[k]，[l]は，ニュースレターの配信に関するN社の外部DNSサーバの追加設定に関する問題です。

「学習ポイント③ DNSレコード」で学習したとおり，[k]のある**MXレコード**には，ニュースレターの配信を行うメールサーバのホスト名mail.x-sha.co.jpを指定します。ただし，MXレコードにホスト名を指定する場合は，最後に「.」を書く必要があるので注意しましょう。[k]に書く字句はmail.x-sha.co.jp. が正解となります。最後の「.」はルートドメインを意味します。MXレコードに書くホスト名は，ルートドメインまで含めた正式なホスト名（ドメイン名）を記載する必要があります。

[l]のある**TXTレコード**（SPFレコード）には，ニュースレターの配信を行うメールサーバのIPアドレスx2.y2.z2.1を指定します。

X配信サービスの環境と図7のレコードとの関連は，図のようになります。

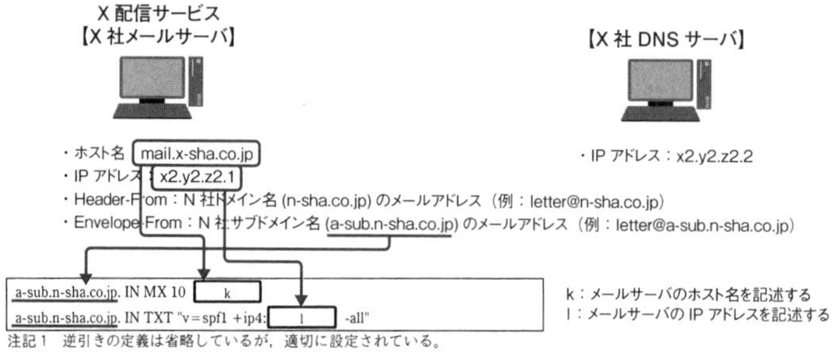

注記1　逆引きの定義は省略しているが，適切に設定されている。
注記2　DKIM，DMARCのレコードは省略しているが，適切に設定されている。

図7　追加するレコード

●空欄 m，n

次に，表3中の[m]，[n]について確認します。

DMARCのタグ設定に関する問題です。**DMARC**（Domain-based Message Authentication, Reporting, and Conformance）とは，電子メールにおける送信ドメイ

ン認証技術の一つであり，問題文に記述されているとおり，メール受信側での SPF と DKIM を利用した検証，検証したメールの取扱い，及び集計レポートについてのポリシを送信側が表明する方法です。DMARC のポリシの表明は，DNS サーバに TXT レコードを追加することによって行います。

表 3　DMARC のタグ設定

タグ	値
p	m
aspf	n

注記　ほかのタグは省略しているが，適切に設定されている。

表 3 の DMARC の p タグと aspf タグの設定について「受信側で検証に失敗したメールは隔離するポリシとする」と問題文に記述があるため，値を表 2 で確認します。

表 2　DMARC の主なタグ（概要）

タグ	タグの説明	値と説明
p	送信側が指定する受信側でのメールの取扱いに関するポリシ（必須）	none：何もしない。 quarantine：検証に失敗したメールは隔離する。 reject：検証に失敗したメールは拒否する。
aspf	SPF 認証の調整パラメタ（任意）	r：Header-FROM と Envelope-FROM に用いられているドメイン名の組織ドメインが一致していれば認証に成功 s：Header-FROM と Envelope-FROM に用いられている完全修飾ドメイン名が一致していれば認証に成功
adkim	DKIM 認証の調整パラメタ（任意）	r：DKIM-Signature ヘッダの d タグと Header-FROM に用いられているドメイン名の組織ドメインが一致していれば認証に成功 s：DKIM-Signature ヘッダの d タグと Header-FROM に用いられている完全修飾ドメイン名が一致していれば認証に成功
rua	DMARC の集計レポートの送信先（任意）	URI 形式で指定する。

注記　完全修飾ドメイン名が “a-sub.n-sha.co.jp” の場合，組織ドメインは “n-sha.co.jp” となる。

表 2 の p タグの説明を見ると，検証に失敗したメールを隔離する場合の値は quarantine と記述があります。従って，m には quarantine を設定します。

次の aspf タグでは，SPF の認証方式を選択します。r は，Header-FROM と Envelope-FROM に用いられているドメイン名の「**組織ドメイン**」が一致していれば認証に成功，s は，Header-FROM と Envelope-FROM に用いられているドメイン名の「**完全修飾ドメイン名**」が一致していれば認証に成功と説明されています。

〔ニュースレターの配信〕部分を確認すると以下のことが記述されています。「Header-FROM には，N 社ドメイン名のメールアドレス（例：letter@n-sha.co.jp）を設定する。Envelope-FROM には，N 社のサブドメイン名 a-sub.n-sha.co.jp のメールアドレス（例：letter@a-sub.n-sha.co.jp）を設定する。」また，表 2 の注記に「完全修飾ドメイン名が “a-sub.n-sha.co.jp” の場合，組織ドメインは “n-sha.co.jp” となる。」と記述されています。これらのことより，SPF の認証については，「完全修飾ドメイン名」の一致ではなく，「組織ドメイン」の一致で認証する必要があることが分かります。

［ n ］には，r を設定します。

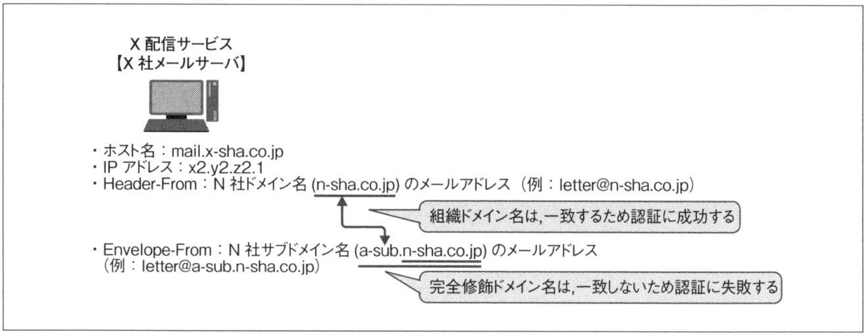

設問3の解答

【IPA 解答例】

k：mail.x-sha.co.jp.　　l：x2.y2.z2.1

m：quarantine　　n：r

設問4 の解説　知識問題

攻撃者がどのようにN社の取引先になりすましてN社にメールを送信すると，N社がSPF，DKIM及びDMARCでは防ぐことができなくなるのか。その方法を50字以内で具体的に述べよ。

送信ドメイン認証技術の導入が完了したN社に対して，なりすましを検知されないようにするためには，送信者側も送信ドメイン認証技術を導入している必要があります。

SPF，DKIM 及び DMARC について，順に復習しましょう。

● SPFを欺くには

SPFでは，送信元ドメインが正しい送信元かを確認します。攻撃者が攻撃者のDNSサーバにSPFに対応する設定を行えば，メール受信側のN社では，攻撃者のDNSサーバに問合せを行うため，攻撃者であっても正しい送信元として認証します。攻撃者かどうかの判断はできません。SPFの認証方式については，本問の「学習ポイント② SPF」を参照してください。

● DKIMを欺くには

DKIMについても，攻撃者が攻撃者のメールサーバとDNSサーバにDKIMに対応する設定を行えば，メール受信側のN社では，攻撃者のDNSサーバに問合せを行うため，攻撃者であっても正しい送信元として認証します。攻撃者かどうかの判断はできません。DKIMの認証方式については，本問の「学習ポイント④ DKIM」を参照してください。

● DMARCを欺くには

DMARCは，設問3で解説したとおり，メール受信側でのメールの取扱いについてのポリシを送信側が表明する方法のため，なりすましを検知できるものではありません。

従って，攻撃者が送信ドメイン認証に対応すると，送信ドメイン認証技術だけでは攻撃者のなりすましメールを検知することができません。

あとは，N社側メール受信者に気がつかれないように，メールアドレスやメール本文を得意先から送付されてくるメールと似た内容にする必要があります。標的型攻撃や高度標的型攻撃（APT攻撃）で用いられる攻撃手法です。

「N社の取引先と似たメールアドレスから送信ドメイン認証技術を利用してメールを送信する。」などが正解となります。

設問4の解答

【IPA解答例】

N社の取引先と似たメールアドレスから送信ドメイン認証技術を利用してメールを送信する。（42字）。

午後I 問2 ネットワークのセキュリティ対策

ネットワークのセキュリティ対策に関する次の記述を読んで，設問 1，2 に答えよ。

A 社は，従業員 500 名の中規模の小売業であり，インターネットを介して消費者向けに商品を宣伝している。A 社のネットワークは，同社の情報システム部（以下，情シ部という）の L 部長と M 主任を含む 7 名で運用している。A 社のネットワーク構成を図 1 に，図 1 中の主な機器とその概要を表 1 に示す。

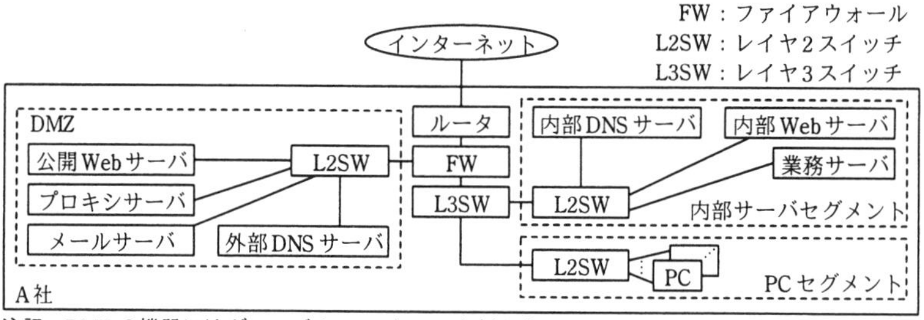

注記　DMZ の機器にはグローバル IP アドレスを割り当てている。

図 1　A 社のネットワーク構成

表1　図1中の主な機器とその概要

機器	概要
公開Webサーバ	消費者向けの商品の宣伝に使用されている。
プロキシサーバ	PCから公開Webサーバ及びインターネット上のWebサーバへのHTTP及びHTTPS通信を中継している。
メールサーバ	社内外との電子メールの送受信に使用されている。
外部DNSサーバ[1]	A社ドメインの権威DNSサーバ及び再帰的な名前解決を行うフルサービスリゾルバ[2]として使用されている。
内部DNSサーバ[1]	内部サーバセグメントのゾーン情報の管理に使用されている。
PC	A社の従業員が使用している。Webブラウザには，公開Webサーバ及びインターネット上のWebサーバにアクセスできるように，プロキシの設定が適切にされている。

注記1　A社では，インターネットドメイン名a-sha.co.jpを取得しており，レジストラとしてX社を利用している。
注記2　公開Webサーバ及びインターネット上のWebサーバの名前解決は，プロキシサーバが外部DNSサーバに問い合わせる設定になっている。
注 1)　DNSサーバ用のOSSであるDソフトを使用している。
2)　フルサービスリゾルバとしては，プロキシサーバとメールサーバが使用している。

FWのフィルタリングルールを表2に示す。

表2　FWのフィルタリングルール

項番	送信元	宛先	サービス	動作
1	プロキシサーバ	インターネット	HTTP，HTTPS	許可
2	インターネット	公開Webサーバ	HTTP，HTTPS	許可
3	メールサーバ	インターネット	SMTP	許可
4	インターネット	メールサーバ	SMTP	許可
5	外部DNSサーバ	インターネット	DNS	許可
6	インターネット	外部DNSサーバ	DNS	許可
7	PCセグメント	プロキシサーバ	HTTP，HTTPS	許可
8	PCセグメント	メールサーバ	SMTP，POP3	許可
⋮	⋮	⋮	⋮	⋮
14	全て	全て	全て	拒否

注記1　FWは，ステートフルパケットインスペクション型である。
注記2　項番が小さいルールから順に，最初に一致したルールが適用される。
注記3　項番9～13には，DNSに関するルールは記述されていない。

ある日，Dソフトの脆《ぜい》弱性を悪用したDoS攻撃で同業他社が踏み台になったというニュースが配信された。情シ部では，脆弱性情報が公開されると，CVSSの値を参考にして自社への影響を評価し，影響が大きいケースでは，早期に脆弱性修正プログラムを適用している。今回の攻撃に使われたDソフトの脆弱性に対する修正プログラムは既に適用されていた。A社では，今回のニュースを契機に，DNSにおけるリスクと対策の検討を，M 主任を中心に行うことにした。

〔リスクと対策の検討〕

M 主任は，まず，①A 社の外部 DNS サーバがサービス停止になった場合の影響を確認した。次に，外部 DNS サーバが攻撃を受けるリスク及び外部 DNS サーバにおけるその他のリスクを調査し，外部 DNS サーバが攻撃を受けるリスクについて，主なものを三つ挙げた。

一つ目のリスクは，踏み台になるリスクである。表 1 及び表 2 の構成では，攻撃者は，②送信元の IP アドレスを偽装した名前解決要求を外部 DNS サーバに送ることによって，外部 DNS サーバを踏み台とし，攻撃対象となる第三者のサーバに対し大量の DNS パケットを送り付けるという DoS 攻撃を行える。そこで，外部 DNS サーバを廃止した上で，DNS-K と DNS-F という DNS サーバを DMZ 上に新設し，権威 DNS サーバの機能を DNS-K に，フルサービスリゾルバの機能を DNS-F に移行することを考えた。これと併せて，FW のフィルタリングルールを表 3 のように変更することで一つ目のリスクへの対策となる。

表 3　変更後の FW のフィルタリングルール

項番	送信元	宛先	サービス	動作
5	a	インターネット	DNS	許可
6	インターネット	b	DNS	許可

注記　項番 5，6 以外は，表 2 と同一である。

二つ目のリスクは，DNS キャッシュポイズニング攻撃によるリソースレコードの改ざんのリスクである。DNS キャッシュポイズニング攻撃が成功すると，攻撃対象のフルサービスリゾルバが管理するリソースレコードのうち，メールサーバの c レコードの IP アドレスが，例えば攻撃者のメールサーバのものに書き換えられてしまい，電子メールが攻撃者のサーバに送信されてしまう。この攻撃への対策として，M 主任は，三つの対策を考えた。一つ目の対策は，一つ目のリスクへの対策を流用することである。二つ目の対策は，送信元ポート番号を d する対策である。D ソフトでも可能である。三つ目の対策は， e という技術の利用である。この技術は，DNS サーバから受け取るリソースレコードに付与されたディジタル署名を利用して，リソースレコードの送信者の正当性とデータの完全性を検証するものである。ただし，この技術は，運用として，鍵の管理など新たな作業が必要になる。

三つ目のリスクは，中間者攻撃によるDNS通信内容の盗聴，改ざんのリスクである。この対策の一つとして，DNS通信を暗号化するDNS over TLS（以下，DoTという）という技術が標準化されている。DoTは，[f]と[g]間の通信を暗号化するために開発されたものである。

これらの調査と検討を踏まえ，M主任は，外部DNSサーバが攻撃を受けるリスク，外部DNSサーバの機能を2台のDNSサーバに移行する対策案，及び送信元ポート番号を[d]する対策案をL部長に報告した。

〔ホスティングサービス上に新設するDNSサーバの利用〕

M主任は，外部DNSサーバにおけるその他のリスクへの対策として，外部のホスティングサービス上にDNSサーバを新設して利用することを検討した。

M主任は，DNSサーバの構成について，二つの案を考えた。

一つ目の案は，外部DNSサーバを廃止した上で，DNS-KとDNS-FというDNSサーバをDMZ上に，DNS-SというDNSサーバをX社のホスティングサービス上に新設し，③プライマリの権威DNSサーバの機能をDNS-Kに，セカンダリの権威DNSサーバの機能をDNS-Sに移行し，フルサービスリゾルバの機能をDNS-Fに移行するものである。M主任は，DNS-KとDNS-Sのゾーン情報を同期するために，DNS-Kでのゾーン転送の内容を示す設定ファイル，正引きゾーンファイル，逆引きゾーンファイルを設定することにした。M主任が設定することにしたDNS-Kの正引きゾーンファイルを図2に示す。

なお，X社のホスティングサービスに用いるドメイン名はx-sha.co.jp，DNS-Sのホスト名はdns-sである。

```
@       IN    SOA    dns-k.a-sha.co.jp.  admin.dns-k.a-sha.co.jp.  (
（省略）
)
        IN    NS     dns-k.a-sha.co.jp.
        IN    NS     [    h    ]
        IN    MX     10    [    i    ]

dns-k   IN    A      x1.y1.z1.t1
www     IN    A      x1.y1.z1.t2
mail    IN    A      x1.y1.z1.t3
```

図2　DNS-Kの正引きゾーンファイル（抜粋）

DNS-K のホスト名は dns-k，公開 Web サーバのホスト名は www，メールサーバのホスト名は mail であり，各サーバの IP アドレスは x1.y1.z1.t1 ～ x1.y1.z1.t3 である。

ゾーン転送では，ゾーン情報が流出するリスクがある。M 主任は，この対策として，DNS-K と DNS-S について，ゾーン転送要求に対する許可を必要最小限にするために，表 4 の設定にすることにした。

表 4　ゾーン転送要求に対する許可を必要最小限にするための設定

ゾーン転送要求元	ゾーン転送要求先	
	DNS-K	DNS-S
DNS-K		j
DNS-S	k	
上記以外の IP アドレス	l	m

二つ目の案は，外部 DNS サーバを廃止した上で，DNS-HK，DNS-S，DNS-HF という DNS サーバを X 社のホスティングサービス上に新設し，プライマリの権威 DNS サーバの機能を DNS-HK に，セカンダリの権威 DNS サーバの機能を DNS-S に，フルサービスリゾルバの機能を DNS-HF に移行するものである。DNS-K と DNS-F の DMZ への設置は実施しない。この案の場合，FW のフィルタリングルールを表 5 のように変更する必要がある。

表 5　二つ目の案の場合の FW のフィルタリングルール

項番	送信元	宛先	サービス	動作
5	n	o	DNS	許可
6	p	o	DNS	許可

注記　項番 5，6 以外は，表 2 と同一である。

その後，A 社では，更に検討を進め，外部 DNS サーバを X 社のホスティングサービスに移行することにした。

設問１ 〔リスクと対策の検討〕について，(1)～(7)に答えよ。

(1) 本文中の下線①について，A社の公開Webサーバへの影響を，30字以内で述べよ。

(2) 本文中の下線②の攻撃の名称を20字以内で答えよ。

(3) 表３中の［ａ］，［ｂ］に入れる適切な字句を解答群の中から選び，記号で答えよ。

解答群

ア DNS-F	イ DNS-K	ウ PC
エ 内部DNSサーバ	オ プロキシサーバ	カ メールサーバ

(4) 本文中の［ｃ］に入れるDNSのリソースレコードのタイプ名を６字以内で答えよ。

(5) 本文中の［ｄ］に入れる適切な字句を15字以内で答えよ。

(6) 本文中の［ｅ］に入れる技術の名称を英字10字以内で答えよ。

(7) 本文中の［ｆ］，［ｇ］に入れる適切な字句を解答群の中から選び，記号で答えよ。

解答群

ア DNS Changer	イ RADIUSクライアント
ウ RADIUSサーバ	エ 権威DNSサーバ
オ スタブリゾルバ	カ フルサービスリゾルバ

設問２ 〔ホスティングサービス上に新設するDNSサーバの利用〕について，(1)～(4)に答えよ。

(1) 本文中の下線③を実施することによって低減できるリスクを30字以内で具体的に述べよ。

(2) 図２中の［ｈ］，［ｉ］に入れる適切な字句を解答群の中から選び，記号で答えよ。

解答群

ア dns-k.	イ dns-k.a-sha.co.jp.	ウ dns-k.x-sha.co.jp.
エ dns-s.	オ dns-s.a-sha.co.jp.	カ dns-s.x-sha.co.jp.
キ mail.	ク mail.a-sha.co.jp.	ケ mail.x-sha.co.jp.

(3) 表 4 中の [j] ～ [m] に入れる適切な内容を，“ 許可 ” 又は “ 拒否 ” のいずれかで答えよ。

(4) 表 5 中の [n] ～ [p] に入れる適切な字句を解答群の中から選び，記号で答えよ。

解答群

ア DNS-HF　イ DNS-S　ウ PC

エ 公開 Web サーバ　オ プロキシサーバ　カ メールサーバ

令和３年春 午後Ⅰ・問2

問題文の読み方

「問題文の読み方」では，下記項目について解説します。

・問題文の読み方

・マークしておくべきポイント

解答についての詳しい解説は，後の「設問の詳細解説」を参照してください。
それでは，問題文と設問を一緒に読んでいきましょう。

対象企業，対象システムの概要説明

> ネットワークのセキュリティ対策に関する次の記述を読んで，設問 1，2 に答えよ。
>
> A 社は，従業員 500 名の中規模の小売業であり，インターネットを介して消費者向けに商品を宣伝している。A 社のネットワークは，同社の情報システム部（以下，情シ部という）の L 部長と M 主任を含む 7 名で運用している。A 社のネットワーク構成を図 1 に，図 1 中の主な機器とその概要を表 1 に示す。

A社
L部長
M主任

登場人物をメモして把握する！

最初に問題文冒頭部分を読みましょう。以下のことが記載されています。

・対象企業の規模，業種

・対象企業の業務内容

・対象システムの運用体制

登場人物は欄外にメモ書きしておきましょう。午後Ⅰ問題ではそれほど人数は多くありませんが，午後Ⅱ問題では登場する会社が複数となり，登場人物も多くなるため，登場人物が初登場した個所を把握できるよう欄外にメモしておきましょう。

この問題では，以下の点を把握しましょう。

- ・ネットワークのセキュリティ対策に関する問題であること
- ・A社は，インターネットを介して消費者向けに商品を宣伝していること

特にA社の業務内容部分は，マークして頭にいれておきましょう。問題を解く前提条件となり，問題文冒頭の業務内容が設問を解くヒントとなる場合があります。

▶ 全体を把握する

次に問題文全体をざっと見て全体構成を把握しましょう。以下のように図や表と見出しを確認しましょう。

- ・ネットワーク構成図と機器説明表があること
- ・FWのフィルタリングルールの表があること
- ・見出し一つ目が〔リスクと対策の検討〕であること
- ・見出し二つ目が〔ホスティングサービス上に新設するDNSサーバの利用〕であること

設問にもざっと目を通します。

- ・設問1は〔リスクと対策の検討〕に対応していること
- ・設問2は〔ホスティングサービス上に新設するDNSサーバの利用〕に対応していること
- ・設問の解答選択肢を見ると「DNS」を含むキーワードが多いこと

これらをざっとみて，DNSサーバのセキュリティに関する問題だなと判断するようにしましょう。学習を続けるにつれて，問題全体をざっと見るだけで「何に関する問題か」「自分の得意分野か不得意分野か」「難易度は易しそうか難しそうか」推測できるようになります。初受験の方には判断が難しいと思いますが，繰り返し過去問を解く練習をすることで，問題のパターンが見えてきます。練習を続けましょう。

ここまでの作業は実際の試験では，解答する問題を選択するタイミングで行います。過去問を解くときも本番試験と同様に全体を把握する練習をしましょう。

ネットワーク構成図

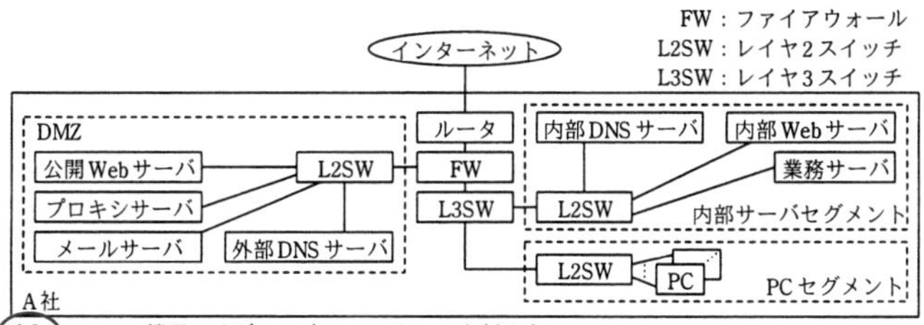

注記 DMZ の機器にはグローバル IP アドレスを割り当てている。

図1 A 社のネットワーク構成

注記は注意！

このタイミングでは，どの機器が設問に直接関係するか，まだ特定できていません。ざっと把握しておきましょう。ただし，注記には注意しましょう。注記は設問に関係があるために書かれていることがあります。マークしておきましょう。

機器の概要説明

表1 図1中の主な機器とその概要

機器	概要
公開 Web サーバ	消費者向けの商品の宣伝に使用されている。
プロキシサーバ	PC から公開 Web サーバ及びインターネット上の Web サーバへの HTTP 及び HTTPS 通信を中継している。
メールサーバ	社内外との電子メールの送受信に使用されている。
外部 DNS サーバ[1]	A 社ドメインの権威 DNS サーバ及び再帰的な名前解決を行うフルサービスリゾルバ[2]として使用されている。
内部 DNS サーバ[1]	内部サーバセグメントのゾーン情報の管理に使用されている。
PC	A 社の従業員が使用している。Web ブラウザには，公開 Web サーバ及びインターネット上の Web サーバにアクセスできるように，プロキシの設定が適切にされている。

注記は注意！

注記1 A 社では，インターネットドメイン名 a-sha.co.jp を取得しており，レジストラとして X 社を利用している。

注記2 公開 Web サーバ及びインターネット上の Web サーバの名前解決は，プロキシサーバが外部 DNS サーバに問い合わせる設定になっている。

注 1) DNS サーバ用の OSS である D ソフトを使用している。

2) フルサービスリゾルバとしては，プロキシサーバとメールサーバが使用している。

ネットワーク構成図と同じく，このタイミングではどの機器が設問に直接関係するかまだ特定できていません。ざっと把握しておきましょう。ネットワーク構成図と同じく，注記のキーワードにはマークをして頭に入れておきましょう。

FWのフィルタリングルール

FWのフィルタリングルールを表2に示す。

表2　FWのフィルタリングルール

項番	送信元	宛先	サービス	動作
1	プロキシサーバ	インターネット	HTTP，HTTPS	許可
2	インターネット	公開Webサーバ	HTTP，HTTPS	許可
3	メールサーバ	インターネット	SMTP	許可
4	インターネット	メールサーバ	SMTP	許可
5	外部DNSサーバ	インターネット	DNS	許可
6	インターネット	外部DNSサーバ	DNS	許可
7	PCセグメント	プロキシサーバ	HTTP，HTTPS	許可
8	PCセグメント	メールサーバ	SMTP，POP3	許可
：	：	：	：	：
14	全て	全て	全て	拒否

注記1　FWは，ステートフルパケットインスペクション型である。
注記2　項番が小さいルールから順に，最初に一致したルールが適用される。
注記3　項番9～13には，DNSに関するルールは記述されていない。

注記は注意！

否定形に注意！

ここまで登場した図，表と同様にざっと把握し，注記のキーワードにはマークをして頭に入れておきましょう。

注記2の「項番が小さいルールから順に，最初に一致したルールが適用される。」は恒例の説明です。いつもと同じであることを確認しておきましょう。

注記3の「項番9～13には，DNSに関するルールは記述されていない。」については，この表を見ただけでは特に注意が必要と思えませんが，このようにわざわざ書いてある場合は，設問に関係する可能性があると判断してマークしておきましょう。また「**～していない。**」などの**否定形の表現**も設問に関係する場合が多いためマークしておきましょう。

▶ 問題の前提状況，経緯の説明

> ある日，Dソフトの脆《ぜい》弱性を悪用したDoS攻撃で同業他社が踏み台になったというニュースが配信された。情シ部では，脆弱性情報が公開されると，CVSSの値を参考にして自社への影響を評価し，影響が大きいケースでは，早期に脆弱性修正プログラムを適用している。今回の攻撃に使われたDソフトの脆弱性に対する修正プログラムは既に適用されていた。A社では，今回のニュースを契機に，DNSにおけるリスクと対策の検討を，M主任を中心に行うことにした。

「Dソフト」について「表１に書いてあったな」と気づき，DNS用のソフトであることを表１で確認しましょう。

ここでこの問題は，「DNSにおけるリスクと対策の検討」についてであることが把握できます。他社のセキュリティ事故をきっかけに自社のセキュリティを見直すパターンの問題です。

▶ 〔リスクと対策の検討〕を開始する

> 〔リスクと対策の検討〕
> M主任は，まず，①A社の外部DNSサーバがサービス停止になった場合の影響を確認した。次に，外部DNSサーバが攻撃を受けるリスク及び外部DNSサーバにおけるその他のリスクを調査し，外部DNSサーバが攻撃を受けるリスクについて，主なものを三つ挙げた。

設問1(1)

問題文との対応をメモする！

最初の「全体を把握する」で確認したとおり，ここから設問１が始まります。

ここからは，設問との対応付けを確認しながら問題を読み，解ける問題は解いていきましょう。解答が分かれば解答用紙に書き込んでいきましょう。

設問を見ると設問１(1) が下線部①に対応しています。欄外に「設問１(1)」とメモしておきましょう。

情報処理安全確保支援士試験の問題は，設問の対象の位置（下線部①など）までに読んだ内容で解ける問題がほとんどです。ここまで読んだ内容で解答を考えてみましょう。

このタイミングで，解答を考えて解答を書いてしまいましょう。書けないと判断したときはすぐに次を読み進めましょう。このタイミングで解けなかった設問は，全体読み終えた後に再度解くことになります。再度解く場合は，欄外のメモを見て素早く設問に対応する問題文の位置に戻りましょう。このメモは後になるほど役に立ちます。

最後に「外部 DNS サーバが攻撃を受けるリスクについて，主なものを三つ挙げた。」と記載されています。「ここから DNS サーバが攻撃を受ける三つのリスクの話が順番に続くのだな。DNS サーバのリスクといえばアレだな。」と問題文を予測して読み進めましょう。DNS サーバのリスクといえばアレの「アレ」が思い浮かばない人は，この問題を解いて理解して覚えることを目標にしましょう。

▶ 一つ目のリスク

一つ目のリスクは，踏み台になるリスクである。表 1 及び表 2 の構成では，攻撃者は，②送信元の IP アドレスを偽装した名前解決要求を外部 DNS サーバに送ることによって，外部 DNS サーバを踏み台とし，攻撃対象となる第三者のサーバに対し大量の DNS パケットを送り付けるという DoS 攻撃を行える。そこで，外部 DNS サーバを廃止した上で，DNS-K と DNS-F という DNS サーバを DMZ 上に新設し，権威 DNS サーバの機能を DNS-K に，フルサービスリゾルバの機能を DNS-F に移行することを考えた。これと併せて，FW のフィルタリングルールを表 3 のように変更することで一つ目のリスクへの対策となる。

構成を絵に書いて正確に把握する！

設問1（2）
DNS
リフレクタ
攻撃

解答が分かればメモしておく！

表 3　変更後の FW のフィルタリングルール

項番	送信元	宛先	サービス	動作
5	a	インターネット	DNS	許可
6	インターネット	b	DNS	許可

注記　項番 5，6 以外は，表 2 と同一である。

設問1（3）

問題文との対応をメモする！

一つ目のリスク部分を囲む！

設問も見ながら，問題文との対応を確認・メモしながら読み進めます。

情報処理安全確保支援士試験では，この問題のように設問に対応する問題文の位置が順番に対応していることが多いため，設問を解きながら読み進めましょう。

解答が解れば解答用紙に解答を書いてしまいましょう。同時に解答がキーワードだけの場青は，欄外に解答もメモしましょう。解けない設問は後回しにして，次の設問に進みましょう。

欄外にメモした解答は，問題を読み返して他の問題を解くときに役立ちます。「この［ a ］は何だったっけ？」と考え直す時間を短縮できます。また，欄外に記入したメモは試験後の自己採点にも使用します。

設問１（3）に関係する「外部DNSサーバを廃止した上でDNS-KとDNS-FというDNSサーバをDMZ上に新設し」などの構成変更の場合は，下記のようなイメージの絵を簡単に書いて構成を正確に把握するようにしましょう。

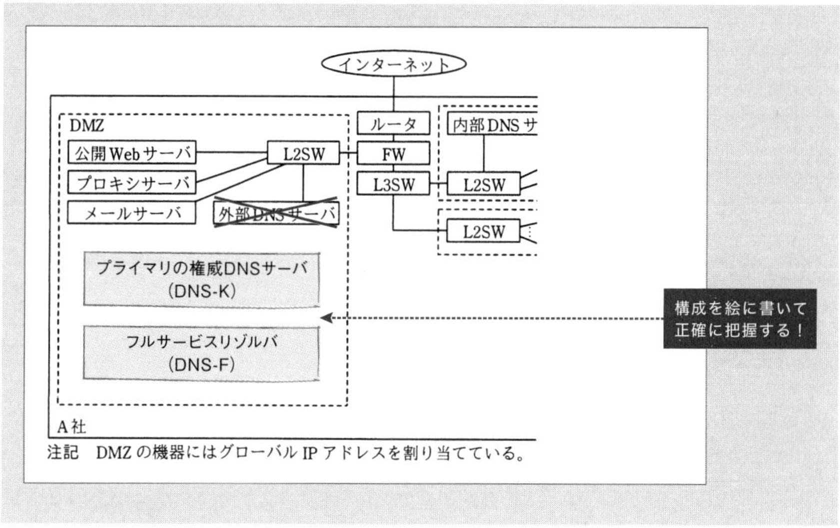

次を読み続けようとすると，「二つ目のリスクは，～」と記載があるので，一つ目のリスクについての話はここまでだと分かります。問題文を読み直すときに分かりやすいように一つ目のリスク部分を枠で囲んでおきましょう。

▶ 二つ目のリスク

> 二つ目のリスクは，DNS キャッシュポイズニング攻撃によるリソースレコードの改ざんのリスクである。DNS キャッシュポイズニング攻撃が成功すると，攻撃対象のフルサービスリゾルバが管理するリソースレコードのうち，メールサーバの [c] レコードの IP アドレスが，例えば攻撃者のメールサーバのものに書き換えられてしまい，電子メールが攻撃者のサーバに送信されてしまう。この攻撃への対策として，M 主任は，三つの対策を考えた。一つ目の対策は，一つ目のリスクへの対策を流用することである。二つ目の対策は，送信元ポート番号を [d] する対策である。D ソフトでも可能である。三つ目の対策は，[e] という技術の利用である。この技術は，DNS サーバから受け取るリソースレコードに付与されたディジタル署名を利用して，リソースレコードの送信者の正当性とデータの完全性を検証するものである。ただし，この技術は，運用として，鍵の管理など新たな作業が必要になる。

二つ目のリスク部分を囲む！

設問1(4)

設問1(5)

設問1(6)

問題文との対応をメモする！解答も分かればメモする！

一つ目のリスクと同様に進めていきましょう

- 設問との対応をメモする
- 解答が分かれば解答用紙に書き，分からなければ後回しに
- キーワードだけの解答は欄外にメモする
- 二つ目のリスクを枠で囲む

▶ 三つ目のリスク

> 三つ目のリスクは，中間者攻撃による DNS 通信内容の盗聴，改ざんのリスクである。この対策の一つとして，DNS 通信を暗号化する DNS over TLS（以下，DoT という）という技術が標準化されている。DoT は，[f] と [g] 間の通信を暗号化するために開発されたものである。
>
> 　これらの調査と検討を踏まえ，M 主任は，外部 DNS サーバが攻撃を受けるリスク，外部 DNS サーバの機能を 2 台の DNS サーバに移行する対策案，及び送信元ポート番号を [d] する対策案を L 部長に報告した。

設問1(7)

設問1(5)

三つ目のリスク部分を囲む！

問題文との対応をメモする！解答も分かればメモする！

二つ目のリスクと同様に進めていきましょう

- 設問との対応をメモする
- 解答が分かれば，解答用紙に書く
- 解答が分からなければ，後回し
- キーワードだけの解答は，欄外にメモする
- 三つ目のリスクを枠で囲む

〔ホスティングサービス上に新設するDNSサーバの利用〕を検討開始する

〔ホスティングサービス上に新設する DNS サーバの利用〕

M 主任は，外部 DNS サーバにおけるその他のリスクへの対策として，外部のホスティングサービス上に DNS サーバを新設して利用することを検討した。

M 主任は，DNS サーバの構成について，二つの案を考えた。

ここから設問２に入ります。新しいキーワード「**外部のホスティングサービス**」が登場しているので，アンダーラインを引いておきましょう。二つの案について検討することを頭に入れておきましょう。

一つ目の案

一つ目の案は，外部 DNS サーバを廃止した上で，DNS-K と DNS-F という DNS サーバを DMZ 上に DNS-S という DNS サーバを X 社のホスティングサービス上に新設し，③プライマリの権威 DNS サーバの機能を DNS-K に，セカンダリの権威 DNS サーバの機能を DNS-S に移行し，フルサービスリゾルバの機能を DNS-F に移行するものである。M 主任は，DNS-K と DNS-S のゾーン情報を同期するために，DNS-K でのゾーン転送の内容を示す設定ファイル，正引きゾーンファイル，逆引きゾーンファイルを設定することにした。M 主任が設定することにした DNS-K の正引きゾーンファイルを図２に示す。

設問2（1）

問題文と設問の対応をメモする！

構成を絵に書いて正確に把握する！

変更構成の「DNS-K」「DNS-F」「DNS-S」の関係についても下記のようなイメージの絵を簡単に書いて構成を正確に把握するようにしましょう。

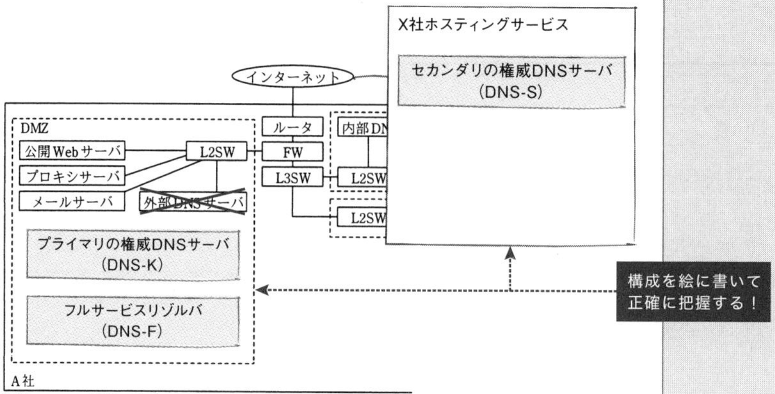

注記 DMZの機器にはグローバルIPアドレスを割り当てている。

一つ目の案（続き）

なお，X社のホスティングサービスに用いるドメイン名はx-sha.co.jp，DNS-Sのホスト名はdns-sである。

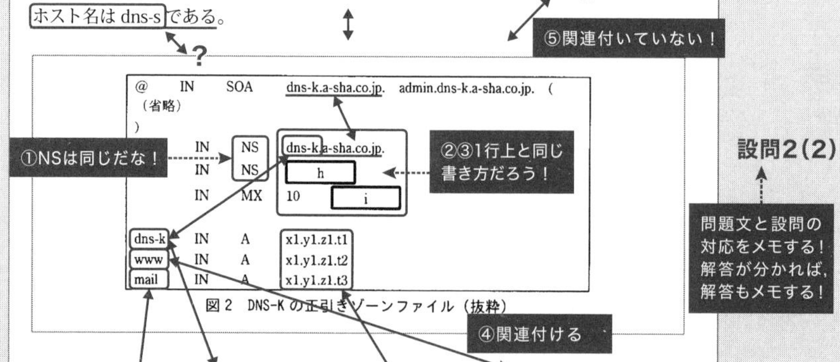

図2 DNS-Kの正引きゾーンファイル（抜粋）

DNS-Kのホスト名はdns-k，公開Webサーバのホスト名はwww，メールサーバのホスト名はmailであり，各サーバのIPアドレスはx1.y1.z1.t1～x1.y1.z1.t3である。

ゾーン転送では，ゾーン情報が流出するリスクがある。M主任は，この対策として，DNS-KとDNS-Sについて，ゾーン転送要求に対する許可を必要最小限にするために，表4の設定にすることにした。

今まで同様に解きながら読み進めましょう。

ゾーンファイルに詳しくない方も諦めずに，設問の選択肢と問題文の中からヒントを探す読み方を練習しましょう。

・ヒントを探す読み方

①NSは同じだな
② [h] は，１行上と同じ書き方だろう。ホスト名とドメイン名の組合せだな
③ [i] も，１行上と同じ書き方だろう。ホスト名とドメイン名の組合せだな
④問題文と図内のキーワードを関連付けるとなんか法則がないか
⑤キーワード「dns-s」と「x-sha.co.jp」が関連付いてないぞ？

というように，詳しくない問題の場合も諦めない読み方をしましょう。
ゾーンファイルについてはこの問題の解説を読んで理解しましょう。

一つ目の案（続き）

表４　ゾーン転送要求に対する許可を必要最小限にするための設定

ゾーン転送要求元	ゾーン転送要求先	
	DNS-K	DNS-S
DNS-K		[j]
DNS-S	[k]	
上記以外の IP アドレス	[l]	[m]

設問2(3)

問題文と設問の対応をメモする！
解答が分かれば，解答もメモする！

曖昧な表現に注意！

今まで同様に解きながら読み進めましょう。
「上記以外のIPアドレス」という**曖昧な表現**には注意しましょう。実態が不明ですね。要求は拒否すると判断しましょう。

▶ 二つ目の案

二つ目の案は，外部 DNS サーバを廃止した上で，DNS-HK，DNS-S，DNS-HF という DNS サーバを X 社のホスティングサービス上に新設し，プライマリの権威 DNS サーバの機能を DNS-HK に，セカンダリの権威 DNS サーバの機能を DNS-S に，フルサービスリゾルバの機能を DNS-HF に移行するものである。DNS-K と DNS-F の DMZ への設置は実施しない。この案の場合，FW のフィルタリングルールを表 5 のように変更する必要がある。

構成を絵に書いて正確に把握する！

表 5　二つ目の案の場合の FW のフィルタリングルール

項番	送信元	宛先	サービス	動作
5	n	o	DNS	許可
6	p	o	DNS	許可

注記　項番 5，6 以外は，表 2 と同一である。

設問2(4)

問題文と設問の対応をメモする！解答が解れば，解答もメモする！

その後，A 社では，更に検討を進め，外部 DNS サーバを X 社のホスティングサービスに移行することにした。

下記のような図を簡単に書いて問題を解くようにしましょう。

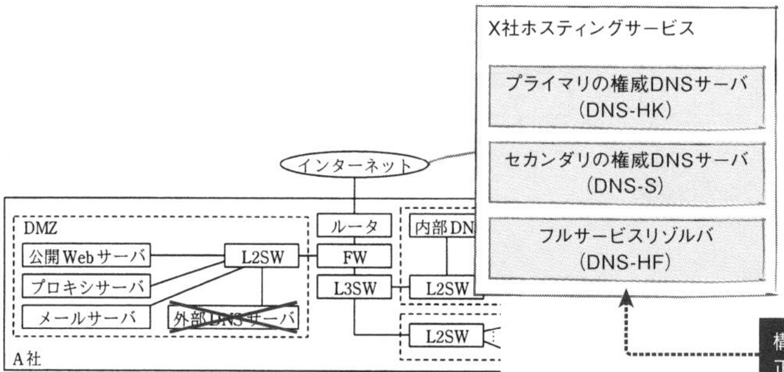

注記　DMZ の機器にはグローバル IP アドレスを割り当てている。

構成を絵に書いて正確に把握する！

「問題文と設問の読み方」は以上です。この問題では，最初の構成図からの構成変更案が複数登場しており，設問に答えるためには各構成を正しく素早く把握することがポイントになります。それでは「設問の詳細解説」に進みましょう。

令和３年春 午後Ⅰ・問2

設問の詳細解説

問題のポイント

インターネットを利用するうえで必要不可欠かつ重要な基盤のひとついえるDNSについての知識を問う問題です。設問１はDNSに関するリスクと対策に関する知識を，設問２ではゾーンファイルに記述するDNSレコードや，DNSサーバの構成に関する設定知識などが問われています。全問ともにDNSに関する基本的な内容を問われており，難易度は低く，得点しやすい問題だといえます。情報処理安全確保支援士としては，基礎知識として理解しておくべき内容です。

問題の要約

この問題を要約します。

・A社は，従業員500名の中規模の小売業であり，インターネットを介して消費者向けに商品を宣伝している。

・A社では，今回のニュースを契機に，DNSにおけるリスクと対策の検討を，M主任を中心に行うことにした。

・〔リスクと対策の検討〕M主任は，まず，①A社の外部DNSサーバがサービス停止になった場合の影響を確認した。

・次に，外部DNSサーバが攻撃を受けるリスク及び外部DNSサーバにおけるその他のリスクを調査し，外部DNSサーバが攻撃を受けるリスクについて，主なものを三つ挙げた。

・一つ目のリスクは，踏み台になるリスクである。そこで，外部DNSサーバを廃止した上で，DNS-KとDNS-FというDNSサーバをDMZ上に新設し，権威DNSサーバの機能をDNS-Kに，フルサービスリゾルバの機能をDNS-Fに移行することを考えた。

・二つ目のリスクは，DNSキャッシュポイズニング攻撃によるリソースレコードの改ざんのリスクである。この攻撃への対策として，M主任は，三つの対策を考えた。

・三つ目のリスクは，中間者攻撃によるDNS通信内容の盗聴，改ざんのリスクである。この対策の一つとして，DNS通信を暗号化するDNS over TLS（以下，DoTという）という技術が標準化されている。

・〔ホスティングサービス上に新設するDNSサーバの利用〕M主任は，外部DNSサーバにおけるその他のリスクへの対策として，外部のホスティングサービス上にDNSサーバを新設して利用することを検討した。
・その後，A社では，更に検討を進め，外部DNSサーバをX社のホスティングサービスに移行することにした。

設問1（1）の解説　問題文のヒントから考える問題

設問1　〔リスクと対策の検討〕について（1）～（7）に答えよ。
（1）本文中の下線①について，A社の公開Webサーバへの影響を，30字以内で述べよ。

下線部①「①A社の外部DNSサーバがサービス停止になった場合の影響」について，A社の公開Webサーバへの影響を答える問題です。

最初に、設問に登場しているキーワードの「外部DNSサーバ」と「公開Webサーバ」についての情報を、下線部①までの問題文で確認しましょう。

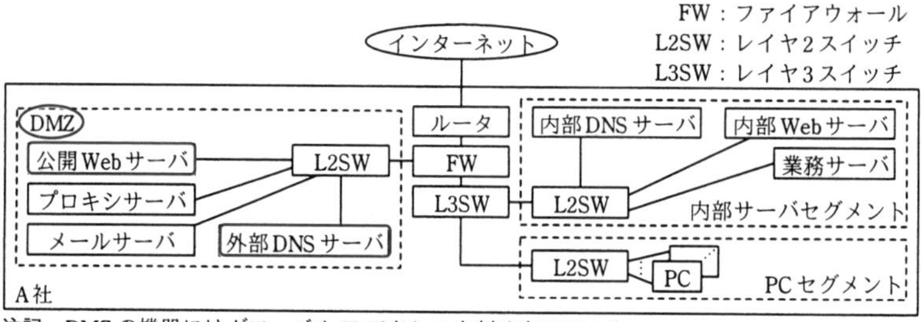

注記　DMZの機器にはグローバルIPアドレスを割り当てている。

図1　A社のネットワーク構成

図1では，「外部DNSサーバ」と「公開Webサーバ」ともに「DMZ」セグメントに配置されていることを確認しましょう。

表１　図１中の主な機器とその概要

機器	概要
公開 Web サーバ	消費者向けの商品の宣伝に使用されている。
プロキシサーバ	PC から公開 Web サーバ及びインターネット上の Web サーバへの HTTP 及び HTTPS 通信を中継している。
メールサーバ	社内外との電子メールの送受信に使用されている。
外部 DNS サーバ[1)]	A 社ドメインの権威 DNS サーバ及び再帰的な名前解決を行うフルサービスリゾルバ[2)]として使用されている。
内部 DNS サーバ[1)]	内部サーバセグメントのゾーン情報の管理に使用されている。
PC	A 社の従業員が使用している。Web ブラウザには，公開 Web サーバ及びインターネット上の Web サーバにアクセスできるように，プロキシの設定が適切にされている。

注記１　A 社では，インターネットドメイン名 a-sha.co.jp を取得しており，レジストラとして X 社を利用している。
注記２　公開 Web サーバ及びインターネット上の Web サーバの名前解決は，プロキシサーバが外部 DNS サーバに問い合わせる設定になっている。
注 1)　DNS サーバ用の OSS である D ソフトを使用している。
2)　フルサービスリゾルバとしては，プロキシサーバとメールサーバが使用している。

表１では，「公開 Web サーバ」は「消費者向けの商品の宣伝に使用されている。」こと，「外部 DNS サーバ」は，「A 社ドメインの権威 DNS サーバ及び再帰的な名前解決を行うフルサービスリゾルバとして使用されている。」ことを確認しましょう。

また，注記２に，「公開 Web サーバ及びインターネット上の Web サーバの名前解決は，プロキシサーバが外部 DNS サーバに問い合わせる設定になっている。」と記述されています。

これらのことより，外部 DNS サーバは，公開 Web サーバの名前解決を行っていることが分かります。

外部 DNS サーバが停止した場合，公開 Web サーバの名前解決ができなくなり，公開 Web サーバへアクセスできなくなります。「公開 Web サーバ」へアクセスできなくなると，「公開 Web サーバ」の概要に記述のある「消費者向けの商品の宣伝」ができなくなります。

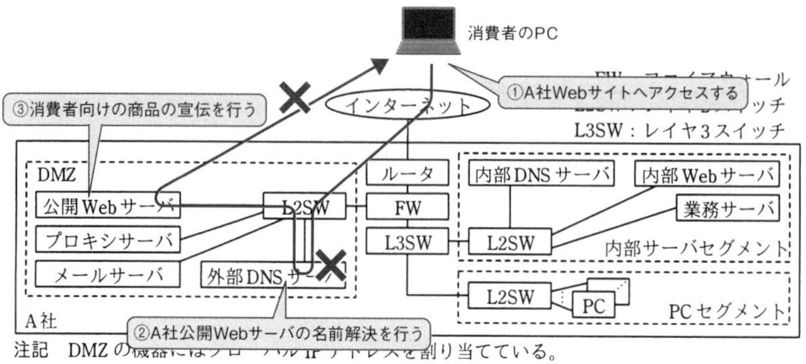

図1　A社のネットワーク構成

以上のことより，「A社公開Webサーバの名前解決ができなくなる。」（23字）が正解となります。また，設問では，下線部①「①A社の外部DNSサーバがサービス停止になった場合の影響」について，A社の公開Webサーバへの影響を問われているため，「A社公開Webサーバへアクセスできなくなる」（21字）なども，別解として部分点が与えられる可能性はあると考えられます。

設問1(1)の解答

【IPA解答例】

A社公開Webサーバの名前解決ができなくなる。(23字)

【別解】

名前解決ができないためA社公開Webサーバへ接続できなくなる(30字)

▶学習ポイント❶

DNS サーバ

ここでは DNS サーバについて学習します。また，下記重要キーワードについて説明できるように理解・暗記しましょう。

【重要キーワード】

- **DNS サーバ**
- **名前解決**
- **再帰問合せ**
- **DNS コンテンツサーバ**

DNS とはドメイン名と IP アドレスの対応を管理するシステムであり，インターネット上で通信するうえで必要不可欠な基盤のひとつです。情報処理安全確保支援士としては，ネットワークに関する基礎知識として理解しておきましょう。IPA が公開している説明を引用します。

--- 引用ここから ---

I-9-4. 名前解決のしくみと DNS

> DNS (Domain Name System) の概要を説明し、DNS サービスを提供する DNS サーバのしくみと DNS プロトコルについて解説する。また OSS による DNS サーバ実装の歴史と背景など関連する情報も紹介する。

【学習の要点】

* ホスト名でアクセスした場合に IP アドレスに変換する処理を名前解決とよび、名前解決を提供するのが DNS サーバである。
* DNS はインターネットにおける基本的なサービスであるため、システムの可用性が求められる。
* DNS サーバで最も多く使われているのは OSS の BIND である。

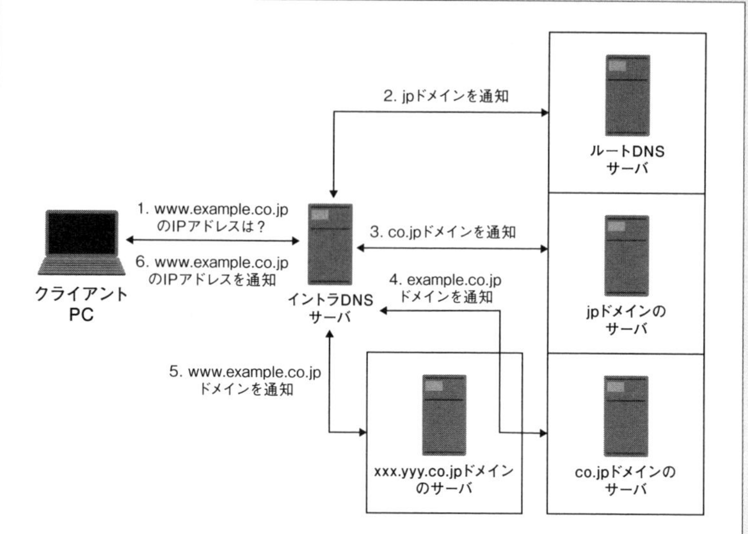

図 I-9-4. DNSによる名前解決

【解説】

1）DNS の役割

* インターネットでの実際のアクセスはすべて IP アドレスに基づいて行う。

* ホスト名でのアクセスを IP アドレスに変換する処理を名前解決とよび、この機能を提供するのが DNS サーバである。

* DNS サーバの概念

インターネット上のホスト名と IP アドレスの組み合わせは膨大であり、かつ頻繁に追加・変更が発生するため、これらの情報を一カ所で管理することは現実的ではない。このため、ドメインごとに提供される DNS サーバが相互に情報を交換し合うことで名前の解決を行っている。

* 再帰問い合わせ

イントラネットでの名前解決を提供する DNS サーバは、クライアントからの問い合わせに対してその回答がキャッシュにないか確認する。キャッシュに存在しない場合は外部の DNS サーバに問い合わせを繰り返し行い名前解決を行う。これを再帰問い合わせと呼ぶ。

* DNS コンテンツサーバ

管理するドメインをもつ DNS サーバは、問い合わせを受けたホスト名が自らの管理ドメインである場合に、ホスト名に該当するIPアドレスを応答する。

* DNSプロトコル

DNSの問い合わせはUDPプロトコルで実装されている。

* プライマリDNSとセカンダリDNS

DNSサービスは、アクセスする実際のIPアドレス情報を提供するサービスであり、インターネットにおいて基幹となるものである。サービスの可用性を考慮し、プライマリDNSとセカンダリDNSの2つのサーバで構成されるのが一般的である。プライマリDNSで更新された情報は自動的にセカンダリDNSにコピーされる。

* 正引きと逆引き

正引きとは、ホスト名からIPアドレスを解決することで、逆引きとはIPアドレスからホスト名を解決することをいう。

2）OSSのDNS

OSSでDNSサーバのデファクトスタンダードはBIND（Berkeley Internet Name Domain）である。

* BINDの歴史

- 80年代初期にDARPAの資金で開発される。
- 2000年に現在の主流バージョンであるBIND9がリリースされる。
- 現在BINDはISC（Internet Systems Consortium）によって管理されている。

--- 引用ここまで ---

出所：「9. ネットワークサーバ管理に関する知識Ⅰ Ⅰ-9-4. 名前解決のしくみとDNS」独立行政法人 情報処理推進機構
https://www.ipa.go.jp/files/000056297.pdf

設問1（2）の解説 知識問題

（2）本文中の下線②の攻撃の名称を20字以内で答えよ。

下線部②の攻撃の名称を答える問題です。これはこの攻撃の名称を覚えていなければ答えられない知識問題です。下線部②の前後よりヒントとなるキーワードを確認しましょう。

一つ目のリスクは，踏み台になるリスクである。表1及び表2の構成では，攻撃者は，②送信元のIPアドレスを偽装した名前解決要求を外部DNSサーバに送ることによって，外部DNSサーバを踏み台とし，攻撃対象となる第三者のサーバに対し大量のDNSパケットを送り付けるというDoS攻撃を行える。そこで，外部DNSサーバを廃止した上で，DNS-KとDNS-FというDNSサーバをDMZ上に新設し，権威DNSサーバの機能をDNS-Kに，フルサービスリゾルバの機能をDNS-Fに移行することを考えた。これと併せて，FWのフィルタリングルールを表3のように変更することで一つ目のリスクへの対策となる。

下線部②には，「②送信元のIPアドレスを偽装した名前解決要求を外部DNSサーバに送ることによって，外部DNSサーバを踏み台とし，攻撃対象となる第三者のサーバに対し大量のDNSパケットを送り付けるというDoS攻撃」と攻撃の説明が書かれています。下線部②の前に「(外部DNSサーバが）踏み台になる」，下線部②の後には「権威DNSサーバ」と「フルサービスリゾルバ」を新設するリスクへの対策案まで書かれています。

この攻撃の名称は，**DNSリフレクタ攻撃**です。**DNSリフレクション攻撃**とも呼ばれます。リフレクタ (Reflector) とは光などを反射させる装置のことで，DNSサーバを踏み台としてパケットを反射させて，第三者のサーバにパケットを大量に送りつけるため，このような名称で呼ばれています。問合せパケットよりもDNSサーバからの応答パケットの方が大きいため，**DNSアンプ攻撃**とも呼ばれますが，下線部②にはパケットのサイズには触れられていないため，DNSリフレクタ攻撃（またはDNSリフレクション攻撃）が正解となります。

設問1(2)の解答

【IPA解答例】

DNSリフレクション攻撃（12字）

【別解】

DNSリフレクタ攻撃（10字）

▶学習ポイント❷

DNS サーバへの攻撃

ここではDNS サーバへの攻撃について学習します。下記重要キーワードについて説明できるようにしましょう。

【重要キーワード】

●DNS キャッシュポイズニング攻撃

●DNS リフレクション攻撃（DNS リフレクタ攻撃）

DNS キャッシュポイズニング攻撃は DNS サーバに対する代表的な攻撃であり，IPA の「DNS キャッシュポイズニング対策」では以下のように説明されています。

--- 引用ここから ---

● DNS キャッシュポイズニング攻撃

DNSキャッシュポイズニングの実現手法

偽の再帰的な問合せ(①)に対して、本物のコンテンツサーバの回答(⑤)よりも先に偽の回答(③)を送り込むことで、キャッシュサーバに偽の情報(④)を覚えこませる（キャッシュさせる）攻撃です。

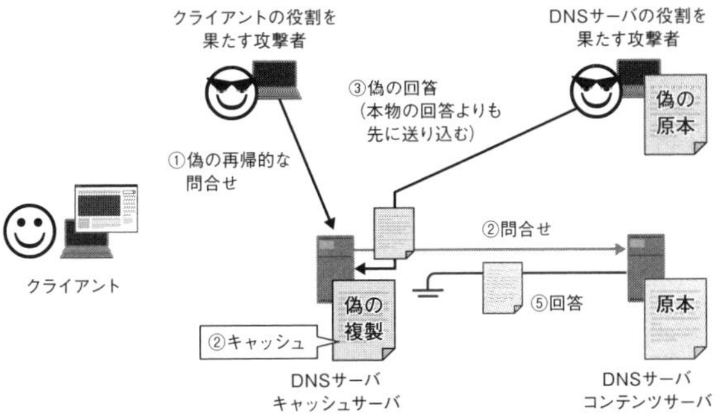

DNSキャッシュポイズニングによる脅威（その1）

【攻撃者が罠をはったWebサーバへの誘導】
キャッシュサーバは、クライアントの再帰的な問合せ(①)に対する回答(キャッシュされた偽の複製②)を持っている場合には、その複製を回答(③)します。結果として、クライアントは、提供された偽の情報により、攻撃者が罠をはったWebサーバ(④)に誘導されてしまうことになります。

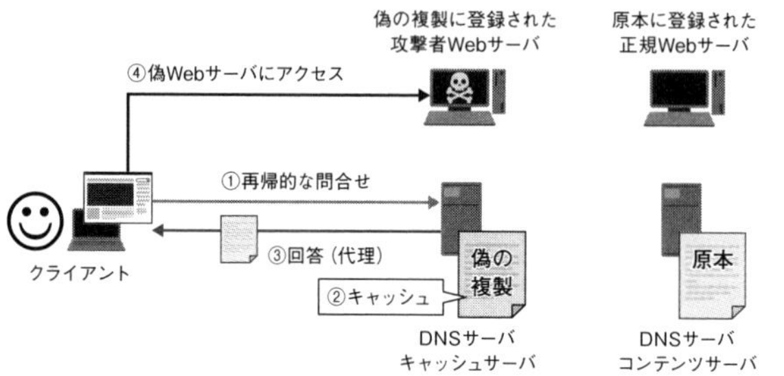

● DNSリフレクション攻撃（DNSリフレクタ攻撃，DoS攻撃）

DNSキャッシュポイズニングによる脅威（その2）

【DoS攻撃ための（原文ママ）増幅装置】
データサイズの大きな偽の複製(②)を覚えこませた(キャッシュさせた)後、キャッシュサーバに対して、発信元を詐称した再帰的な問合せ(①)を行います。結果として、データサイズの大きな偽の複製(③)を、攻撃対象サーバに送信してしまうことになります。理論的に49倍程度のトラフィック増幅が可能であると報告されています。

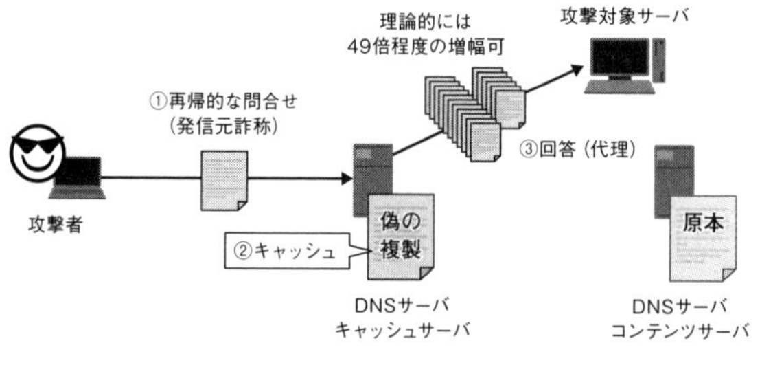

--- 引用ここまで ---

出所：DNSキャッシュポイズニング対策～DNSの役割と関連ツールの使い方～　独立行政法人 情報処理推進機構セキュリティセンター
https://www.ipa.go.jp/files/000017289.pdf

設問1（3）の解説　問題文のヒントから考える問題

（3）表3中の [a]，[b] に入れる適切な字句を解答群の中から選び，記号で答えよ。

解答群

ア　DNS-F	イ　DNS-K	ウ　PC
エ　内部 DNS サーバ	オ　プロキシサーバ	カ　メールサーバ

〔リスクと対策の検討〕で最初に，外部 DNS サーバが踏み台になるリスクについて，対策を検討しています。対策案として「外部 DNS サーバを廃止した上で，DNS-K と DNS-F という DNS サーバを DMZ 上に新設し，権威 DNS サーバの機能を DNS-K に，フルサービスリゾルバの機能を DNS-F に移行することを考えた。」と記述されています。表3の項番5と6では，この対策案に合わせて FW の設定を行う必要があります。表3と表2を見比べることで，表2の「外部 DNS サーバ」に該当する機能の DNS サーバが表3の項番5と6に入ると考えられます。

表1で外部 DNS サーバの概要を確認すると
「A 社ドメインの権威 DNS サーバ及び再帰的な名前解決を行うフルサービスリゾルバとして使用されている。」
と記述されています。また表1注 2) に
「フルサービスリゾルバとしては、プロキシサーバとメールサーバが使用している。」
と記述されています。

これらのことより、表3項番5の，宛先がインターネットの送信元には，フルサービスリゾルバの機能を持つ DNS-F が該当します。また表3項番6の，送信元がインターネットの宛先には，A 社ドメインの権威 DNS サーバの機能を持つ DNS-K が該当します。したがって，[a] には DNS-F の「ア」が，[b] には DNS-K の「イ」が入ります。

＜変更前の構成＞

表2 FWのフィルタリングルール

項番	送信元	宛先	サービス	動作
5	外部DNSサーバ	インターネット	DNS	許可
6	インターネット	外部DNSサーバ	DNS	許可

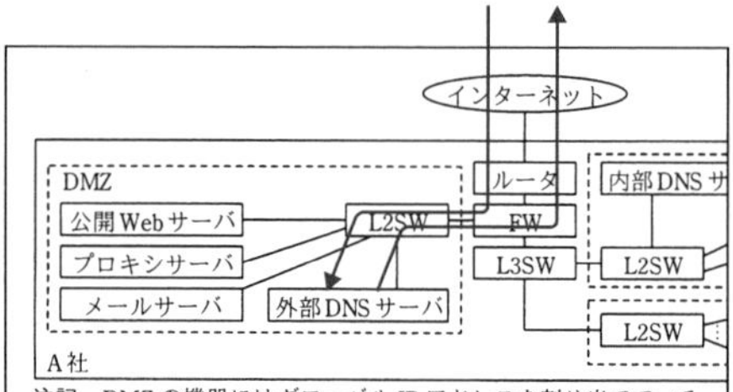

注記 DMZの機器にはグローバルIPアドレスを割り当てている。

＜変更後の構成＞

表3 変更後のFWのフィルタリングルール

項番	送信元	宛先	サービス	動作
5	(a) DNS-F	インターネット	DNS	許可
6	インターネット	(b) DNS-K	DNS	許可

注記 項番5，6以外は，表2と同一である。

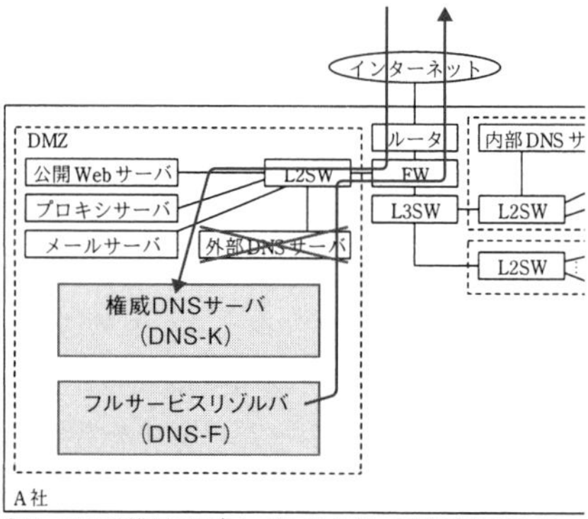

注記 DMZの機器にはグローバルIPアドレスを割り当てている。

※変更後のポイント

・プライマリの権威DNSサーバ（DNS-K）には，公開するゾーン情報を登録しておき，インターネット側からの問合せに応答します。

・フルサービスリゾルバ（DNS-F）は，インターネット側からの問合せができないように設定することで，DNSリフレクション攻撃（DNSamp攻撃）の踏み台にされることを防止できます。

設問1(3)の解答

【IPA 解答例】
a：ア　　b：イ

【重要キーワード】（この後の学習ポイント③参照）

・権威 DNS サーバ
・フルサービスリゾルバ

設問1（4）の解説　知識問題

（4）本文中の［ c ］に入れる DNS のリソースレコードのタイプ名を６字以内で答えよ。

本文中［ c ］の前後には
「メールサーバの［ c ］レコードの IP アドレスが，例えば攻撃者のメールサーバのものに書き換えられてしまい，電子メールが攻撃者のサーバに送信されてしまう。」
と記述があります。このことより［ c ］レコードは，サーバと IP アドレスの関連付けを指定する **A レコード**だと判断できます。したがって［ c ］には，「A」が入ります。

設問1(4)の解答

【IPA 解答例】
c：A

▶学習ポイント❸

名前解決の仕組みとゾーン情報

ここではDNSサーバが行う名前解決とゾーン情報のしくみについて学習しましょう。下記重要キーワードについても説明できるように理解・暗記しましょう。

【重要キーワード】

- **リゾルバ**
- **スタブリゾルバ**
- **フルサービスリゾルバ**
- **ゾーン情報**
- **リソースレコード（DNSレコード）**
- **Aレコード**
- **ゾーン転送**
- **プライマリ権威DNSサーバ**
- **セカンダリ権威DNSサーバ**
- **再帰的問合せ**

■名前解決とリゾルバ

名前解決を行う機能（仕組み）のことを**リゾルバ**とよびます。

名前解決とは，ドメイン名のIPアドレスを確認したり，逆にIPアドレスからドメイン名を確認することです。インターネットでホームページを見るときに，ブラウザにURLを入力してホームページが表示されるのは，この名前解決が行われているためです。

リゾルバには，クライアントPC側のスタブリゾルバと，DNSキャッシュサーバ側のフルサービスリゾルバの2種類があります。

・**スタブリゾルバ**　：フルサービスリゾルバに問合せを行う。
・**フルサービスリゾルバ**：スタブリゾルバの問合せに対して応答する。キャッシュサーバ内のキャッシュに応答情報がなければ，コンテンツサーバに問合せを行う。

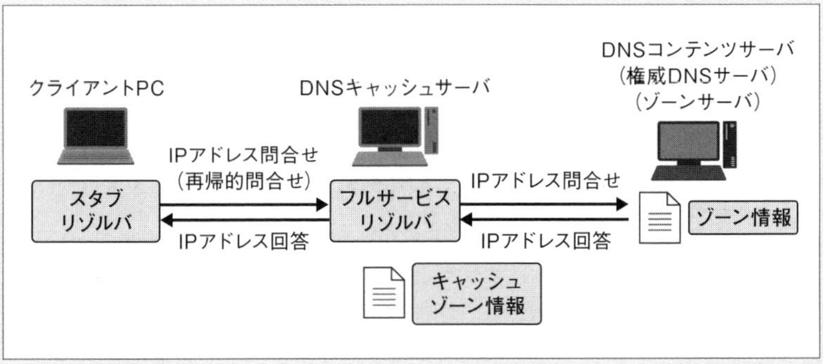

■ゾーン情報（ゾーンファイル）

ゾーンファイルとは，ホスト名とIPアドレスの対応付けを管理しているファイルで，権威DNSサーバ内に保存されています。ゾーンファイル内のデータレコードをリソースレコードとよびます。

■リソースレコード（DNSレコード）

リソースレコードとは，ゾーンファイルに登録されているホスト名とIPアドレスの対応付けを記載しているレコードです。

●主なリソースレコード

・SOAレコード ……DNSサーバの動作に関する管理情報
・NSレコード ………DNSサーバのホスト名
・MXレコード………メールサーバのホスト名
・Aレコード…………ホスト名とIPアドレスの関連付け

■ゾーン転送（プライマリ権威DNSサーバとセカンダリDNSサーバ）

災害や故障などで権威DNSサーバがサービス停止になるリスクを回避するために，DNSサーバを冗長構成にした場合，ゾーン情報を同期するために**ゾーン転送**が必要になります。

■再帰的問合せ

再帰的問合せとは，必ず回答を受け取ることを期待する問合せのことです。

スタブリゾルバからフルサービスリゾルバへの問合せは，「再帰的問合せ」です。フルサービスリゾルバからコンテンツサーバへの問合せは，「非再帰的問合せ」とよびます。コンテンツサーバは複数台存在するため，回答が得られなければ，次のコンテンツサーバへ問合せを行います。

設問1 (5) の解説　問題文のヒントから考える問題

(5) 本文中の [d] に入れる適切な字句を 15 字以内で答えよ。

DNS キャッシュポイズニング攻撃に対する対策についての問題です。

本文中 [d] の前後には,

「二つ目の対策は，送信元ポート番号を [d] する対策である。」

と記述されています。DNS キャッシュポイズニング攻撃の対策のひとつに，**ソースポートランダマイゼーション**と呼ばれる対策があります。この対策は，フルサービスリゾルバが権威 DNS サーバに問合せパケットを送信するときに，送信元ポート番号を固定化せずにランダムに変化させる対策です。フルサービスリゾルバは，問合せパケットと権威 DNS サーバからの応答パケットの IP アドレスやポート番号が一致していることを確認して正しい応答だと判断しています。ポート番号をランダムにすることで，攻撃者は偽の情報を応答しにくくなり，DNS キャッシュポイズニング攻撃の成功率を下げることができます。[d] には，「固定せずランダム化」などが入ります。

設問1 (5) の解答

【IPA 解答例】

d：ランダム化（5 字）

【別解】

d：固定せずランダム化（9 字）

この設問では，解説で説明している下記重要キーワードについて，説明できるように理解・暗記しましょう。

【重要キーワード】

・ソースポートランダマイゼーション

設問1（6）の解説 知識問題

（6）本文中の［ e ］に入れる技術の名称を英字10字以内で答えよ。

引き続き，DNSキャッシュポイズニング攻撃に対する対策についての問題です。本文中［ e ］の前後には
「三つ目の対策は，［ e ］という技術の利用である。この技術は，DNSサーバから受け取るリソースレコードに付与されたディジタル署名を利用して，リソースレコードの送信者の正当性とデータの完全性を検証するものである。」
と記述されています。デジタル署名を利用して，リソースレコードの送信者の正当性とデータの完全性を検証するために利用する技術は，**DNSSEC**（Domain Name System Security Extensions）です。［ e ］には，「DNSSEC」が入ります。

設問1（6）の解答

【IPA解答例】
e：DNSSEC

この設問では，解説で説明している下記重要キーワードについて，説明できるように理解・暗記しましょう。

【重要キーワード】

・DNSSEC

設問1（7）の解説 知識問題

（7）本文中の［ f ］，［ g ］に入れる適切な字句を解答群の中から選び，記号で答えよ。

解答群

ア　DNS Changer	イ　RADIUS クライアント
ウ　RADIUS サーバ	エ　権威 DNS サーバ
オ　スタブリゾルバ	カ　フルサービスリゾルバ

中間者攻撃による DNS 通信内容の盗聴，改ざんのリスクに対する対策手法である DNS over TLS に関する問題です。中間者攻撃とは，通信中のクライアントとサーバの間に割り込み，両者に気付かれることなく盗聴，改ざんを行う攻撃手法です。

DNS over TLS は，スタブリゾルバとフルサービスリゾルバ間の DNS 通信を TLS のプロトコルで暗号化します。スタブリゾルバとは，パソコンなど端末にインストールされるプログラムです。スタブリゾルバとフルサービスリゾルバ間の通信を暗号化することで，中間者攻撃による DNS 通信内容の盗聴，改ざんを防ぐことができます。［ f ］にはスタブリゾルバの「オ」が，［ g ］にはフルサービスリゾルバの「カ」が入ります。

設問1（7）の解答

【IPA 解答例】

f：オ　　g：カ（f と g は順不同）

この設問で解説している下記重要キーワードについて，説明できるように理解・暗記しましょう。

【重要キーワード】

・中間者攻撃

・DNS over TLS

設問2 (1)の解説 問題文のヒントから考える問題

設問2 〔ホスティングサービス上に新設するDNSサーバの利用〕について，(1)～(4) に答えよ。

(1) 本文中の下線③を実施することによって低減できるリスクを30字以内で具体的に述べよ。

設問2からは，〔ホスティングサービス上に新設するDNSサーバの利用〕に関する問題です。ホスティングサービスを利用した外部DNSサーバに対するリスク対策について学習を進めましょう。**ホスティングサービス**とは，事業者がデータセンター内などに設置しているサーバをインターネット経由で貸出しするサービスのことです。

下線部③の前後には

「一つ目の案は，外部DNSサーバを廃止した上で，DNS-KとDNS-FというDNSサーバをDMZ上に，DNS-SというDNSサーバをX社のホスティングサービス上に新設し，③プライマリの権威DNSサーバの機能をDNS-Kに，セカンダリの権威DNSサーバの機能をDNS-Sに移行し，フルサービスリゾルバの機能をDNS-Fに移行するものである。」

と記述があります。

外部DNSサーバを下記3台構成に変更する案となっています。

- DNS-K：プライマリ権威DNSサーバ機能（DMZ上）
- DNS-S：セカンダリ権威DNSサーバ機能（X社ホスティングサービス上）
- DNS-F：フルサービスリゾルバ機能　（DMZ上）

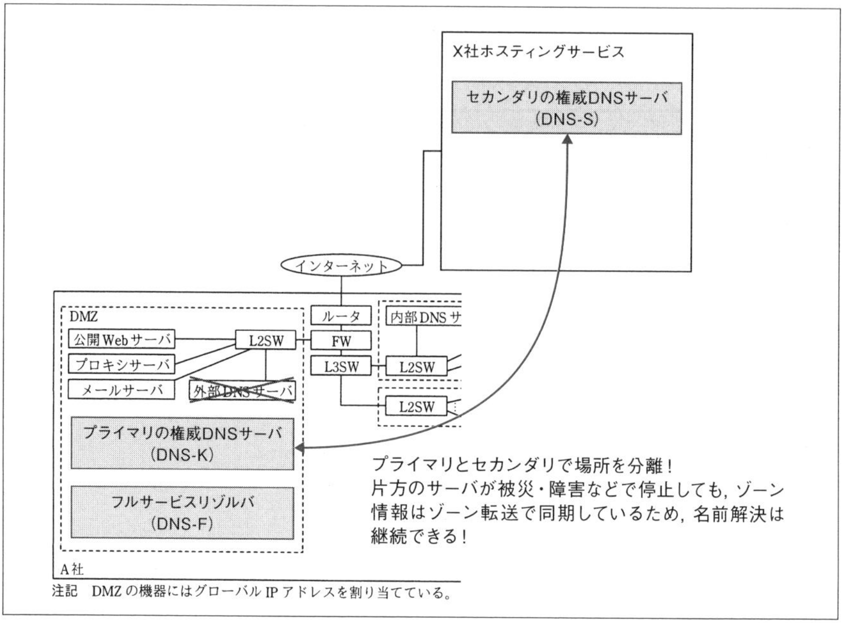

設問1（3）で検討した構成と比較すると，DMZに設置していた権威DNSがプライマリとセカンダリの2台構成（冗長構成）になっていることが分かります。

（設問1（3）で検討した構成）

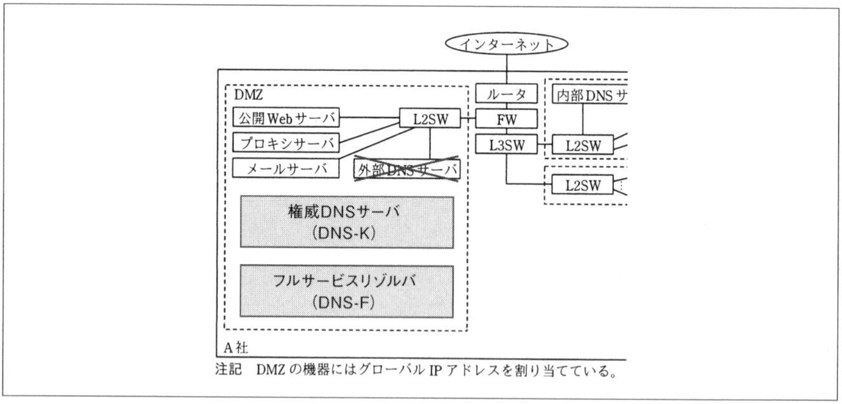

下線部③で説明されている，DNS-KとDNS-Sの分離を実施することによって低減できるリスクを考えます。変更後構成案では，権威DNSサーバを冗長構成にしており，

設置場所も離れた場所に設置しています。このことより対策が必要と考えたリスクは，災害や故障などの外部DNSサーバの障害により，名前解決ができなくなるリスクだと判断できます。したがって，「権威DNSサーバがサービス停止になるリスク」が正解となります。また，「権威DNSサーバの障害で，名前解決ができなくなるリスク」なども別解として考えられます。

設問2(1)の解答

【IPA解答例】
権威DNSサーバがサービス停止になるリスク（21字）

【別解例】
権威DNSサーバの障害で，名前解決ができなくなるリスク（27字）

設問2(2)の解説 知識問題

(2) 図2中の h ， i に入れる適切な字句を解答群の中から選び，記号で答えよ。

解答群

ア dns-k.	イ dns-k.a-sha.co.jp.	ウ dns-k.x-sha.co.jp.
エ dns-s.	オ dns-s.a-sha.co.jp.	カ dns-s.x-sha.co.jp.
キ mail.	ク mail.a-sha.co.jp.	ケ mail.x-sha.co.jp.

ゾーンファイルに記述するDNSレコードに関する知識を問う問題です。権威DNSサーバを冗長構成にした場合にゾーンファイルの情報を同期するためにゾーン転送を行います。

図2のゾーンファイルを順番に確認します。

・SOAレコード

ドメイン自体に関する情報を記述します。図2では，A社のドメイン情報 a-sha.co.jpが記述されています。

・NSレコード

DNSサーバのホスト名を記述します。NSレコードは2行あります。

1行目は，プライマリの権威DNSサーバ（DNS-K）の情報を記述しています。

2行目には，セカンダリの権威DNSサーバ（DNS-S）の情報を記述します。

DNS-Sは，X社ホスティングサービス上に設置する案のため，［ h ］部分には，「カ」のdns-s.x-sha.co.jp.を記述します。

・MXレコード

メールサーバの情報を記述します。メールサーバはA社に設置しているため，［ i ］部分には，「ク」のmail.a-sha.co.jp.を記述します。

・Aレコード

ホスト名とIPアドレスの関連付けを記述します。図2では，DNS-K，公開Webサーバ，メールサーバのそれぞれのホスト名とIPアドレスを記述しています。

図2を確認してみましょう。

> なお，X社のホスティングサービスに用いるドメイン名はx-sha.co.jp，DNS-Sのホスト名はdns-sである。
>
> 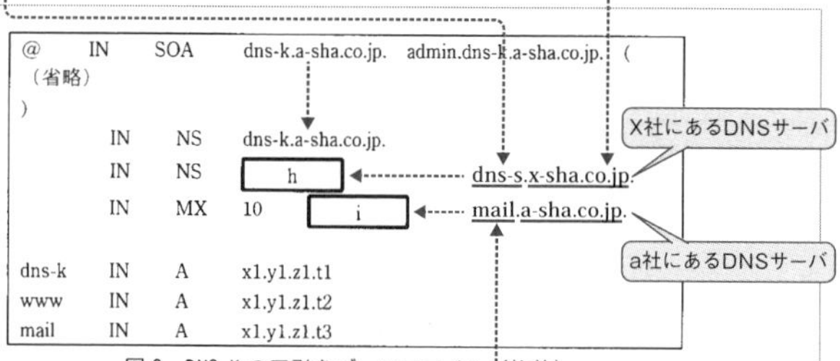
>
>
> 図2　DNS-Kの正引きゾーンファイル（抜粋）
>
> DNS-Kのホスト名はdns-k，公開Webサーバのホスト名はwww，メールサーバのホスト名はmailであり，各サーバのIPアドレスはx1.y1.z1.t1～x1.y1.z1.t3である。
>
> ゾーン転送では，ゾーン情報が流出するリスクがある。M主任は，この対策として，DNS-KとDNS-Sについて，ゾーン転送要求に対する許可を必要最小限にするために，表4の設定にすることにした。

以上のことより，［ h ］には「カ」，［ i ］には「ク」が入ります。

設問2(2)の解答

【IPA 解答例】
h：カ　i：ク

この設問では，下記重要キーワードについて，説明できるように理解・暗記しましょう。説明は「学習ポイント③名前解決の仕組みとゾーン情報」を参照してください。

【重要キーワード】

- ゾーン情報
- ゾーン転送
- ゾーンファイル
- NS レコード
- MX レコード

設問2（3）の解説　問題文のヒントから考える問題

(3) 表４中の，［ j ］〜［ m ］に入れる適切な内容を，“許可”又は“拒否”のいずれかで答えよ。

DNS-K と DNS-S について，ゾーン転送要求に対する許可を必要最小限にするための設定に関する問題です。

表４を順に確認します。

［ j ］は，要求元が DNS-K，要求先が DNS-S です。プライマリ権威 DNS サーバからセカンダリ権威 DNS サーバにゾーン転送要求は行わないため「拒否」が入ります。

［ k ］は，要求元が DNS-S，要求先が DNS-K です。セカンダリ権威 DNS サーバからプライマリ権威 DNS サーバにゾーン転送要求は行うため「許可」が入ります。

［ l ］と［ m ］は，要求元が DNS-K，DNS-S 以外の IP アドレス，要求先が DNS-K または DNS-S です。DNS-K, DNS-S 以外の IP アドレスと DNS サーバ間でゾーン転送は行わないため「拒否」が入ります。

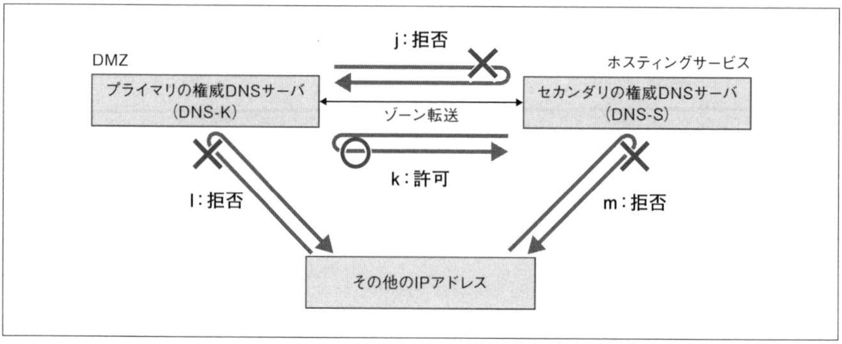

設問2(3)の解答

【IPA 解答例】

j：拒否　k：許可　l：拒否　m：拒否

設問2(4)の解説　問題文のヒントから考える問題

(4) 表5中の［n］〜［p］に入れる適切な字句を解答群の中から選び，記号で答えよ。

解答群

ア　DNS-HF	イ　DNS-S	ウ　PC
エ　公開Webサーバ	オ　プロキシサーバ	カ　メールサーバ

表5のフィルタリングルール設定を行う二つ目の案は，下記構成に変更すると記述されています。

- DNS-HK … プライマリ権威DNSサーバ機能（X社ホスティングサービス上）
- DNS-S…… セカンダリ権威DNSサーバ機能（X社ホスティングサービス上）
- DNS-HF … フルサービスリゾルバ機能（X社ホスティングサービス上）

この構成変更に対応必要なフィルタリングルールを確認するために，外部DNSサーバとの通信に関する記述を表1で確認します。「外部DNSサーバ」の概要には，「A

社ドメインの権威DNSサーバ及び再帰的な名前解決を行うフルサービスリゾルバとして使用されている。」と記述されています。また，注 2) に，「フルサービスリゾルバとしては，プロキシサーバとメールサーバが使用している。」と記述されています。このことより，プロキシサーバとメールサーバからフルサービスリゾルバ機能を持つDNS-HFへ通信を許可する必要があることが分かります。したがって [n] と [p] にはプロキシサーバの「オ」とメールサーバの「カ」が入ります。宛先の [o] には，DNS-HFの「ア」が入ります。

表5　二つ目の案の場合のFWのフィルタリングルール

項番	送信元	宛先	サービス	動作
5	(n) プロキシサーバ	(o) DNS-HF	DNS	許可
6	(p) メールサーバ	(o) DNS-HF	DNS	許可

（二つ目の構成案）

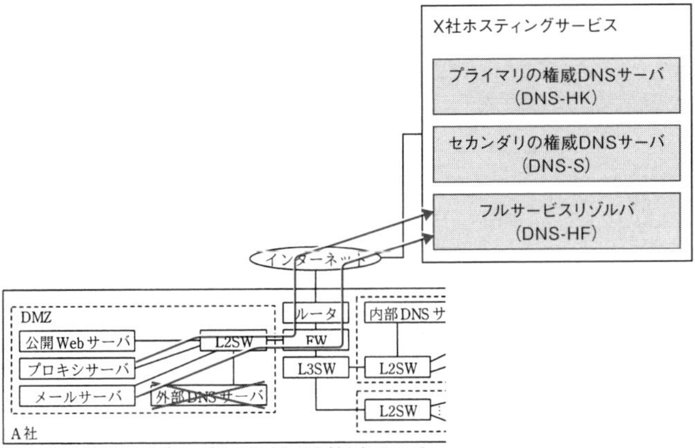

注記　DMZの機器にはグローバルIPアドレスを割り当てている。

設問2(4)の解答

【IPA解答例】

(4)　n：オ　　o：ア　　p：カ（nとpは順不同）

午後I 問1 セキュリティインシデント

セキュリティインシデントに関する次の記述を読んで，設問1～3に答えよ。

J社は，従業員1,000名の小売業である。J社では，顧客情報を顧客管理サーバで管理している。J社のネットワーク構成を図1に示す。

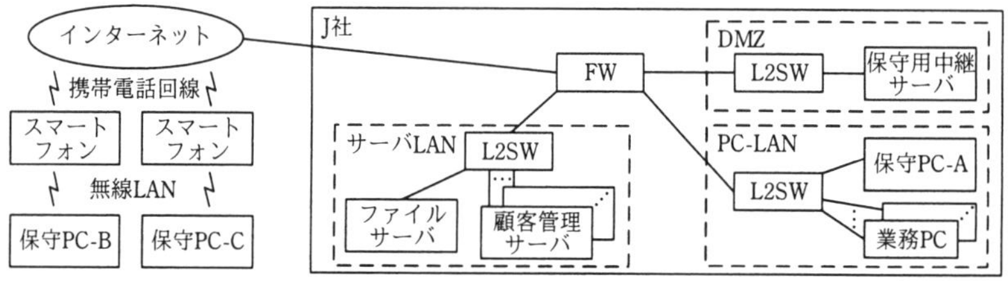

FW：ステートフルパケットインスペクション型ファイアウォール　L2SW：レイヤ2スイッチ
保守PC：顧客管理サーバの保守作業に使うPC
注記1　保守PC-A及びサーバLAN上のサーバには，固定のプライベートIPアドレスを割り当てている。
注記2　DMZ上のサーバには，固定のグローバルIPアドレスを割り当てている。

図1　J社ネットワーク構成（抜粋）

〔顧客管理サーバの保守方法〕

顧客管理サーバの保守作業は，図２に示す保守方法に従って行われる。

顧客管理サーバの保守はM社に委託している。M社の保守員２名（以下，保守員1，保守員２という）が，通常は保守 PC-A から，必要に応じて保守 PC-B 又は保守 PC-C から保守を行っている。

保守 PC-A

・未使用時はロッカーに保管している。

保守 PC-B，保守 PC-C

・M社が保守員ごとに貸与する。

接続経路と接続方法

・保守 PC のいずれかから保守用中継サーバに SSH 接続し，さらに，保守用中継サーバから顧客管理サーバに SSH 接続する。

・保守 PC-B 及び保守 PC-C は，M 社が貸与するスマートフォンでテザリングし，インターネットに接続する。固定のグローバル IP アドレスは付与されない。

保守用中継サーバに初めて SSH 接続する際の接続先確認方法

1. 保守員が保守 PC-B 又は保守 PC-C をＪ社に持参する。
2. 保守 PC-B 又は保守 PC-C をスマートフォンでテザリングし，インターネット経由で保守用中継サーバに SSH 接続する。
3. 接続したサーバのフィンガプリントが表示されるので，保守員はＪ社のシステム管理者が紙に印刷しておいた保守用中継サーバのフィンガプリントと一致することを確認する。
4. 一致する場合は，次の確認メッセージに対して“yes”を選択する。
   “Are you sure you want to continue connecting (yes/no)?”
5. 当該接続先確認の手順が正常に完了すると，次回以降は確認メッセージが表示されなくなる。もし，SSH 接続する際に警告メッセージが表示され，接続が切断された場合，保守用中継サーバのフィンガプリントが変わったか，［　a　］という状況が想定されるので，Ｊ社に確認する。

識別・認証・認可方法

a. 保守用中継サーバ

・保守員の着任時に，利用者 ID として，保守員1には op1，保守員２には op2 を割り当てる。

・①当該利用者 ID には，一般利用者の権限を与える。

・パスワード認証を行う。パスワードは保守員自身が設定する。

・保守員の離任時，パスワードをＪ社のシステム管理者が変更する。

b. 顧客管理サーバ

・保守員の着任時に，保守用中継サーバの利用者 ID と同じ名称の op1，op2 を割り当てる。

・当該利用者 ID には，特権利用者の権限を与える。

・パスワード認証を行う。パスワードはＪ社のシステム管理者が設定し，安全な方法で保守員に伝える。

・保守員の離任時，パスワードをＪ社のシステム管理者が変更する。

ログ

・SSH 認証について，成功と失敗が接続先のサーバ上に SSH 認証ログとして記録される。

・保守用中継サーバでのコマンド実行及びその結果，並びに顧客管理サーバでのコマンド実行及びその結果が，保守用中継サーバ上に操作ログとして記録される。

・SSH 認証ログ及び操作ログへのアクセスには特権利用者の権限が必要であり，それらのログの確認はＪ社のシステム管理者が実施する。

備考

・保守員は，保守作業に当たってＪ社への事前申請及び事後の作業報告が必要である。

図２　顧客管理サーバの保守方法

FW のフィルタリングルールを表 1 に示す。

表 1　FW のフィルタリングルール

項番	送信元	宛先	サービス	動作	ログの記録
1	PC-LAN	インターネット	HTTP，HTTPS	許可	する
2	PC-LAN	サーバ LAN	HTTP，HTTPS，SMB	許可	する
3	b	保守用中継サーバ	SSH	許可	する
4	c	保守用中継サーバ	SSH	拒否[1]	する
5	保守用中継サーバ	顧客管理サーバ[2]	SSH	許可	する
6	DMZ	インターネット	全て	拒否	する
⋮	⋮	⋮	⋮	⋮	⋮
15	全て	全て	全て	拒否	しない

注記 1　項番が小さいルールから順に，最初に合致したルールが適用される。

注記 2　項番 7～14 には，保守用中継サーバ，DMZ，SSH に関するルールはない。

注[1]　保守 PC-B 又は保守 PC-C からの保守作業の際は，事前申請に記載された作業時間帯だけ，J 社のシステム管理者が“許可”に変更する。

[2]　複数台の顧客管理サーバそれぞれの IP アドレスが指定されている。

〔セキュリティインシデントの発生と対応〕

6 月 16 日に，J 社のシステム管理者である F さんが，FW のフィルタリングルールに基づいて記録されたログ（以下，FW ログという）から不審なログを発見した。調査したところ，暗号資産を採掘するプログラム（以下，プログラム H という）が保守用中継サーバで動作しており，②定期的にインターネット上のサーバに通信を試みていたことが分かった。そこで，外部の情報処理安全確保支援士（登録セキスペ）の S 氏の助言の下，影響範囲及び原因の調査並びに対策方法の検討をすることにした。S 氏からは，保守作業関連書類，FW ログ，SSH 認証ログ及び操作ログの調査並びに保守員へのヒアリングをするように助言があった。

翌日，F さんは，S 氏に図 3 に示す保守作業関連書類及び各種ログの調査結果並びに図 4 に示すヒアリング結果を報告した。

事前申請及びFWの設定変更
・保守員2から，顧客管理サーバの保守を，保守PC-Cを使って6月14日7時から9時30分に行うという事前申請が出されていた。事前申請に従って，J社のシステム管理者はFWの設定を変更した。
FWログの調査結果
・申請された保守作業時間帯に，二つのグローバルIPアドレスから保守用中継サーバにSSH接続されていた。
操作ログの調査結果
・6月14日8時に，op1がプログラムHを設置した。
・6月14日7時20分から9時10分の間に，op2による顧客管理サーバの保守作業の操作が行われた。操作内容は事前申請のとおりだった。
保守用中継サーバ上のSSH認証ログの調査結果
・op1は6月14日7時30分から認証の失敗が84回続き，7時40分に認証に成功していた。
・op2は6月14日7時20分に認証に成功していた。
保守作業報告
・保守員2から，6月14日7時20分から9時10分の保守作業について報告されていた。

図3　保守作業関連書類及び各種ログの調査結果

6月14日の保守作業に関するヒアリング結果
・保守員1からは，保守作業は実施していないと回答があった。
・保守員2からは，保守PC-Cを使い事前申請どおりに作業を行い，ほかの作業はしていないと回答があった。事前申請，操作ログ及び事後の作業報告と矛盾する回答はなかった。
そのほかの調査結果
・op1に設定されているパスワードが，推測の容易な文字列であることが分かった。

図4　保守員へのヒアリング結果

S氏は，この報告から，第三者がop1のパスワードを推測してインターネット経由で不正アクセスした可能性が高いと判断し，被害範囲の特定のために各種ログを追加調査するように助言した。Fさんによる追加調査の結果，FWログ，SSH認証ログ及び操作ログからは，保守用中継サーバにプログラムHを設置した記録は見つかったが，保守用中継サーバから顧客管理サーバを含む他機器へのアクセスの記録は見つからなかった。FさんとS氏は，これらの調査結果から，影響範囲は保守用中継サーバだけにとどまり，情報漏えいの被害もなかったと結論付けた。

〔セキュリティインシデントの再発防止〕

S氏から，今回のセキュリティインシデントの再発防止について幾つか提言があった。

一つ目の提言は，サーバに対する認証の強化である。保守用中継サーバ及び顧客管理サーバへのSSH接続の認証方式を，パスワード認証から公開鍵認証に変更するというものである。Fさんは，図5に示す公開鍵認証の初期登録手順を作成した。

保守用中継サーバへのSSH接続に用いる公開鍵認証の初期登録手順
・公開鍵認証に使う鍵ペアは，各保守員が保守PCごとに作成し，管理する。
・③鍵ペアの秘密鍵には，十分な強度のパスフレーズを設定する。
・公開鍵は，J社のシステム管理者が保守用中継サーバに登録する。
・SSHサーバの設定では，公開鍵認証を有効にするとともに，［ d ］を無効にする。

図5　公開鍵認証の初期登録手順（抜粋）

次は，図5に関するS氏とFさんの会話である。

S氏　：万一，保守用中継サーバが不正アクセスされた場合を想定して，顧客管理サーバへのSSH接続に必要な［ e ］を利用されないように，保守用中継サーバに保存しない運用にしましょう。SSH Agent Forwardingと呼ばれる機能を使うと，保守作業のSSH接続に必要な［ e ］の全てを保守PCにだけ保存する運用にできます。

Fさん　：承知しました。

二つ目の提言は，SSHの接続元の制限である。FWで接続元を制限することができれば，万一，SSHサーバソフトウェアで認証バイパスなどの脆《ぜい》弱性が発見されて悪用された場合にも有効な対策となる。

そこで，Fさんは，保守PC-B及び保守PC-Cを，VPN装置を介して又は直接，M社内のネットワークに接続させた後に，インターネット経由で保守用中継サーバにアクセスさせることを考えた。このとき，［ f ］ことができれば，保守用中継サーバへのアクセスを表1の項番4のルールを変更することによって制限できる。そこで，これらへの対応をM社に打診した。

そのほかの再発防止策についても，Fさんは S氏の提言について検討を重ね，保守用中継サーバ及び顧客管理サーバに関するセキュリティを強化した。

設問1 〔顧客管理サーバの保守方法〕について，(1)～(3)に答えよ。

(1) 図2中の [a] に入れる適切な字句を20字以内で答えよ。

(2) 図2中の下線①の設定にした目的を，“操作ログ”という字句を用いて25字以内で述べよ。

(3) 表1中の [b]，[c] に入れる適切な字句を，図1中の字句を用いて答えよ。

設問2 〔セキュリティインシデントの発生と対応〕について，(1)，(2)に答えよ。

(1) 本文中の下線②の通信は，表1のどのルールによってFWログに記録されるか。表1中の項番で答えよ。

(2) 今回のセキュリティインシデントにおいて，第三者が保守用中継サーバにSSH接続可能だった期間は何月何日の何時何分から何月何日の何時何分までか。期間を答えよ。

設問3 〔セキュリティインシデントの再発防止〕について，(1)～(4)に答えよ。

(1) 図5中の下線③について，パスフレーズを設定する目的を30字以内で具体的に述べよ。

(2) 図5中の [d] に入れる適切な字句を10字以内で答えよ。

(3) 本文中の [e] に入れる適切な字句を5字以内で答えよ。

(4) 本文中の [f] に入れる適切な字句を20字以内で答えよ

令和3年秋 午後Ⅰ・問1

問題文の読み方

「問題文の読み方」では，下記項目について解説します。

・問題文の読み方

・マークしておくべきポイント

解答についての詳しい解説は，後の「解説詳細解説」を参照してください。それでは，問題文と設問を一緒に読んでいきましょう。

▶ 対象企業の説明，対象システムのネットワーク構成

セキュリティインシデントに関する次の記述を読んで，設問1～3に答えよ。

J社は，従業員1,000名の小売業である。J社では，顧客情報を顧客管理サーバで管理している。J社のネットワーク構成を図1に示す。

J社

会社や人物は最初に登場した箇所をメモして把握する！

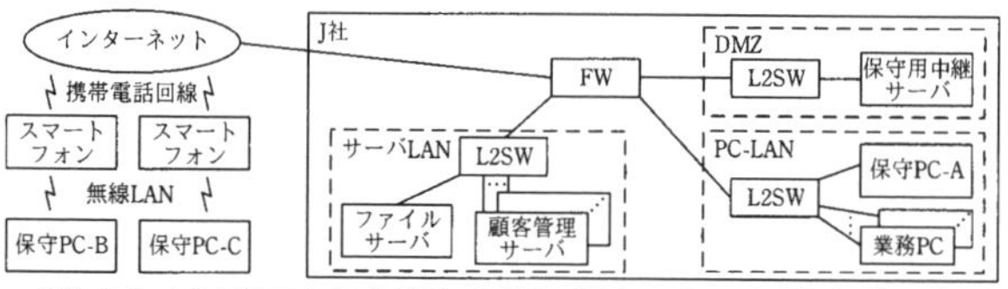

FW：ステートフルパケットインスペクション型ファイアウォール　L2SW：レイヤ2スイッチ

保守PC：顧客管理サーバの保守作業に使うPC

注記1　保守PC-A及びサーバLAN上のサーバには，固定のプライベートIPアドレスを割り当てている。

注記2　DMZ上のサーバには，固定のグローバルIPアドレスを割り当てている。

図1　J社ネットワーク構成（抜粋）

注記は注意！

最初に問題文冒頭部分を読みましょう。以下のことが記載されています。

・対象企業の規模，業種

・対象システムのネットワーク構成

問題に登場する会社名や人物は，最初に登場したときに欄外にメモ書きしておきましょう。

図の注記には注意しましょう。注記の記載があるということは，設問に関係があると考えてマークをして読み進めましょう。

全体を把握する

次に，問題文全体をざっと見て全体構成を把握しましょう。以下のように図や表と見出しを確認しましょう。

・ネットワーク構成図があること
・見出し一つ目が〔顧客管理サーバの保守方法〕であること
・顧客管理サーバの保守方法は，図2にまとめられていること
・FWのフィルタリングルールの表があること
・見出し2つめが〔セキュリティインシデントの発生と対応〕であること
・図3に保守作業関連書類及び各種ログの調査結果がまとめられていること
・図4に保守員へのヒアリング結果がまとめられていること
・見出し3つめが〔セキュリティインシデントの再発防止〕であること
・図5に公開鍵認証の初期登録手順があること（抜粋）

引き続き設問にもざっと目を通します。

・設問1は〔顧客管理サーバの保守方法〕について問われていること
・設問2は〔セキュリティインシデントの発生と対応〕について問われていること
・設問3は〔セキュリティインシデントの再発防止〕について問われていること

ここで，問題文と設問の位置関係を把握しておきます。また，問題文の見出しの順番と設問の順番が一致していることを確認します。これらをざっとみて，「この問題はセキュリティインシデントに対する調査と，再発防止策検討に関する問題だな」と把握しましょう。

〔顧客管理サーバの保守方法〕

〔顧客管理サーバの保守方法〕

顧客管理サーバの保守作業は，図 2 に示す保守方法に従って行われる。

顧客管理サーバの保守はM 社に委託している。M 社の保守員 2 名（以下，保守員 1，保守員 2 という）が，通常は保守 PC-A から，必要に応じて保守 PC-B 又は保守 PC-C から保守を行っている。

保守 PC-A

・未使用時はロッカーに保管している。

保守 PC-B，保守 PC-C

・M 社が保守員ごとに貸与する。

接続経路と接続方法

・保守 PC のいずれかから保守用中継サーバにSSH 接続し，さらに，保守用中継サーバから顧客管理サーバに SSH 接続する。

・保守 PC-B 及び保守 PC-C は，M 社が貸与するスマートフォンでテザリングし，インターネットに接続する。固定のグローバル IP アドレスは付与されない。

保守用中継サーバに初めて SSH 接続する際の接続先確認方法

1. 保守員が保守 PC-B 又は保守 PC-C を J 社に持参する。
2. 保守 PC-B 又は保守 PC-C をスマートフォンでテザリングし，インターネット経由で保守用中継サーバに SSH 接続する。
3. 接続したサーバのフィンガプリントが表示されるので，保守員はJ 社のシステム管理者が紙に印刷しておいた保守用中継サーバのフィンガプリントと一致することを確認する。
4. 一致する場合は，次の確認メッセージに対して“yes”を選択する。
   “Are you sure you want to continue connecting (yes/no)?”
5. 当該接続先確認の手順が正常に完了すると，次回以降は確認メッセージが表示されなくなる。もし，SSH 接続する際に警告メッセージが表示され，接続が切断された場合，保守用中継サーバのフィンガプリントが変わったか，［ a ］という状況が想定されるので，J 社に確認する。

識別・認証・認可方法

a．保守用中継サーバ

・保守員の着任時に，利用者 ID として，保守員 1 には op1，保守員 2 には op2 を割り当てる。

・①当該利用者 ID には，一般利用者の権限を与える。

・パスワード認証を行う。パスワードは保守員自身が設定する。

・保守員の離任時，パスワードをJ 社のシステム管理者が変更する。

b．顧客管理サーバ

・保守員の着任時に，保守用中継サーバの利用者 ID と同じ名称の op1，op2 を割り当てる。

・当該利用者 ID には，特権利用者の権限を与える。

・パスワード認証を行う。パスワードはJ 社のシステム管理者が設定し，安全な方法で保守員に伝える。

・保守員の離任時，パスワードをJ 社のシステム管理者が変更する。

ログ

・SSH 認証について，成功と失敗が接続先のサーバ上に SSH 認証ログとして記録される。

・保守用中継サーバでのコマンド実行及びその結果，並びに顧客管理サーバでのコマンド実行及びその結果が，保守用中継サーバ上に操作ログとして記録される。

・SSH 認証ログ及び操作ログへのアクセスには特権利用者の権限が必要であり，それらのログの確認はJ 社のシステム管理者が実施する。

備考

・保守員は，保守作業に当たって J 社への事前申請及び事後の作業報告が必要である。

図 2　顧客管理サーバの保守方法

設問1

問題文と設問の対応をメモする！

M社

会社や人物は最初に登場した箇所をメモして把握する！

設問1（1）

設問1（2）

問題文と設問の対応をメモする！

初登場の会社や登場人物は，初登場した個所を把握できるよう欄外にメモしておきましょう。「保守員 1」や「システム管理者」などの問題に関係する人物については，設問に答えるために必要になると考えてマークしましょう。

説明に登場する機器についてはマークするとともに，図１のネットワーク図で場所を把握してネットワーク図側にもマークしておきましょう。

・PC-A
・PC-B
・PC-C
・保守用中継サーバ
・顧客管理サーバ
・スマートフォン

技術的なキーワードについても設問で問われる可能性が高いと考えて，マークしておきましょう。

・SSH接続
・フィンガプリント

最初の「全体を把握する」で確認したとおり，〔顧客管理サーバの保守方法〕は設問１に対応しています。問題を読みながら解き，解答が分かれば解答用紙に書き込んでいきましょう。

この図の中では，［　a　］は設問１(1)，下線部①は設問１(2) に対応しています。欄外に「設問１ (1)」などとメモしておきましょう。

情報処理安全確保支援士試験の問題は，設問の対象の位置（下線部①など）までに読んだ内容で解ける問題がほとんどです。ここまで読んだ内容で解答を考えてみましょう。

このタイミングで解けないと判断したときはすぐに次を読み進めましょう。このタイミングで解けなかった設問は，全体読み終えた後に再度解くことになります。再度解く場合は，欄外のメモを見て素早く設問に対応する問題文の位置に戻りましょう。このメモは，後になるほど役に立ちます。

▶ FWのフィルタリングルール

FW のフィルタリングルールを表 1 に示す。

表 1　FW のフィルタリングルール

項番	送信元	宛先	サービス	動作	ログの記録
1	PC-LAN	インターネット	HTTP，HTTPS	許可	する
2	PC-LAN	サーバ LAN	HTTP，HTTPS，SMB	許可	する
3	b	保守用中継サーバ	SSH	許可	する
4	c	保守用中継サーバ	SSH	拒否 1)	する
5	保守用中継サーバ	顧客管理サーバ 2)	SSH	許可	する
6	DMZ	インターネット	全て	拒否	する
⋮	⋮	⋮	⋮	⋮	⋮
15	全て	全て	全て	拒否	しない

注記 1　項番が小さいルールから順に，最初に合致したルールが適用される。
注記 2　項番 7～14 には，保守用中継サーバ，DMZ，SSH に関するルールはない。
注 1)　保守 PC-B 又は保守 PC-C からの保守作業の際は，事前申請に記載された作業時間帯だけ，J 社のシステム管理者が“許可”に変更する。
2)　複数台の顧客管理サーバそれぞれの IP アドレスが指定されている。

問題文と設問の対応をメモする！解答が分かれば，解答もメモする！

設問1(3)
保守PC-A
インターネット

★

注意すべき点は目立つようにマークする！

注記は注意！

設問も見ながら，問題文との対応を確認・メモしながら読み進めます。情報処理安全確保支援士の問題は，この問題のように**設問に対応する問題文の位置が順番に対応していることが多い**ため，設問を解きながら読み進めましょう。

解答が分かれば解答用紙に解答を書いてしまいましょう。同時に解答がキーワードだけの場合は，欄外に解答もメモしましょう。解けない設問は後回しにして次の設問に進みましょう。欄外にメモした解答は，問題を読み返して他の問題を解くときに役立ちます。「この　b　と　c　は何だったっけ？」と確認し直す時間を短縮できます。また，欄外に記入したメモは試験後の自己採点にも使用します。

FW のフィルタリングルールについては，ざっと把握しておきましょう。ただし，**注記には注意しましょう**。注記は設問に関係があるために書かれていることがあります。マークしておきましょう。

注記 1 の「項番が小さいルールから順に，最初に合致したルールが適用される。」は恒例の説明です。いつもと同じであることを確認しておきましょう。

注記 2 の「項番 7 ～ 14 には，保守用中継サーバ，DMZ，SSH に関するルールはない。」については，この表を見ただけでは特に注意が必要と思えないことが書いてあります。しかし，このようにわざわざ書いてある場合は，設問に関係すると判断してマークしておきましょう。

注[1]の「～事前申請に記載された作業時間だけ，J社のシステム管理者が“許可”に変更する。」については，情報処理安全確保支援士としては，「FWの設定を，管理者が手作業で“許可”にしたり“拒否”にしたり，そんな運用で大丈夫なの!?」と注意すべき運用です。このような注意すべきと感じる部分は設問で問われる可能性が高いと考えてマークしておきましょう。特に「注意すべき！」と感じる部分は★印を書くなど目立つようにしましょう。

▶〔セキュリティインシデントの発生と対応〕

〔セキュリティインシデントの発生と対応〕

6月16日に，J社のシステム管理者であるFさんが，FWのフィルタリングルールに基づいて記録されたログ（以下，FWログという）から不審なログを発見した。調査したところ，暗号資産を採掘するプログラム（以下，プログラムHという）が保守用中継サーバで動作しており，②定期的にインターネット上のサーバに通信を試みていたことが分かった。そこで，外部の情報処理安全確保支援士（登録セキスペ）のS氏の助言の下，影響範囲及び原因の調査並びに対策方法の検討をすることにした。S氏からは，保守作業関連書類，FWログ，SSH認証ログ及び操作ログの調査並びに保守員へのヒアリングをするように助言があった。

翌日，Fさんは，S氏に図3に示す保守作業関連書類及び各種ログの調査結果並びに図4に示すヒアリング結果を報告した。

設問2
J社Fさん

設問2(1)

セキスペ
S氏

問題文と設問の対応をメモする！会社や人物は最初に登場した箇所をメモして把握する！

最初の「全体を把握する」で確認したとおり，〔セキュリティインシデントの発生と対応〕は設問2に対応しています。設問番号を欄外にメモしておきましょう。問題を読みながら正解が分かればこの段階で解答用紙に書き込んでいきましょう。

ここでは，下線部②が設問2（1）に対応しています。欄外に「設問2（1）」とメモしておきましょう。このタイミングで解けないと判断したときは，すぐに次を読み進めましょう。

「6月16日」など日付や**時間が登場する場合はマーク**しておきましょう。情報処理安全確保支援士試験では，インシデントの発生と対応状況を時系列に把握して解答する問題がよく出題されます。

▶ 図3と図4

事前申請及びFWの設定変更

・保守員2から，顧客管理サーバの保守を，保守PC-Cを使って6月14日7時から9時30分に行うという事前申請が出されていた。事前申請に従って，J社のシステム管理者はFWの設定を変更した。

FWログの調査結果

・申請された保守作業時間帯に，二つのグローバルIPアドレスから保守用中継サーバにSSH接続されていた。

操作ログの調査結果

・6月14日8時に，op1がプログラムHを設置した。

・6月14日7時20分から9時10分の間に，op2による顧客管理サーバの保守作業の操作が行われた。操作内容は事前申請のとおりだった。

保守用中継サーバ上のSSH認証ログの調査結果

・op1は6月14日7時30分から認証の失敗が84回続き，7時40分に認証に成功していた。

・op2は6月14日7時20分に認証に成功していた。

保守作業報告

・保守員2から，6月14日7時20分から9時10分の保守作業について報告されていた。

図3　保守作業関連書類及び各種ログの調査結果

注意すべき点は，目立つようにマークする！

6月14日の保守作業に関するヒアリング結果

・保守員1からは，保守作業は実施していないと回答があった。★

・保守員2からは，保守PC-Cを使い事前申請どおりに作業を行い，ほかの作業はしていないと回答があった。事前申請，操作ログ及び事後の作業報告と矛盾する回答はなかった。

そのほかの調査結果

・op1に設定されているパスワードが，推測の容易な文字列であることが分かった。★

図4　保守員へのヒアリング結果

「図3　保守作業関連書類及び各種ログの調査結果」と「図4　保守員へのヒアリング結果」について読み進めます。

日付や時間について，マークしておきましょう。情報処理安全確保支援士試験では，インシデントの発生と対応状況を時系列に把握して解答する問題がよく出題されます。

注意した方がいいと感じる部分は設問で問われる可能性が高いと考えてマークしておきましょう。特に「注意すべき！」と感じる部分は★印を書くなど目立つようにしましょう。下記2点について注意が必要です。

・図3でop1の操作ログが記録されているが，保守員1は作業していないと回答している
・パスワードが，推測の容易な文字列である

▶ 調査結果報告

S氏は，この報告から，第三者がop1のパスワードを推測してインターネット経由で不正アクセスした可能性が高いと判断し，被害範囲の特定のために各種ログを追加調査するように助言した。Fさんによる追加調査の結果，FWログ，SSH認証ログ及び操作ログからは，保守用中継サーバにプログラムHを設置した記録は見つかったが，保守用中継サーバから顧客管理サーバを含む他機器へのアクセスの記録は見つからなかった。FさんとS氏は，これらの調査結果から，影響範囲は保守用中継サーバだけにとどまり，情報漏えいの被害もなかったと結論付けた。

S氏の判断をマークしておきましょう。図4で「注意すべき！」とマークした点が不正アクセスに関連していることが確認できます。

▶ 〔セキュリティインシデントの再発防止〕一つ目の提言

〔セキュリティインシデントの再発防止〕

S氏から，今回のセキュリティインシデントの再発防止について幾つか提言があった。

一つ目の提言は，サーバに対する認証の強化である。保守用中継サーバ及び顧客管理サーバへのSSH接続の認証方式を，パスワード認証から公開鍵認証に変更するというものである。Fさんは，図5に示す公開鍵認証の初期登録手順を作成した。

保守用中継サーバへのSSH接続に用いる公開鍵認証の初期登録手順
- 公開鍵認証に使う鍵ペアは，各保守員が保守PCごとに作成し，管理する。
- ③鍵ペアの秘密鍵には，十分な強度のパスフレーズを設定する。
- 公開鍵は，J社のシステム管理者が保守用中継サーバに登録する。
- SSHサーバの設定では，公開鍵認証を有効にするとともに，[d]を無効にする。

図5　公開鍵認証の初期登録手順（抜粋）

設問3(1)

設問3(2)

次は，図5に関するS氏とFさんの会話である。

S氏　：万一，保守用中継サーバが不正アクセスされた場合を想定して，顧客管理サーバへのSSH接続に必要な[e]を利用されないように，保守用中継サーバに保存しない運用にしましょう。SSH Agent Forwardingと呼ばれる機能を使うと，保守作業のSSH接続に必要な[e]の全てを保守PCにだけ保存する運用にできます。

Fさん　：承知しました。

設問3(3)

問題文と設問の対応をメモする！

最初の「全体を把握する」で確認したとおり，〔セキュリティインシデントの再発防止〕は設問3に対応しています。設問番号を欄外にメモしておきましょう。問題を読みながら解答が分かれば解答用紙に書き込んでいきましょう。

技術的なキーワードについても設問で問われる可能性が高いと考えてマークしておきましょう。

- SSH接続の認証方式
- パスワード認証
- 公開鍵認証

［セキュリティインシデントの再発防止］二つ目の提言

> 二つ目の提言は，SSH の接続元の制限である。FW で接続元を制限することができれば，万一，SSH サーバソフトウェアで認証バイパスなどの脆《ぜい》弱性が発見されて悪用された場合にも有効な対策となる。
>
> そこで，F さんは，保守 PC-B 及び保守 PC-C を，VPN 装置を介して又は直接，M 社内のネットワークに接続させた後に，インターネット経由で保守用中継サーバにアクセスさせることを考えた。このとき，[f] ことができれば，保守用中継サーバへのアクセスを表1の項番4のルールを変更することによって制限できる。そこで，これらへの対応を M 社に打診した。
>
> そのほかの再発防止策についても，F さんは S 氏の提言について検討を重ね，保守用中継サーバ及び顧客管理サーバに関するセキュリティを強化した。

設問3(4)

問題文と設問の対応をメモする！

二つ目の提言内容についてマークしておきましょう。

「問題文と設問の読み方」は以上です。それでは「設問の詳細解説」に進みましょう。

令和3年秋 午後Ⅰ・問1

設問の詳細解説

問題のポイント

セキュリティインシデントに対する調査と再発防止策検討に関する問題です。設問１のフィンガプリントや，設問３のパスフレーズ，SSH Agent Forwarding に関する問題は，SSH 接続の認証方式に関する知識が問われています。他の問題は，セキュリティ面を考慮した顧客管理サーバの保守運用設計能力が問われています。問題文をよく読むことで解ける問題と，SSH 接続の知識を必要とする問題が混在しており，難易度としては中程度といえます。

問題の要約

この問題を要約します。

・J 社は従業員 1,000 名の小売業である。
・J 社では顧客情報を顧客管理サーバで管理している。
・顧客管理サーバの保守は M 社に委託している。
・6 月 16 日に，J 社のシステム管理者である F さんが，FW のフィルタリングルールに基づいて記録されたログ（以下，FW ログという）から不審なログを発見した。
・そこで，外部の情報処理安全確保支援士（登録セキスペ）の S 氏の助言の下，影響範囲及び原因の調査並びに対策方法の検討をすることにした。
・F さんによる追加調査の結果，FW ログ，SSH 認証ログ及び操作ログからは，保守用中継サーバにプログラム H を設置した記録は見つかったが，保守用中継サーバから顧客管理サーバを含む他機器へのアクセスの記録は見つからなかった。
・S 氏から, 今回のセキュリティインシデントの再発防止について幾つか提言があった。
・一つ目の提言は，サーバに対する認証の強化である。
・二つ目の提言は，SSH の接続元の制限である。
・そのほかの再発防止策についても，F さんは S 氏の提言について検討を重ね，保守用中継サーバ及び顧客管理サーバに関するセキュリティを強化した。

設問1（1）の解説　問題文のヒントから考える問題

設問1〔顧客管理サーバの保守方法〕について，(1)～(3)に答えよ。

(1) 図2中の [a] に入れる適切な字句を20字以内で答えよ。

空欄 [a] を含む図2の「保守用中継サーバに初めてSSH接続する際の接続先確認方法」の説明を確認します。

> 保守用中継サーバに初めてSSH接続する際の接続先確認方法
>
> 1. 保守員が保守PC-B又は保守PC-CをJ社に持参する。
> 2. 保守PC-B又は保守PC-Cをスマートフォンでテザリングし，インターネット経由で保守用中継サーバにSSH接続する。
> 3. 接続したサーバのフィンガプリントが表示されるので，保守員はJ社のシステム管理者が紙に印刷しておいた保守用中継サーバのフィンガプリントと一致することを確認する。
> 4. 一致する場合は，次の確認メッセージに対して“yes”を選択する。
>   “Are you sure you want to continue connecting (yes/no)?”
> 5. 当該接続先確認の手順が正常に完了すると，次回以降は確認メッセージが表示されなくなる。もし，SSH接続する際に警告メッセージが表示され，接続が切断された場合，保守用中継サーバのフィンガプリントが変わったか，[a] という状況が想定されるので，J社に確認する。

この説明見出しに「接続先確認方法」と書かれているとおり，ここでは保守PCから初めて接続するサーバが，正しい保守用中継サーバなのかを確認しています。

J社における保守用中継サーバに初めて保守用PCを接続する際の接続先確認方法（赤下線部）を，問題文に補足を加えながら①**準備作業**，②**初回接続時の表示**，③**表示内容の確認**，の順に説明します。

① 準備作業

J社のシステム管理者は，正しい保守用中継サーバのフィンガプリントを事前に紙に印刷して保管します。

フィンガプリントとはサーバを識別するための，人間が目視確認できる長さの文字列（ハッシュ値）です。フィンガプリントを直訳すると指紋です。指紋が同じであれば同じ人だと判断するように，フィンガプリントが同じであれば同じサーバ，フィンガプリントが異なれば別のサーバだと判断すると理解してください。

②初回接続時の表示

保守用 PC を保守用中継サーバに初めて接続すると，接続したサーバのフィンガプリントが保守用 PC に表示されます。

③表示内容の確認

表示されたフィンガプリントと，システム管理者が事前に紙に印刷しておいた正しい保守用中継サーバのフィンガプリントが一致するか目視で確認します。一致した場合は，保守用中継サーバは正しいため，図２の項番４に記載のとおり，"yes" 応答を行います。この確認手順が正常に完了すると，接続した保守用中継サーバは，認証済みサーバとして PC 側に登録されるため，次回以降は確認メッセージを表示しなくなります。

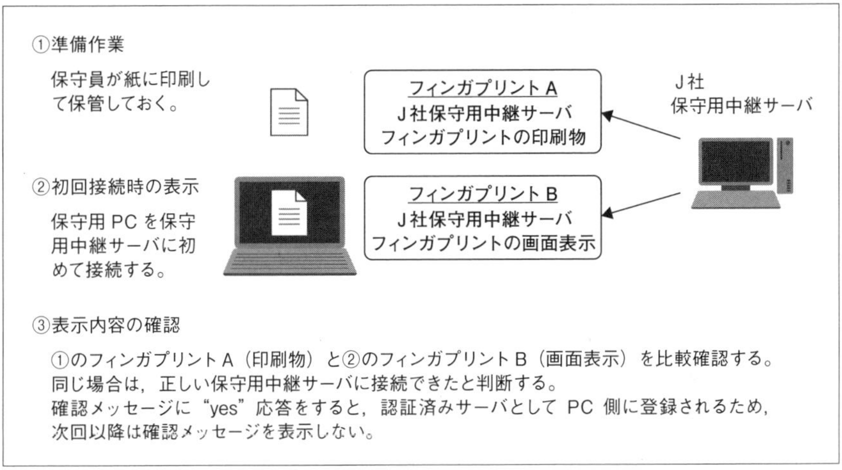

もしも，次回以降の接続時に初回接続時と同じメッセージが表示された場合は，保守用中継サーバのフィンガプリントが変わったか，接続先が保守用中継サーバではないという状況が想定されます。［　a　］には「接続先が保守用中継サーバではない」や「不正なサーバへ接続を誘導されている」などが入ると考えられます。

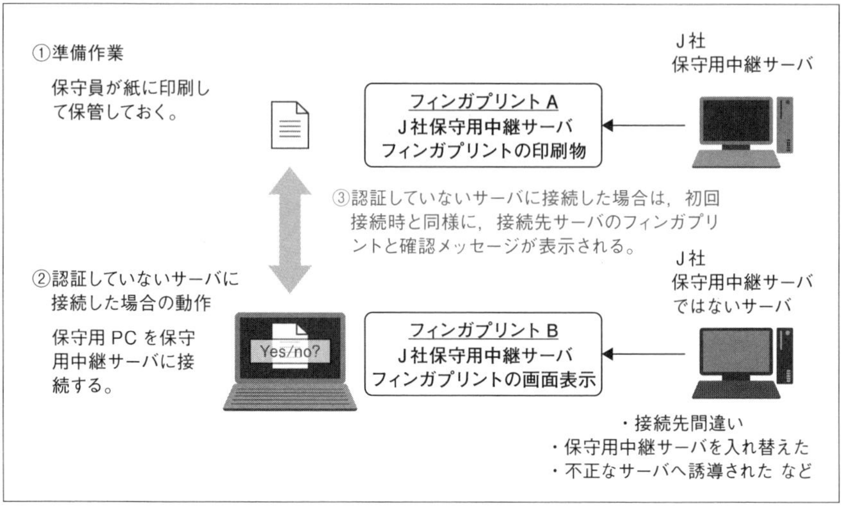

設問1(1)の解答

【IPA解答例】

(1) a：接続先が保守用中継サーバではない（16字）

【別解】

(1) a：不正なサーバへ接続を誘導されている（17字）

設問1 (2)の解説　問題文のヒントから考える問題

(2) 図2中の下線①の設定にした目的を，“操作ログ”という字句を用いて25字以内で述べよ。

下線①には「①当該利用者IDには，一般利用者の権限を与える。」と記述されています。当該利用者IDとは，保守用中継サーバに接続する保守員の利用者IDです。また，設問には「“操作ログ”という字句を用いて」という制約（ヒント）が書かれています。

識別・認証・認可方法

a. 保守用中継サーバ

・保守員の着任時に，利用者 ID として，保守員 1 には op1，保守員 2 には op2 を割り当てる。

・①当該利用者 ID には，一般利用者の権限を与える。

・パスワード認証を行う。パスワードは保守員自身が設定する。

・保守員の離任時，パスワードを J 社のシステム管理者が変更する。

b. 顧客管理サーバ

・保守員の着任時に，保守用中継サーバの利用者 ID と同じ名称の op1，op2 を割り当てる。

・当該利用者 ID には，特権利用者の権限を与える。

・パスワード認証を行う。パスワードは J 社のシステム管理者が設定し，安全な方法で保守員に伝える。

・保守員の離任時，パスワードを J 社のシステム管理者が変更する。

ログ

・SSH 認証について，成功と失敗が接続先のサーバ上に SSH 認証ログとして記録される。

・保守用中継サーバでのコマンド実行及びその結果，並びに顧客管理サーバでのコマンド実行及びその結果が，保守用中継サーバ上に操作ログとして記録される。

・SSH 認証ログ及び操作ログへのアクセスには特権利用者の権限が必要であり，それらのログの確認は J 社のシステム管理者が実施する。

…

「b. 顧客管理サーバ」の説明に，「・当該利用者 ID には，特権利用者の権限を与える。」と記述があります。

また，「ログ」の説明に，「・SSH 認証について，成功と失敗が接続先のサーバ上に SSH 認証ログとして記録される。」「・保守用中継サーバでのコマンド実行及びその結果，並びに顧客管理サーバでのコマンド実行及びその結果が，保守用中継サーバ上に操作ログとして記録される。」「・SSH 認証ログ及び操作ログへのアクセスには特権利用者の権限が必要であり，それらのログの確認は J 社のシステム管理者が実施する。」と記述されています。

これらの記述より，J 社管理者が確認を行う保守用中継サーバ上の操作ログへ，M 社の保守員がアクセスできないようにするべきであることが分かります。M 社の保守員が操作ログへアクセスできる場合，保守用サーバで誤った操作をした場合や，不正な操作をした場合でも，M 社の保守員によって操作ログの改ざんや削除が可能な環境になってしまいます。

保守用中継サーバ側の利用者 ID だけに一般利用者の権限を与える目的は，保守用中継サーバ上に記録される操作ログを改ざんさせないためだと判断できます。

“操作ログ”という字句を用いて「操作ログの改ざんや削除を防止するため」や「保守員による保守用中継サーバ操作ログの改ざん防止」などが解答となります。

設問1(2)の解答

【IPA 解答例】

(2) 操作ログの改ざんや削除を防止するため（18字）

【別解】

(2) 保守員による保守用中継サーバ操作ログの改ざん防止（24字）

設問1 (3)の解説　問題文のヒントから考える問題

(3) 表1中の［ b ］，［ c ］に入れる適切な字句を，図1中の字句を用いて答えよ。

「表1　FWのフィルタリングルール」の項番3と4について確認します。

表1　FWのフィルタリングルール

項番	送信元	宛先	サービス	動作	ログの記録
1	PC-LAN	インターネット	HTTP，HTTPS	許可	する
2	PC-LAN	サーバLAN	HTTP，HTTPS，SMB	許可	する
3	［ b ］	保守用中継サーバ	SSH	許可	する
4	［ c ］	保守用中継サーバ	SSH	拒否[1)]	する
5	保守用中継サーバ	顧客管理サーバ[2)]	SSH	許可	する
6	DMZ	インターネット	全て	拒否	する
⋮	⋮	⋮	⋮	⋮	⋮
15	全て	全て	全て	拒否	しない

注記1　項番が小さいルールから順に，最初に合致したルールが適用される。

注記2　項番7～14には，保守用中継サーバ，DMZ，SSHに関するルールはない。

注[1)]　保守PC-B又は保守PC-Cからの保守作業の際は，事前申請に記載された作業時間帯だけ，J社のシステム管理者が“許可”に変更する。

[2)]　複数台の顧客管理サーバそれぞれのIPアドレスが指定されている。

宛先が「保守用中継サーバ」で，サービスが「SSH」であるため，表1までの本文内で，保守用中継サーバへのSSH接続に関する記述を確認します。

「図1　J社ネットワーク構成（抜粋）」の説明に「保守PC：顧客管理サーバの保守作業に使うPC」の記述があります。また「図2　顧客管理サーバの保守法」の「接続経路と接続方法」の説明に，「・保守PCのいずれかから保守用中継サーバにSSH接続し，さらに，保守用中継サーバから顧客管理サーバにSSH接続する。」「・保守

PC-B及び保守PC-Cは，M社が貸与するスマートフォンでテザリングし，インターネットに接続する。固定のグローバルIPアドレスは付与されない。」と記述されています。

> 接続経路と接続方法
> ・保守PCのいずれかから保守用中継サーバにSSH接続し，さらに，保守用中継サーバから顧客管理サーバにSSH接続する。
> ・保守PC-B及び保守PC-Cは，M社が貸与するスマートフォンでテザリングし，インターネットに接続する。固定のグローバルIPアドレスは付与されない。

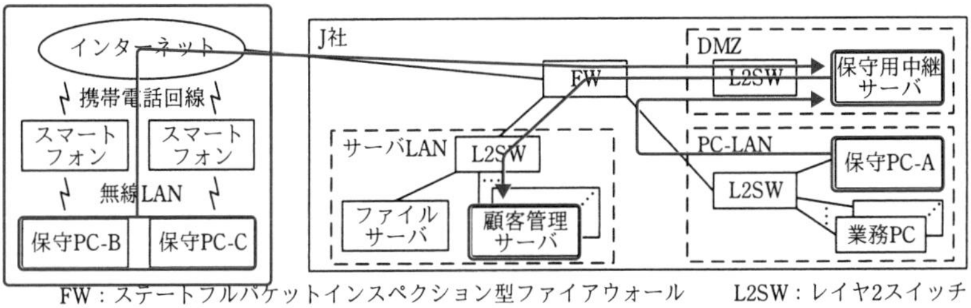

FW：ステートフルパケットインスペクション型ファイアウォール　L2SW：レイヤ2スイッチ
保守PC：顧客管理サーバの保守作業に使うPC
注記１　保守PC-A及びサーバLAN上のサーバには，固定のプライベートIPアドレスを割り当てている。
注記２　DMZ上のサーバには，固定のグローバルIPアドレスを割り当てている。

図１　J社ネットワーク構成（抜粋）

これらの記述より，保守用中継サーバに接続する必要があるのは，保守PC-A及び，PC-B，保守PC-Cであることが分かります。

「表1」項番4の「動作」欄「拒否[1)]」の注[1)]として、「保守PC-B又は保守PC-Cからの保守作業の際は，事前申請に記載された作業時間帯だけ，J社のシステム管理者が"許可"に変更する。」と記述されていることに注意が必要です。保守PC-Bと保守PC-Cは，インターネット経由で保守用中継サーバへ接続するため，[c]には「インターネット」が入ります。残る[b]には「保守PC-A」が入ります。

ここで，「インターネット」から「保守用中継サーバ」へのSSH接続を保守作業の時間帯だけ，J社のシステム管理者が"許可"に変更するのは，**危険な運用**だと気が付く必要があります。"許可"に変更している間は，保守PC-Bと保守PC-C以外でもインターネット経由で保守用中継サーバへのSSH接続が可能となります。次の設問2や設問3にも関連します。

設問1(3)の解答

【IPA 解答例】

(3) b：保守 PC-A　　c：インターネット

設問2 (1)の解説　問題文のヒントから考える問題

設問2 〔セキュリティインシデントの発生と対応〕について，(1)，(2) に答えよ。

(1) 本文中の下線②の通信は，表1のどのルールによってFWログに記録されるか。表1中の項番で答えよ。

下線②の前後に「暗号資産を採掘するプログラム (以下 , プログラム H という) が保守用中継サーバで動作しており，②定期的にインターネット上のサーバに通信を試みていたことが分かった。」と記述されていることより，表1の「宛先」が「インターネット」のフィルタリングルールの項目について確認します。

表1　FWのフィルタリングルール

項番	送信元	宛先	サービス	動作	ログの記録
1	PC-LAN	インターネット	HTTP，HTTPS	許可	する
2	PC-LAN	サーバ LAN	HTTP，HTTPS，SMB	許可	する
3	b	保守用中継サーバ	SSH	許可	する
4	c	保守用中継サーバ	SSH	拒否[1]	する
5	保守用中継サーバ	顧客管理サーバ[2]	SSH	許可	する
6	DMZ	インターネット	全て	拒否	する
⋮	⋮	⋮	⋮	⋮	⋮
15	全て	全て	全て	拒否	しない

注記1　項番が小さいルールから順に，最初に合致したルールが適用される。

注記2　項番7～14には，保守用中継サーバ，DMZ，SSHに関するルールはない。

注[1]　保守PC-B又は保守PC-Cからの保守作業の際は，事前申請に記載された作業時間帯だけ，J社のシステム管理者が“許可”に変更する。

[2]　複数台の顧客管理サーバそれぞれのIPアドレスが指定されている。

項番1の「送信元」は，PC-LANであり，PC-LANに保守用中継サーバは存在しないため，下線②の通信は，項番1のルールではFWログに記録されません。

次に項番6を確認すると，保守用中継サーバが存在するDMZが送信元となっています。すべてのサービスについて拒否するルールのため，FWログに記録されることが分かります。よって下線②の通信は，項番6のルールによりFWログに記録されます。

設問2(1)の解答

【IPA解答例】

(1) 6

設問2 (2)の解説 問題文からの抜粋問題

(2) 今回のセキュリティインシデントにおいて，第三者が保守用中継サーバにSSH接続可能だった期間は何月何日の何時何分から何月何日の何時何分までか。期間を答えよ。

第三者が保守用中継サーバにSSH接続可能だった期間を答える問題です。

設問1(3)で確認したとおり，「表1」の注1)に「保守PC-B又は保守PC-Cからの保守作業の際は，事前申請に記載された作業時間帯だけ，J社のシステム管理者が"許可"に変更する。」と記述があるため，保守作業の事前申請について確認します。

図3に「事前申請及びFWの設定変更」の説明として「・保守員2から，顧客管理サーバの保守を，保守PC-Cを使って6月14日7時から9時30分に行うという事前申請が出されていた。事前申請に従って，J社のシステム管理者はFWの設定を変更した。」と記述されています。

> 事前申請及びFWの設定変更
> ・保守員2から，顧客管理サーバの保守を，保守PC-Cを使って6月14日7時から9時30分に行うという事前申請が出されていた。事前申請に従って，J社のシステム管理者はFWの設定を変更した。

この申請の期間については，インターネットから保守用中継サーバへのSSH接続が"許可"となっています。この期間が，第三者でも保守用中継サーバにSSH接続可能だった期間となります。「6月14日の7時0分から6月14日の9時30分まで」が正解となります。

設問に「何月何日の何時何分から何月何日の何時何分までか」と問われているため，

7時0分の「0分」や，9時30分までの「6月14日の」についても省略せずに記述することに注意しましょう。

設問2(2)の解答

【IPA解答例】

(2) 6月14日の7時0分から6月14日の9時30分まで

設問3(1)の解説　知識問題

設問3　〔セキュリティインシデントの再発防止〕について，(1)～(4)に答えよ。

(1) 図5中の下線③について，パスフレーズを設定する目的を30字以内で具体的に述べよ。

下線③には「③鍵ペアの秘密鍵には，十分な強度のパスフレーズを設定する。」と記述されています。**パスフレーズ**とはパスワードの一種であり，10文字以上の文字列（フレーズ）を組み合わせて作るためパスフレーズと呼ばれています。秘密鍵にパスフレーズを設定した場合は，秘密鍵にアクセスするときにパスフレーズが必要となります。

以下にパスワードとパスフレーズの違いを挙げます。

	パスワード	パスフレーズ
構成	ひとつのワード	複数のワードの 組合せ文字列
文字数	少ない (10文字まで程度)	多い (数十文字程度)
空白文字	含められない	含められる
セキュリティ強度	低い	高い

悪意を持つ攻撃者が，パスフレーズを設定していない秘密鍵を不正利用した場合は，保守用中継サーバにSSH接続されてしまいます。秘密鍵にパスフレーズを設定している場合は，秘密鍵を不正利用しようとしても，パスフレーズを知らなければ秘密鍵にアクセスできないため，保守用中継サーバにSSH接続することはできません。し

たがって，パスフレーズを設定する目的は，「保守員以外が不正に秘密鍵を利用できないようにするため」や「秘密鍵が盗まれても悪用できないようにするため」などが解答となります。

設問3（1）の解答

【IPA 解答例】

(1) 保守員以外が不正に秘密鍵を利用できないようにするため (26 字)
　　秘密鍵が盗まれても悪用できないようにするため (22 字)

設問3（2）の解説　問題文のヒントから考える問題

(2) 図５中の［ d ］に入れる適切な字句を10字以内で答えよ。

SSH 接続に用いる公開鍵認証の初期登録手順に関する問題です。空欄［ d ］の前後には「SSH サーバの設定では，公開鍵認証を有効にするとともに，［ d ］を無効にする。」と記述されています。また，図５の前に，S 氏の提言として「保守用中継サーバ及び顧客管理サーバへの SSH 接続の認証方式を，パスワード認証から公開鍵認証に変更するというものである。」と記述されています。

SSH 接続の認証方式には，パスワード認証方式と公開鍵認証方式の２種類があり，S 氏の提言より，「パスワード認証方式」から「公開鍵認証方式」に変更しようとしていることが分かります。SSH サーバの設定で，認証方式を公開鍵認証だけ有効にする場合は，パスワード認証を無効にする必要があります。したがって，［ d ］には，「パスワード認証」が入ります。

パスワード認証方式と公開鍵認証方式については，この後の「学習ポイント① SSH 接続を理解する」を参照してください。

設問3（2）の解答

【IPA 解答例】

(2) d：パスワード認証（7 字）

設問3（3）の解説　問題文のヒントから考える問題

（3）本文中の[e]に入れる適切な字句を5字以内で答えよ。

空欄[e]の前後には，S氏の発言として「万一，保守用中継サーバが不正アクセスされた場合を想定して，顧客管理サーバへのSSH接続に必要な[e]を利用されないように，保守用中継サーバに保存しない運用にしましょう。」と記述されています。

SSH接続の公開鍵認証方式では，クライアント側に秘密鍵，サーバ側に公開鍵を登録しておき，秘密鍵と公開鍵が正しいペアであるか確認することで認証を行います。したがって，保守用中継サーバから顧客管理サーバへSSH接続する場合は，保守用中継サーバ側に秘密鍵を，顧客管理サーバ側に公開鍵を登録しておく必要があります。このことより，[e]には「秘密鍵」が入ると判断できます。

SSH接続の公開鍵認証方式については，「学習ポイント① SSH接続を理解する」を参照してください。

さらにS氏は「SSH Agent Forwardingと呼ばれる機能を使うと，保守作業のSSH接続に必要な[e]の全てを保守PCにだけ保存する運用にできます。」と発言しています。この説明に記載のとおりSSH Agent Forwardingと呼ばれる機能を使用することで，SSH接続を多段階で行う場合の秘密鍵を各クライアントに登録せずに，クライアント1台だけに保存しておくことが可能となります。[e]には「秘密鍵」が入ります。

この設問は，知識問題のように見えますが，図5を確認することで解くことができます。

保守用中継サーバへのSSH接続に用いる公開鍵認証の初期登録手順
・公開鍵認証に使う鍵ペアは，各保守員が保守PCごとに作成し，管理する。
・③鍵ペアの秘密鍵には，十分な強度のパスフレーズを設定する。
・公開鍵は，J社のシステム管理者が保守用中継サーバに登録する。
・SSHサーバの設定では，公開鍵認証を有効にするとともに，[d]を無効にする。

図5　公開鍵認証の初期登録手順（抜粋）

SSH Agent Forwardingについては，「学習ポイント① SSH接続を理解する」を参照してください。

設問3(3)の解答

【IPA 解答例】

(3) e：秘密鍵（3字）

設問3 (4)の解説 知識問題

(4) 本文中の [f] に入れる適切な字句を20字以内で答えよ。

S氏の二つ目の提言，SSHの接続元の制限に関する問題です。空欄 [f] の前後に「Fさんは，保守PC-B及び保守PC-Cを，VPN装置を介して又は直接，M社内のネットワークに接続させた後に，インターネット経由で保守用中継サーバにアクセスさせることを考えた。このとき，[f] ことができれば，保守用中継サーバへのアクセスを表1の項番4のルールを変更することによって制限できる。」と記述されています。

最初に，Fさんが変更しようと考えている「表1の項番4のルール」について確認します。現在のルールは，送信元「インターネット」，宛先「保守用中継サーバ」，サービス「SSH」，動作は「拒否（ただし保守作業申請時間帯だけ，J社システム管理者が「許可」に変更する)」となっています。設問1 (3) の解説でも触れたように危険な運用を伴うルールとなっています。この「表1の項番4のルール」について，送信元を保守PC-B及び保守PC-Cだけに制限しようと考えています。

表 1　FW のフィルタリングルール

項番	送信元	宛先	サービス	動作	ログの記録
1	PC-LAN	インターネット	HTTP，HTTPS	許可	する
2	PC-LAN	サーバ LAN	HTTP，HTTPS，SMB	許可	する
3	b	保守用中継サーバ	SSH	許可	する
4	c	保守用中継サーバ	SSH	拒否[1]	する
5	保守用中継サーバ	顧客管理サーバ[2]	SSH	許可	する
6	DMZ	インターネット	全て	拒否	する
⋮	⋮	⋮	⋮	⋮	⋮
15	全て	全て	全て	拒否	しない

注記 1　項番が小さいルールから順に，最初に合致したルールが適用される。
注記 2　項番 7～14 には，保守用中継サーバ，DMZ，SSH に関するルールはない。
注[1]　保守 PC-B 又は保守 PC-C からの保守作業の際は，事前申請に記載された作業時間帯だけ，J 社のシステム管理者が“許可”に変更する。
[2]　複数台の顧客管理サーバそれぞれの IP アドレスが指定されている。

送信元を「インターネット」から「保守 PC-B 及び保守 PC-C」に変更するためには，送信元 IP アドレスは固定のグローバル IP アドレスからアクセスさせる必要があります。M 社側の送信元 IP アドレスを固定にすることができれば，保守用中継サーバへのアクセスを表 1 の項番 4 のルールを変更することによって制限が可能となります。 f には「送信元 IP アドレスを固定にする」などが入ります。

問題文には、「送信元 IP アドレスを固定にする」に関するヒントは記述されていないため，この設問は知識で答える問題といえます。

設問3(4)の解答

【IPA 解答例】

(4) f：送信元 IP アドレスを固定にする（15 字）

▶学習ポイント❶

SSH接続を理解する

ここではSSH接続について学習します。また，下記重要キーワードについて，説明できるように理解・暗記しましょう。

【重要キーワード】

- **SSH接続**
- **SSH接続の認証方式**
  - **パスワード認証方式**
  - **公開鍵認証方式**
- **SSH Agent Forwarding**

■ SSH接続

SSH（secure shell）とは、ネットワークを経由して別のコンピュータを遠隔操作するためのプロトコルです。通信経路が暗号化されるため、安全にアクセスすることができます。

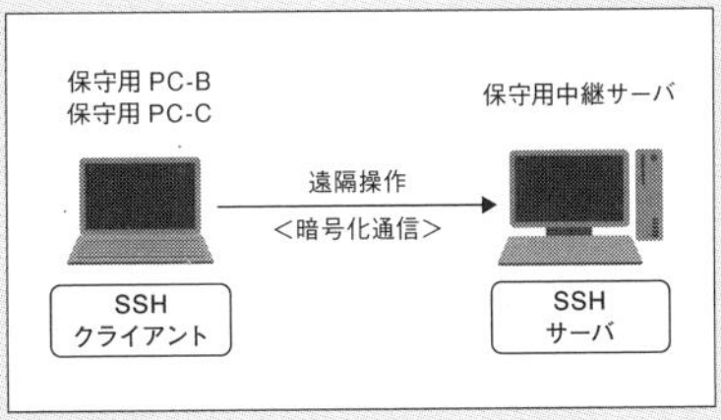

■ SSH接続の認証方式

SSH接続の認証方式には，「パスワード認証方式」と「公開鍵認証方式」の2種類があります。

・パスワード認証方式

サーバに登録されているパスワードでサーバにログインする認証方式です。簡単に推測されるパスワードの場合や，パスワードが流出した場合に不正ログインされる可能性があります。次に説明する公開鍵暗号方式を使用することで、不正ログインの可能性は低くなります。

・公開鍵認証方式

公開鍵認証方式とは、「秘密鍵」と「公開鍵」のペアを利用して認証する方式です。公開鍵認証方式による，SSH接続の流れを以下に示します。

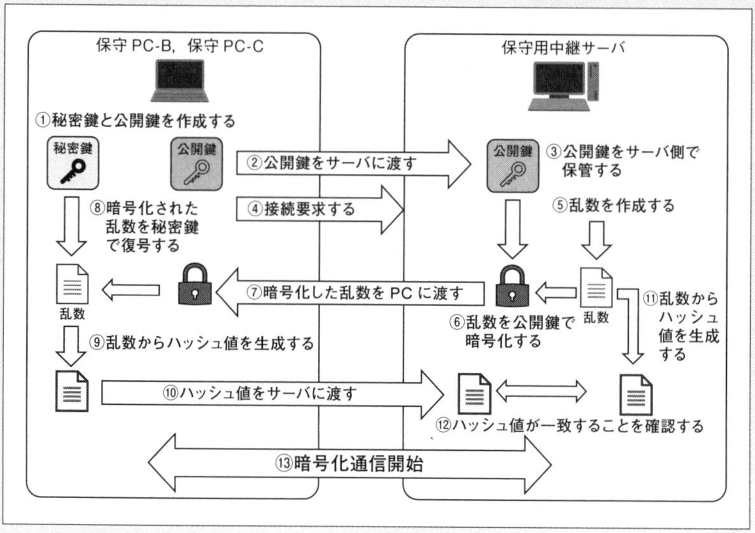

パソコン側で作成した秘密鍵と公開鍵を利用することで，サーバ側は，接続要求してきたPCが，正しい接続元PC（秘密鍵を作成したPC）だと判断して，認証を行います。

図の番号順に説明します。

①秘密鍵と公開鍵を作成する

秘密鍵と公開鍵は，PC側で作成します。秘密鍵は，鍵を作成したPCを証明するために使用するため，PC側で保管します。他のPCに渡してはいけません。

②公開鍵をサーバに渡す

SSH認証のサーバ側処理に使用するため，公開鍵を正しい手順でサーバへ渡します。

③公開鍵をサーバ側で保管する

PCから受け取った公開鍵はサーバ側で保管します。「⑥乱数を公開鍵で暗号化する」で使用します。

④接続要求する

ここからがPCからサーバへ接続する動作が始まります。

⑤乱数を作成する

項番⑪でハッシュ値を作成するための乱数をサーバ側で作成します。

⑥乱数を公開鍵で暗号化する

乱数をPC側に渡すためにPC側で作成した公開鍵で乱数の暗号化を行います。

⑦暗号化した乱数をPCに渡す

暗号化した乱数をPC側に渡します。

⑧暗号化された乱数を秘密鍵で復号する

サーバから渡された暗号化された乱数を復号します。PCで保持している秘密鍵と正しいペアの公開鍵で暗号化されている場合は，復号結果が暗号化前の元の乱数と一致するように正しく復号されます。

⑨乱数からハッシュ値を生成する（PC側）

サーバから受け取った乱数からハッシュ値を生成します。

⑩ハッシュ値をサーバに渡す

PC側で生成したハッシュ値をサーバへ渡します。

⑪乱数からハッシュ値を生成する（サーバ側）

PCから送り返されてきたハッシュ値がサーバ側で生成したハッシュ値と一致するか確認するために，サーバ側でも乱数からハッシュ値を生成します。

⑫ハッシュ値が一致することを確認する

PCから送り返されてきたハッシュ値とサーバ側で生成したハッシュ値が一致するか確認します。一致した場合は，接続要求のあったPCは，乱数を暗号化した公開鍵とペアの秘密鍵を保持しているPCのため，正しい接続要求元だと判断し認証OKとします。ハッシュ値が一致しない場合は，この接続要求は正しくないと判断し認証 NG とします。

⑬暗号化通信開始

認証 OK となった場合に，暗号化通信を開始します。

■ SSH Agent Forwarding

SSH Agent Forwarding とは，秘密鍵を接続要求元の PC1 台だけに保持した状態で，多段階の SSH 接続を実現する方式です。例えば，保守 PC から保守用中継サーバに SSH 接続を行い，さらに保守用中継サーバから顧客管理サーバへ SSH 接続する場合などに利用します。流出してはいけない秘密鍵を，他のサーバに渡さなくてよいメリットがあります。

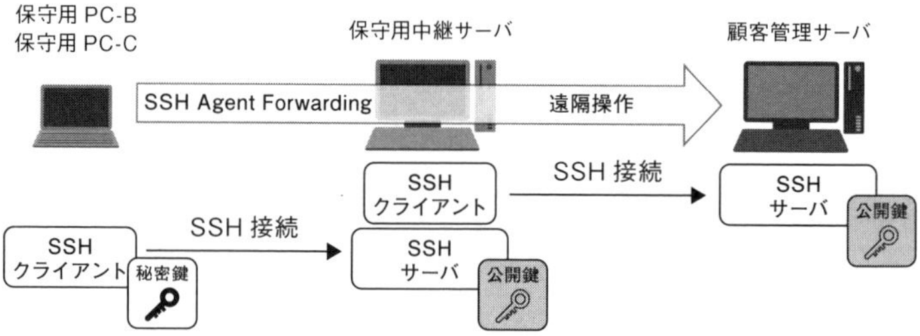

SSH Agent Forwarding を利用することで，秘密鍵を保守用 PC だけに保持した状態で，顧客管理サーバの遠隔操作が可能になる。

午後Ⅱ問題の徹底解説

午後Ⅱ 問2 工場のランサムウェア感染とその対策

工場のセキュリティに関する次の記述を読んで，設問１～７に答えよ。

A 社は，車両や産業用機械で利用される金属部品の製造会社であり，本社オフィスに加えて３か所の工場（以下，本社オフィス及び各工場をそれぞれ事業所という）をもつ。本社オフィスには，営業部，財務部，総務部，システム部などの部門が配置されている。各工場はそれぞれが独立した部門である。A 社は，各事業所内及び事業所間を結ぶ基幹ネットワーク（以下，A-NET という）を整備している。A-NET はシステム部が管理し，社内の機器の多くが接続されている。

A 社は，全社共通のセキュリティ規程を定めており，各部門はこれに従って機器を管理しなければならない。A-NET の概要を図１に，A 社のセキュリティ規程を図２に示す。

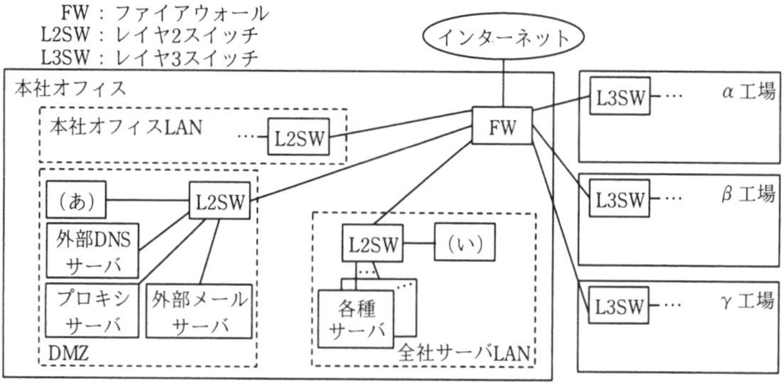

注記１　FW によって，各工場間での直接的な通信を禁止している。
注記２　各工場にはファイルサーバがあり，各工場の従業員が利用できる。

図１　A-NET の概要

1. A社が従業員に貸与するPC（以下，標準PCという）は，システム部が管理する。
2. システム部は，標準PCの仕様を定める。また，標準PCについて，セキュリティを維持するための措置を定める。この措置には，脆《ぜい》弱性修正プログラム（以下，パッチという）の適用及びマルウェア対策ソフトの導入が含まれる。
3. 各部門は，業務に必要なソフトウェア（以下，業務用ソフトという）を調達し，標準PCにインストールして利用することができる。ただし，その場合は，調達前にシステム部の許可を得る。また，当該部門は当該業務用ソフトを適切に管理する。
4. システム部は，A-NETについて，セキュリティ及びその他の不都合が生じないように管理・維持する責任と，そのための権限をもつ。

図2　A社のセキュリティ規程（抜粋）

5. 各部門は，標準PCとは別のPC及びその他の機器（以下，これらを併せて部門機器という）を調達し利用できる。
6. 各部門は，専用のネットワーク（以下，部門NETという）を構築し利用できる。
7. 各部門は，部門機器又は部門NETをA-NETに接続する場合，接続前にシステム部に申請し許可を得る。申請時には，次の事項を記した書面を提出する。
   - 接続の目的
   - 接続に必要な技術情報（必要なIPアドレスの数，想定される通信量，その他システム部が別途定めるもの）
   - 管理者と連絡先

図2　A社のセキュリティ規程（抜粋）（続き）

先日，同業のB社でセキュリティ事故が発生し，生産設備が数日停止した旨の記事が業界紙に掲載された。これまでのところ，A社では，同様の被害が生じた事故は起きていないが，以前から，セキュリティ面を深く考慮せずに拡張してきたA-NET及び部門NETについて抜本的な改善の必要性があるとの指摘が，システム管理を担う現場の技術者から出ている。

〔ランサムウェア感染〕

ある日，α工場において，設計部のSさんが利用する標準PC（以下，PC-Sという）の動作が極端に遅くなり，かつ，一部のファイルが開けなくなる事象が発生した。Sさんから連絡を受けたシステム部は，α工場において部門機器や業務用ソフトを管理するD主任と共同で，調査及び対処を行った。その内容を図3に示す。

1. システム部は，PC-S を A-NET から切断し回収した。
2. 社内から社外への通信を中継するプロキシサーバに記録されたログから，PC-S が，正体不明の宛先（以下，サイト U という）に，①User-Agent ヘッダフィールドの値が“curl/7.64.0”の HTTP リクエストを繰り返し送信していることが確認された。
3. PC-S 上，及び PC-S がアクセス可能なファイルサーバ上のファイルのうち一部のファイルが暗号化されてしまい，幾つかの実行中のプロセスがエラーメッセージをログに出力していた。
4. S さんへのヒアリングと PC-S 及びプロキシサーバに記録されたログの解析から，次のことが分かった。
   (1) S さんは，α 工場で使用している CAD ツール（以下，CAD-V という）の有償オプション機能の広告を電子メール（以下，メールという）で受信した。その本文に記載されていた URL リンクをクリックし，CAD-V 用のサンプルファイル（以下，ファイル T という）をダウンロードした。
   (2) S さんは，CAD-V を用いて，ファイル T を開いた。
   (3) すぐに，PC-S がサイト U に最初の通信を行った。
   (4) 30 分後，S さんは PC-S の異常に気付いた。

図 3　調査及び対処の内容

5. マルウェア対策ソフトのベンダにファイル T の解析を依頼したところ，ファイル T は，次の特徴をもつランサムウェアであることが分かった。
   (1) CAD-V の脆弱性を悪用し動作する。CAD-V でファイル T が開かれた場合，CAD-V を実行している利用者の権限で書込み可能なファイルのうち一部のファイルを暗号化する。また，サイト U にアクセスし，ランサムウェアが動作した機器の環境や暗号化の状況についての情報を登録する。
   (2) 攻撃者が遠隔操作を行うための機能はない。
   (3) 感染を拡大する機能はあるが，感染拡大に必要な一定の条件（以下，条件 V という）を満たす場合にだけ機能し，感染力は弱い。
6. α 工場には条件 V を全て満たす機器はない。ただし，条件 V を一部満たす機器は存在し，PC-S から 5 台の機器への感染拡大の試行の痕跡が見つかった。
7. CAD-V の脆弱性情報及びその対策である [a] は CAD-V の開発元によって公開されていたが，α 工場はそれらの情報を得ていなかった。
8. マルウェア対策ソフトのベンダから，ファイル T の検知ツールを入手し，社内のほかの全 PC を検査した。その結果，PC-S 以外に感染はなかった。
9. 前項までの状況から，次の実施をもって本件の対処を終えることにした。
   (1) PC-S は [b] する。
   (2) ファイルサーバ上の暗号化されてしまったファイルはバックアップから復元する。
   (3) PC-S に，業務用ソフトをインストールする。
   (4) PC-S 上に必要なファイルは，バックアップから復元する。
   (5) CAD-V がインストールされた全ての PC について，CAD-V の開発元が公開した脆弱性対策を実施する。
   (6) ファイル T を配布していた Web サイト，及び [c] に対する社内からのアクセスを FW によって遮断する。
   (7) 全従業員に対して，次の事項についての通知及び注意喚起を行う。
      A) ランサムウェアの感染があったこと（CAD-V の名称，バージョン情報を含む）
      B) 広告などに偽装したメールを用いて攻撃が行われる場合があること
      C) インターネットからダウンロードしたファイルは危険であること
   (8) PC-S を S さんに返却し，S さんが PC-S の利用を再開する。

図 3　調査及び対処の内容（続き）

図３中の６について，感染拡大の試行の痕跡が見つかったのは，いずれも生産設備を制御するための専用PC（以下，FA端末という）だった。FA端末は，α工場が管理する部門機器としてA-NETへの接続が許可されていた。FA端末には，パッチの適用やマルウェア対策ソフトの導入などの，セキュリティを維持するための措置が施されていなかった。D主任によると，FA端末は標準PCではないので，セキュリティ規程で定められた標準PCに対する措置は適用対象外と理解しているとのことであった。また，FA端末は，汎用OSを用いたPCであるが，FA端末及び生産設備の製造ベンダY社の指定する方法で利用しなければならない。Y社の許可を得ずにパッチを適用したり，他社のソフトウェアをFA端末にインストールしたりした場合は，FA端末及び関係する生産設備の動作が保証されなくなるとのことであった。

〔見直し実施の方針〕

今回のランサムウェア感染では，生産設備の停止などの重大な事態に陥ることはなかった。しかしA社の経営陣は，実害があったこと，生産設備に影響する可能性があったこと，及びB社でセキュリティ事故があったことを踏まえ，工場のセキュリティについて抜本的な見直しを行う方針を決定した。

経営陣は，システム部のM部長をこの抜本的な見直しのプロジェクト（以下，プロジェクトWという）の責任者に任命した。プロジェクトWは，サイバー攻撃などによる生産設備の停止を防ぐことを目的とし，必要な施策を検討して実施する。例えば，A-NETで障害が発生しても生産設備の稼働を維持できるようにする。

〔プロジェクトWの進め方〕

M部長は，まず，α工場の課題を調査して，必要な措置を検討し，ほかの工場は，α工場の結果を基に，進め方を検討することにした。

M部長は，システム部のCさんをプロジェクトWの担当者に指名した。また，情報セキュリティの知見が少ないA社の現状を踏まえ，セキュリティコンサルティングサービスを提供するE社の支援を受けることにした。

次は，Cさんと，E社の情報処理安全確保支援士（登録セキスペ）のF氏との会話である。

Cさん　：プロジェクトWでは，ランサムウェアに限らず，例えば，B社で発生したようなセキュリティ事故を確実に防ぎたいと考えています。

F氏　：B社のセキュリティ事故は，APT（Advanced Persistent Threat）攻撃を受け，社内のPCが遠隔操作型のマルウェアに感染したことが発端でした。

Cさん　：APT攻撃の事例はよく耳にします。具体的には何が起こるのでしょうか。

F氏　　：APT攻撃の典型的なステップを表1にまとめました。

表1　APT攻撃の典型的なステップ

番号	ステップ	攻撃者の活動
1	偵察	攻撃者は，攻撃対象とする組織（以下，ターゲット組織という）を調査する。ターゲット組織のWebサイト，従業員のメールアドレスや社会的関係などを調べる。
2	武器化	攻撃者は，攻撃に用いる武器を準備する。ターゲット組織に合わせて，遠隔操作機能をもつマルウェアを作成する。侵入を成功させるために，正常な［ d ］に偽装した“おとりファイル”を作成する場合もある。
3	配送	攻撃者は，作成したマルウェアをターゲット組織に配送する。例えば，マルウェアを添付したメールを特定の従業員に送付する。
4	エクスプロイト	攻撃者は，ターゲット組織内の機器でマルウェアを実行させる。例えば，OSやアプリケーションプログラムの脆弱性を悪用してマルウェアを実行させる。
5	インストール	攻撃者は，ターゲット組織の機器にマルウェアをインストールする。当該機器に［ e ］を設置することによって，長期にわたり侵入を継続できるようにする場合もある。
6	コマンドとコントロール	マルウェアは，インターネット上に設置された攻撃者のサーバと通信して，［ f ］を受け取り，それに従って動作する。
7	目的の実行	攻撃者は，攻撃の目的を果たすための活動を開始する。データの窃取，破壊，改ざんなどを行う。侵入された機器を踏み台とし，侵入を拡大するための活動を行う場合もある。

〔調査結果〕

Cさんは，F氏の支援の下，α工場の課題を調査した。α工場のネットワークの概要を図4に示す。

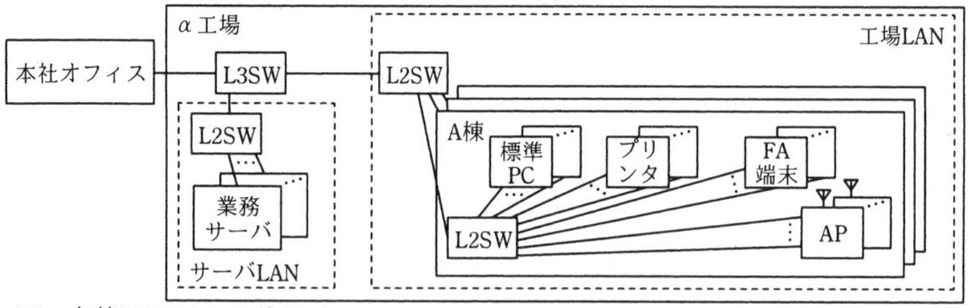

AP：無線LANアクセスポイント
注記1　サーバLAN及び工場LANはA-NETの一部である。ただし，FA端末は部門機器である。
注記2　サーバLANは，α工場内だけで利用するサーバを接続するためのネットワークである。
注記3　FA端末には生産設備が接続されている。当該生産設備の記載は省略している。
注記4　APは，主に，出張でα工場を訪れた他事業所の従業員の標準PCの接続に使用する。
注記5　α工場にはA-NETに接続していない部門NETがある。その記載は省略している。

図4　α工場のネットワークの概要

調査によって発見された主要な課題を次に示す。

課題1　FA端末には，パッチの適用もマルウェア対策ソフトの導入もしていない。それにもかかわらず，複数のFA端末がA-NETに接続されている。

課題2　APは，接続を許可する機器をMACアドレス認証によって制限している。パスワードやディジタル証明書を利用した認証は行っていない。APの近くから，攻撃者が［ g ］することで［ h ］を入手し，この値を使用することで容易にAPに接続できてしまう。

課題3　工場内で使われる機器は，標準PC及びFA端末も含め，業務用ソフトなどの脆弱性管理が不十分である。公開されている脆弱性情報が確認されておらず，パッチが適用されていない機器が多い。セキュリティ規程に脆弱性管理についての具体的な言及がなく，どこまで管理するかを各部門に任せている。

Cさんと F氏は，システム部及びα工場の関係者に，発見された課題がもたらすリスクを説明し，解決の必要性について理解を得た。その上で，課題の解決に向けて検討を開始した。

〔課題1の解決〕

D主任によると，FA端末をA-NETに接続していたのは，次の二つの目的のためである。

- 生産に関わるデータを，FA端末から取り出して業務サーバに登録したり，プリンタで印刷したりするため。これらの作業は毎日，1時間に1回以上ある。
- FA端末のメンテナンスや設計データの更新の際に，A-NET経由でFA端末に当該データの転送を行うため。これらの作業は，多くても月に数回程度である。

Cさんと F氏はD主任と協議を重ね，ネットワーク構成を見直すことで課題1の解決を図ることにした。見直し案におけるα工場のネットワークを表2及び図5に示す。

表2　見直し案におけるα工場の各ネットワーク（抜粋）

名称	説明
事務 LAN	事務などのデスクワークに利用するネットワークであり，A-NET の一部として管理する。主に標準 PC やプリンタを接続する。AP を設置する。許可を受けた機器は無線で接続できる。
F-NET	α工場において，FA 端末，プリンタ，その他の生産設備に関係する機器だけを接続する部門 NET である。F-NET と A-NET の接続の有無及び接続する場合の形態は別途検討する。
センサ NET	α工場では，一部の生産設備に IoT センサ（以下，センサという）を取り付けて，設備の監視などに役立てる実証実験をクラウドサービス事業者の Z 社と進めている。センサ NET をこのための部門 NET として新設する。センサが収集したデータは，センサ NET 経由で，Z 社のクラウドサービスに登録する。α工場の担当者は，Z 社のクラウドサービスにアクセスし，設備の状況を把握できる。センサの不具合が生産設備に直接影響を与えることはない。

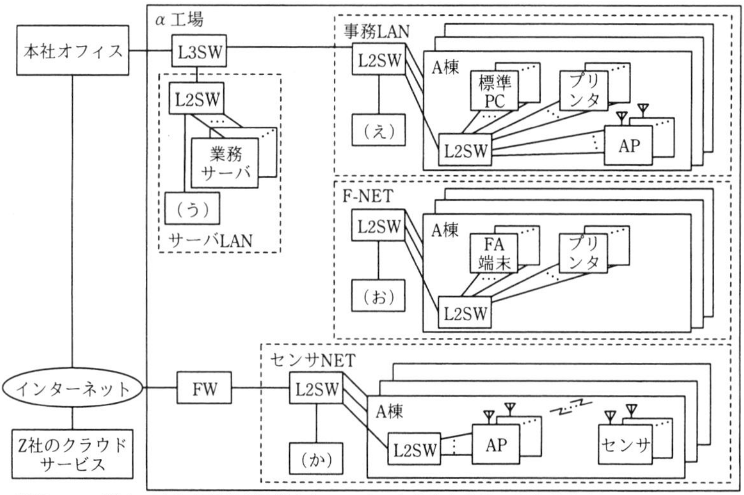

注記１　FA 端末には生産設備が接続されている。当該生産設備の記載は省略している。
注記２　FA 端末から業務サーバにデータを転送する仕組みは検討中である。
注記３　一部の部門 NET の記載は省略している。

図5　見直し案におけるα工場のネットワーク

FA 端末から業務サーバにデータを安全に転送するための仕組みの候補を表 3 に，それぞれの仕組みについての評価結果を表 4 に示す。

表 3　FA 端末から業務サーバにデータを安全に転送するための仕組みの候補（概要）

名称	説明
FW 方式	F-NET と L3SW の間にステートフルパケットインスペクション型 FW を設置し，F-NET 側から A-NET 側へのアクセス及びこの応答に相当する通信だけを中継する。A-NET 側から F-NET 側にアクセスする通信は全て遮断する。データは，スクリプトを用いて，自動的に業務サーバに転送し登録する。
USB メモリ方式	F-NET と A-NET は物理的に接続せず，USB メモリを用いてデータを転送する。担当者は，必要時に，USB メモリを FA 端末に接続してデータを書き込んだ後，USB メモリを FA 端末から取り外す。その後，A-NET に接続した標準 PC にこの USB メモリを接続し，書き込んだデータを取り出して業務サーバに登録する。
中継用 PC 方式	事務 LAN と F-NET の間にデータ転送用の PC（以下，中継用 PC という）を設置し，中継用 PC を用いてデータを転送する。担当者は，必要時に，FA 端末を操作し，データを F-NET 側から中継用 PC の内蔵ストレージにコピーする。その後，中継用 PC にリモートログインし，中継用 PC を操作してデータを業務サーバに登録する。中継用 PC は，接続した両ネットワーク間でパケットを転送する機能をもたない。
データダイオード方式	データダイオードは，二つの接続点間において，片方向だけデータを転送する機能をもつネットワーク機器である。F-NET と L3SW に接続し，F-NET 側から A-NET 側へのデータの転送を許可し，逆方向は全ての通信を遮断する。データダイオードの実装例として，機器内部に光通信を行う部位を設け，データが片方向しか流れないことを物理的に保証するものがある。また，一部の通信プロトコルについて，通信をエミュレートする機能 1)をもち，あたかも二つのネットワークが接続しているように見せることができる。データは，スクリプトを用いて，自動的に業務サーバに転送し登録する。

注 1)　通信プロトコルに従いデータが双方向に流れているように偽装するが，一方向への情報転送は完全に遮断する機能のこと

表 4　それぞれの仕組みについての評価結果（抜粋）

<table>
<tr><th>方式</th><th>運用時の人的作業負荷</th><th>データ転送の即時性</th><th>セキュリティ（マルウェア感染）1)</th></tr>
<tr><td>FW 方式</td><td>○</td><td colspan="2">i</td></tr>
<tr><td>USB メモリ方式</td><td>×</td><td>△</td><td>△</td></tr>
<tr><td>中継用 PC 方式</td><td>△</td><td colspan="2">j</td></tr>
<tr><td>データダイオード方式</td><td>○</td><td colspan="2">k</td></tr>
</table>

注記　各評価項目を 3 段階で評価。より好ましい特徴をもつものから順に“○”，“△”，“×”とする。ここで，明らかに解決すべき重大な問題があると考えられるものは“×”とする。

注 1)　F-NET に接続された機器が，A-NET 経由でマルウェアに感染するリスクを評価する。

C さんと D 主任は，評価の結果，方式を一つ選択した。

また，逆方向の A-NET 側から FA 端末へのデータ転送は，USB メモリを利用して行うことにした。α 工場の F-NET 管理担当者は，A-NET に接続した標準 PC に USB メモリを接続して必要なデータをコピーし，その後，②その USB メモリを FA 端末に接続してデータの更新などの作業を行う。FA 端末のメンテナンスの場合，データの

更新をY社が行う場合もある。その場合，Y社の担当者は，メンテナンスデータを格納したUSBメモリを持参し，α工場のF-NET管理担当者の監督の下，③そのUSBメモリをFA端末に接続して作業する。

〔課題2の解決〕

課題2の解決のため，今後は，APでの機器の認証方式として，WPA2エンタープライズ方式を採用することにした。同方式において必要となる認証サーバは，事務LAN用とセンサNET用をそれぞれ設置する。このうち，前者は全社で共用のサーバとし，システム部が管理する。後者はα工場が管理する。

〔課題3の解決〕

Cさんは，M部長と相談し，今後は，システム部が工場内で使われる機器について脆弱性管理を指導することにした。具体的には，システム部が脆弱性管理のプロセスを規定し，各部門に順守してもらうことにした。Cさんが考えた脆弱性管理のプロセスの案を表5に示す。

表5　脆弱性管理のプロセスの案

番号	プロセス	内容
1	情報収集	利用しているハードウェア及びソフトウェアについて脆弱性情報を入手する。
2	深刻度評価	入手した脆弱性情報について④その時点での自社にとっての深刻度を評価する。
3	措置の実施	深刻度評価の結果に従い，⑤適切と考えられる措置を実施する。
4	状況管理	（省略）

脆弱性管理のプロセスは，将来，A社のセキュリティ規程に取り入れる。

〔セキュリティ規程の見直し〕

α工場の調査によって複数の課題が見つかったことから，現行のセキュリティ規程には改善すべき点があると考えられた。M部長は，セキュリティ規程の改定の検討をCさんに指示した。

Cさんは，これまでFA端末をA-NETに接続してきた経緯を踏まえ，セキュリティ規程に次の項目を追加することを考えた。

・各部門は，部門機器及び部門NETを適切に管理・維持するための措置を定める。
・各部門は，部門機器又は部門NETをA-NETに接続するための申請を行う前に，当該接続についてリスクアセスメントを実施する。

・システム部は，各部門が上記の作業を行う際に，これを支援する。

Cさんが項目の追加についてF氏に相談したところ，F氏は，追加する項目に合わせて，図2中の7について⑥申請時に書面に記す事項を追加することを提案した。

また，Cさんは，APへの接続制限の方法，及び業務用ソフトの脆弱性管理に不備があったことを考慮し，セキュリティに関わる施策の実施状況及びその効果を定期的に見直すプロセスをセキュリティ規程に明記することを考えた。

Cさんは，セキュリティ規程の修正案を作成し，M部長に提示した。M部長は修正案を経営会議に提出し承認を得た。

〔施策の実施〕

課題の解決のために検討された施策が実施され，大きな効果が得られた。そこで，α工場以外の工場についても調査が開始された。

設問1 〔ランサムウェア感染〕について，(1)～(4)に答えよ。

(1) 図3中の下線①について，ログに記録されたUser-Agentヘッダフィールドの値からはマルウェアによる通信であると判定するのが難しいケースがある。それはどのようなケースか。50字以内で述べよ。

(2) 図3中の[a]に入れる適切な字句を，解答群の中から選び，記号で答えよ。

解答群

ア 共通脆弱性識別子　イ コモンクライテリア
ウ ディジタル証明書　エ パッチ
オ ファイル復号鍵

(3) 図3中の[b]に入れる適切な字句を，解答群の中から選び，記号で答えよ。

解答群

ア 初期化　イ 内蔵ストレージをUSBメモリにコピー
ウ 内蔵ストレージを暗号化　エ ネットワークから切断
オ メモリをダンプ

(4) 図3中の[c]に入れる適切な字句を，10字以内で答えよ。

設問2 〔プロジェクトWの進め方〕について，(1)，(2) に答えよ。

(1) 表1中の [d] ～ [f] に入れる適切な字句を，解答群の中から選び，記号で答えよ。

解答群

ア APT　　イ IoT端末
ウ 鍵ペア　　エ 検体のシグネチャ
オ 攻撃者の指示　　カ ドキュメント
キ バックドア　　ク フィッシング
ケ ランサムウェア

(2) 次に挙げる活動は，表1中のどのステップに該当するか。該当するステップを，それぞれ表1中の番号で答えよ。

活動1：SNSを調べて，ターゲット組織の従業員の専門性や趣味嗜《し》好の情報を得る。

活動2：ターゲット組織内のファイルサーバにアクセスし，ターゲット組織の秘密情報を盗む。

活動3：マルウェアを組み込んだUSBメモリを，ターゲット組織の建物の入り口付近に置いておく。

設問3 本文中の [g] ，[h] に入れる適切な字句を，それぞれ10字以内で答えよ。

設問4 〔課題1の解決〕について，(1) ～ (3) に答えよ。

(1) 見直し案において，FA端末が表1のAPT攻撃を受け，表1中の番号5のステップまでが成功したと想定した場合，番号6以降のステップでのデータダイオード方式のセキュリティ上の効果は何か。25字以内で具体的に述べよ。

(2) 表4中の [i] ～ [k] に入れる適切なものを，解答群の中から選び，記号で答えよ。解答は重複してはならない。

解答群

	データ転送の即時性	セキュリティ（マルウェア感染）
ア	○	○
イ	○	△
ウ	△	×

(3) 本文中の下線②及び下線③について，FA端末のマルウェア感染のリスクを低下させるために共通して接続前に行うべき措置は何か。30字以内で具体的に述べよ。

設問5 〔課題2の解決〕について，(1)，(2) に答えよ。

(1) 事務LAN用，センサNET用の認証サーバはどこに設置するのが適切か。それぞれ図1中の(あ)，(い)及び図5中の(う)～(か)から選び，記号で答えよ。

(2) APへの不正接続を考慮した場合，図5のネットワーク構成は図4に比べ，プロジェクトWの目的の達成の面で優れている。図5が優れていると考えられる点及びその理由について，FA端末から業務サーバにデータを安全に転送するための仕組みを導入しなかった場合を想定し，60字以内で具体的に述べよ。

設問6 〔課題3の解決〕について，(1)，(2) に答えよ。

(1) 表5中の下線④について，この値はどれか。解答群の中から選び，記号で答えよ。

解答群

ア CVE	イ CVSS環境値	ウ CVSS基本値
エ CVSS現状値	オ CWE	

(2) 表5中の下線⑤について，図5中の業務サーバのソフトウェアにネットワーク経由での遠隔操作につながる可能性がある深刻度の高い脆弱性が見つかった場合に，A-NETへの被害を防ぐために適切と考えられる措置の例を二つ挙げ，それぞれ25字以内で具体的に述べよ。

設問7 〔セキュリティ規程の見直し〕について，(1)，(2) に答えよ。

(1) 図4中の工場LAN，標準PC及びFA端末，並びに図5中の事務LAN，F-NET，センサNET，標準PC及びFA端末は，図2のセキュリティ規程に従うと，それぞれどの部門が管理を担うことになるか。適切な部門を解答群の中から選び，記号で答えよ。

解答群

ア α工場	イ 営業部	ウ 財務部
エ システム部	オ 総務部	

(2) 本文中の下線⑥について，追加すべき事項を二つ挙げ，本文中の用語を用いて，それぞれ20字以内で具体的に述べよ。

第2章 午後II問題編

令和元年秋 午後II・問2

問題文の読み方

「問題文の読み方」では，下記項目について解説します。

- 問題文の読み方
- マークしておくべきポイント

解答についての詳しい解説は，後の「問題の詳細解説」を参照してください。
それでは，問題文と設問を一緒に読んでいきましょう。

対象企業の説明，対象システムのネットワーク構成

A社は，車両や産業用機械で利用される金属部品の製造会社であり，本社オフィスに加えて3か所の工場（以下，本社オフィス及び各工場をそれぞれ事業所という）をもつ。本社オフィスには，営業部，財務部，総務部，システム部などの部門が配置されている。各工場はそれぞれが独立した部門である。A社は，各事業所内及び事業所間を結ぶ基幹ネットワーク（以下，A-NETという）を整備している。A-NETはシステム部が管理し，社内の機器の多くが接続されている。

A社は，全社共通のセキュリティ規程を定めており，各部門はこれに従って機器を管理しなければならない。A-NETの概要を図1に，A社のセキュリティ規程を図2に示す。

A社

会社や人物は最初に登場した箇所をメモして把握する！

問題文固有の略称に注意！

規則の強い表現に注意！

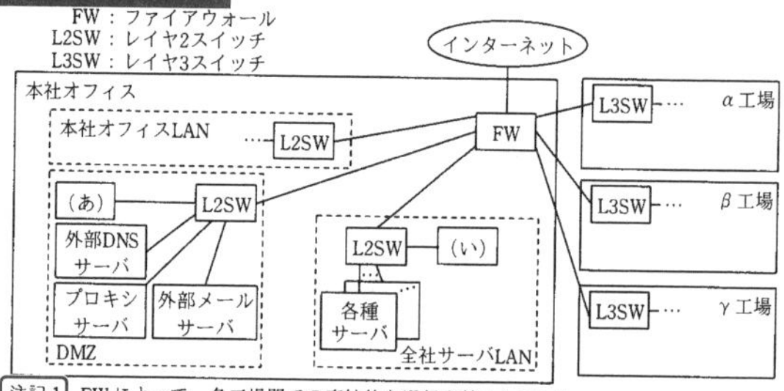

注記1　FWによって，各工場間での直接的な通信を禁止している。
注記2　各工場にはファイルサーバがあり，各工場の従業員が利用できる。

図1　A-NETの概要

注記は注意！

最初に問題文冒頭部分を読みましょう。以下のことが記載されています。

・対象企業の規模，業種
・システム概要
・対象システムのネットワーク構成

問題に登場する会社名や人物は，初回登場時に欄外にメモ書きしておきましょう。特に午後Ⅱ問題では登場する会社が複数となり，登場人物も多くなるため，会社や人物が初登場した個所を把握できるよう欄外にメモしておきましょう。

問題文固有の略称にも注意しましょう。（以下，A-NETという）ように略号が記載されている場合は，問題文中に繰り返し登場する，設問に関係すると考えてマークしておきましょう。

「管理しなければならない。」という，**規則の強い表現は要注意**です。強い表現の場合は，「各部門はこれに従って機器を管理しなければならない（けれど管理できていなくて問題があるから設問で問われるな）。」と解釈して，マークしておきましょう。

図の注記には注意しましょう。注記に記載があることは，設問に関係があると考えてマークをして読み進めましょう。

全体を把握する

次に，問題文全体をざっと見て，全体構成を把握しましょう。

午後Ⅱ試験問題文は，午後Ⅰ試験問題文の約2倍のページ数があります。この問題は問題文だけで10ページあります。何度も読み返すことなく効率よく問題を解くためには，問題文の全体構成を把握することが大切です。

以下のように図や表と見出しを確認しましょう。

・ネットワーク構成図があること
・図2にA社のセキュリティ規定があること
・見出し一つ目が〔ランサムウェア感染〕であること
・図3に調査及び対処の内容があること
・見出し二つ目が〔見直し実施の方針〕であること
・見出し三つ目が〔プロジェクトWの進め方〕であること
・表1にAPT攻撃の典型的なステップがあること
・見出し四つ目が〔調査結果〕であること

- 図4にα工場のネットワーク構成図があること
- 課題1，2，3があること
- 見出し五つ目が〔課題1の解決〕であること
- 表2に見直し案におけるα工場の各ネットワークがあること
- 図5に見直し案におけるα工場のネットワークがあること
- 表3にFA端末から業務サーバにデータを安全に転送するための仕組みの候補があること
- 表4にそれぞれの仕組みについての評価結果があること
- 見出し六つ目が〔課題2の解決〕であること
- 見出し七つ目が〔課題3の解決〕であること
- 見出し八つ目が〔セキュリティ規定の見直し〕であること
- 表5に脆弱性管理のプロセスの案があること
- 見出し九つ目が〔施策の実施〕であること

引き続き設問にもざっと目を通します。

これら全体をみて，この問題は，ランサムウェア感染をきっかけにネットワークの課題を解決するストーリーだなと把握しましょう。

学習を続けるにつれて，問題全体をざっと見るだけで「何に関する問題か」「自分の得意分野か不得意分野か」等の問題のパターンが見えてきます。練習を続けましょう。ここまでの作業は実際の試験では，解答する問題を選択するタイミングで行います。過去問を解くときも本番試験と同様に全体を把握する練習をしましょう。

A社のセキュリティ規程

1. A社が従業員に貸与するPC（以下，標準PCという）は，システム部が管理する。
2. システム部は，標準PCの仕様を定める。また，標準PCについて，セキュリティを維持するための措置を定める。この措置には，脆《ぜい》弱性修正プログラム（以下，パッチという）の適用及びマルウェア対策ソフトの導入が含まれる。
3. 各部門は，業務に必要なソフトウェア（以下，業務用ソフトという）を調達し，標準PCにインストールして利用することができる。ただし，その場合は，調達前にシステム部の許可を得る。また，当該部門は当該業務用ソフトを適切に管理する。
4. システム部は，A-NETについて，セキュリティ及びその他の不都合が生じないように管理・維持する責任と，そのための権限をもつ。

図2　A社のセキュリティ規程（抜粋）

5. 各部門は，標準 PC とは別の PC 及びその他の機器（以下，これらを併せて部門機器という）を調達し利用できる。
6. 各部門は，専用のネットワーク（以下，部門 NET という）を構築し利用できる。
7. 各部門は，部門機器又は部門 NET を A-NET に接続する場合，接続前にシステム部に申請し許可を得る。申請時には，次の事項を記した書面を提出する。
  ・接続の目的
  ・接続に必要な技術情報（必要な IP アドレスの数，想定される通信量，その他システム部が別途定めるもの）
  ・管理者と連絡先

図 2　A 社のセキュリティ規程（抜粋）（続き）

先日，同業のB社でセキュリティ事故が発生し，生産設備が数日停止した旨の記事が業界紙に掲載された。これまでのところ，A 社では，同様の被害が生じた事故は起きていないが，以前から，セキュリティ面を深く考慮せずに拡張してきた A-NET 及び部門 NET について抜本的な改善の必要性があるとの指摘が，システム管理を担う現場の技術者から出ている。

会社名は最初に登場した箇所をメモして把握する！

B社

★

注意すべき点は目立つようにマークする！

図2には，A社のセキュリティ規程が記載されています。現時点ではどの規程が直接設問に関連するか分かりませんが，設問に答える前提条件が書かれていると考えて読みましょう。

特に以下の記載については，設問で問われやすいと考えてマークしましょう。

・システム部と各部門の役割分担
・管理すること
・責任と権限
・利用できること
・許可を得ること

図2の下に「抜本的な改善の必要性があるとの指摘が」と記載されています。問題点や注意すべき点については，★印など目立つようにマークしておきましょう。

▶〔ランサムウェア感染〕調査及び対処

人物は最初に登場した箇所をメモして把握する！

〔ランサムウェア感染〕

ある日，α工場において，設計部のSさんが利用する標準PC（以下，PC-Sという）の動作が極端に遅くなり，かつ，一部のファイルが開けなくなる事象が発生した。Sさんから連絡を受けたシステム部は，α工場において部門機器や業務用ソフトを管理するD主任と共同で，調査及び対処を行った。その内容を図3に示す。

Sさん

D主任

1. システム部は，PC-SをA-NETから切断し回収した。
2. 社内から社外への通信を中継するプロキシサーバに記録されたログから，PC-Sが，正体不明の宛先（以下，サイト Uという）に，①User-Agent ヘッダフィールドの値が“curl/7.64.0”のHTTPリクエストを繰り返し送信していることが確認された。
3. PC-S上，及びPC-Sがアクセス可能なファイルサーバ上のファイルのうち一部のファイルが暗号化されてしまい，幾つかの実行中のプロセスがエラーメッセージをログに出力していた。
4. Sさんへのヒアリングと PC-S 及びプロキシサーバに記録されたログの解析から，次のことが分かった。
   (1) Sさんは，α工場で使用しているCADツール（以下，CAD-Vという）の有償オプション機能の広告を電子メール（以下，メールという）で受信した。その本文に記載されていたURLリンクをクリックし，CAD-V用のサンプルファイル（以下，ファイルTという）をダウンロードした。
   (2) Sさんは，CAD-Vを用いて，ファイルTを開いた。
   (3) すぐに，PC-SがサイトUに最初の通信を行った。
   (4) 30分後，SさんはPC-Sの異常に気付いた。

図3　調査及び対処の内容

設問1(1)

問題文と設問の対応をメモする！

5. マルウェア対策ソフトのベンダにファイル T の解析を依頼したところ，ファイル T は，次の特徴をもつランサムウェアであることが分かった。
   (1) CAD-V の脆弱性を悪用し動作する。CAD-V でファイル T が開かれた場合，CAD-V を実行している利用者の権限で書込み可能なファイルのうち一部のファイルを暗号化する。また，サイト U にアクセスし，ランサムウェアが動作した機器の環境や暗号化の状況についての情報を登録する。
   (2) 攻撃者が遠隔操作を行うための機能はない。
   (3) 感染を拡大する機能はあるが，感染拡大に必要な一定の条件（以下，条件 V という）を満たす場合にだけ機能し，感染力は弱い。
6. α工場には条件 V を全て満たす機器はない。ただし，条件 V を一部満たす機器は存在し，PC-S から 5 台の機器への感染拡大の試行の痕跡が見つかった。
7. CAD-V の脆弱性情報及びその対策である［ a ］は CAD-V の開発元によって公開されていたが，α工場はそれらの情報を得ていなかった。
8. マルウェア対策ソフトのベンダから，ファイル T の検知ツールを入手し，社内のほかの全 PC を検査した。その結果，PC-S 以外に感染はなかった。
9. 前項までの状況から，次の実施をもって本件の対処を終えることにした。
   (1) PC-S は［ b ］する。
   (2) ファイルサーバ上の暗号化されてしまったファイルはバックアップから復元する。
   (3) PC-S に，業務用ソフトをインストールする。
   (4) PC-S 上に必要なファイルは，バックアップから復元する。
   (5) CAD-V がインストールされた全ての PC について，CAD-V の開発元が公開した脆弱性対策を実施する。
   (6) ファイル T を配布していた Web サイト，及び［ c ］に対する社内からのアクセスを FW によって遮断する。
   (7) 全従業員に対して，次の事項についての通知及び注意喚起を行う。
      A) ランサムウェアの感染があったこと（CAD-V の名称，バージョン情報を含む）
      B) 広告などに偽装したメールを用いて攻撃が行われる場合があること
      C) インターネットからダウンロードしたファイルは危険であること
   (8) PC-S を S さんに返却し，S さんが PC-S の利用を再開する。

図 3 調査及び対処の内容（続き）

問題文と設問の対応をメモする！解答が解れば，解答もメモする！

設問1(2) バッチ

設問1(3)

設問1(4)

いつものように，問題に登場する会社名や人物は，最初に登場したときに欄外にメモ書きしておきましょう。「PC-S」や「サイト U」「ファイル T」などの固有名称は設問で問われると考えて，マークしておきましょう。

下線①は設問 1(1)に対応しています。欄外に「設問 1(1)」とメモしておきましょう。同様に［ a ］は設問 1 (2)，［ b ］は設問 1 (3)，［ c ］は設問 1 (4) に対応しています。欄外に各設問番号をメモしておきましょう。

また，問題を読みながら解答が分かれば解答用紙に書き込んでいきましょう。試験問題は，設問の対象の位置（［ a ］など）までに読んだ内容で解ける問題がほとんどだからです。ここまで読んだ内容で解答を考えてみましょう。

欄外にメモした解答は，問題を読み返して他の問題を解くときに役立ちます。また，欄外に記入したメモは，試験後の自己採点にも使用します。

このタイミングで解けない場合はすぐに次を読み進めましょう。解けなかった設問は，全体読み終えた後に再度解くことになります。再度解く場合は，欄外のメモを見て素早く設問に対応する問題文の位置に戻りましょう。このメモは後になるほど役に立ちます。

〔ランサムウェア感染〕図3中の6について

図３中の６について，感染拡大の試行の痕跡が見つかったのは，いずれも生産設備を制御するための専用PC（以下，FA端末という）だった。FA端末は，α工場が管理する部門機器としてA-NETへの接続が許可されていた。FA端末には，パッチの適用やマルウェア対策ソフトの導入などの，セキュリティを維持するための措置が施されていなかった。D主任によると，FA端末は標準PCではないので，セキュリティ規程で定められた標準PCに対する措置は適用対象外と理解しているとのことであった。また，FA端末は，汎用OSを用いたPCであるが，FA端末及び生産設備の製造ベンダＹ社の指定する方法で利用しなければならない。Ｙ社の許可を得ずにパッチを適用したり，他社のソフトウェアをFA端末にインストールしたりした場合は，FA端末及び関係する生産設備の動作が保証されなくなるとのことであった。

問題点は，目立つようにマークする！

★

Ｙ社

会社名前は最初に登場した箇所をメモして把握する！

規則の強い表現に注意！

「セキュリティを維持するための措置が施されていなかった。」の問題点については，設問を解くヒントになると考えて，★印など目立つように欄外にメモしておきましょう。問題に登場する会社名は最初に登場したときに欄外にメモ書きします。規則の強い表現についてもマークしておきましょう。

〔見直し実施の方針〕

〔見直し実施の方針〕

今回のランサムウェア感染では，生産設備の停止などの重大な事態に陥ることはなかった。しかしＡ社の経営陣は，実害があったこと，生産設備に影響する可能性があったこと，及びＢ社でセキュリティ事故があったことを踏まえ，工場のセキュリティについて抜本的な見直しを行う方針を決定した。

経営陣は，システム部のＭ部長をこの抜本的な見直しのプロジェクト（以下，プロジェクトＷという）の責任者に任命した。プロジェクトＷは，サイバー攻撃などによる生産設備の停止を防ぐことを目的とし，必要な施策を検討して実施する。例えば，A-NETで障害が発生しても生産設備の稼働を維持できるようにする。

Ｍ部長

人物名前は最初に登場した箇所をメモして把握する！

目的は注意！

登場する人物名を欄外にメモ書きします。「プロジェクトW」などの固有名称は，設問で問われると考えて，マークしておきましょう。プロジェクトの目的が記載されている場合は，設問を解く前提条件としてのヒントになる場合が多いためマークしておきましょう。

〔プロジェクトWの進め方〕

〔プロジェクト W の進め方〕

M 部長は，まず，α 工場の課題を調査して，必要な措置を検討し，ほかの工場は，α 工場の結果を基に，進め方を検討することにした。

M 部長は，システム部の C さんをプロジェクト W の担当者に指名した。また，情報セキュリティの知見が少ない A 社の現状を踏まえ，セキュリティコンサルティングサービスを提供する E 社の支援を受けることにした。

次は，C さんと，E 社の情報処理安全確保支援士（登録セキスペ）の F 氏との会話である。

C さん　：プロジェクト W では，ランサムウェアに限らず，例えば，B 社で発生したようなセキュリティ事故を確実に防ぎたいと考えています。

F 氏　　：B 社のセキュリティ事故は，APT（Advanced Persistent Threat）攻撃を受け，社内の PC が遠隔操作型のマルウェアに感染したことが発端でした。

C さん　：APT 攻撃の事例はよく耳にします。具体的には何が起こるのでしょうか。

F 氏　　：APT 攻撃の典型的なステップを表 1 にまとめました。

Cさん

E社F氏

人物名前は最初に登場した箇所をメモして把握する！

例によって会社名人物名は最初に登場したときに欄外にメモ書きして混乱しないようにしましょう。「APT」などの技術的なキーワードについても，設問で問われる可能性が高いと考えてマークしておきましょう。

表1　APT攻撃の典型的なステップ

表1　APT 攻撃の典型的なステップ

番号	ステップ	攻撃者の活動
1	偵察	攻撃者は，攻撃対象とする組織（以下，ターゲット組織という）を調査する。ターゲット組織の Web サイト，従業員のメールアドレスや社会的関係などを調べる。
2	武器化	攻撃者は，攻撃に用いる武器を準備する。ターゲット組織に合わせて，遠隔操作機能をもつマルウェアを作成する。侵入を成功させるために，正常な［ d ］に偽装した“おとりファイル”を作成する場合もある。
3	配送	攻撃者は，作成したマルウェアをターゲット組織に配送する。例えば，マルウェアを添付したメールを特定の従業員に送付する。
4	エクスプロイト	攻撃者は，ターゲット組織内の機器でマルウェアを実行させる。例えば，OS やアプリケーションプログラムの脆弱性を悪用してマルウェアを実行させる。
5	インストール	攻撃者は，ターゲット組織の機器にマルウェアをインストールする。当該機器に［ e ］を設置することによって，長期にわたり侵入を継続できるようにする場合もある。
6	コマンドとコントロール	マルウェアは，インターネット上に設置された攻撃者のサーバと通信して，［ f ］を受け取り，それに従って動作する。
7	目的の実行	攻撃者は，攻撃の目的を果たすための活動を開始する。データの窃取，破壊，改ざんなどを行う。侵入された機器を踏み台とし，侵入を拡大するための活動を行う場合もある。

設問2
(1), (2)

問題文と設問の
対応をメモする！
解答が分かれば，
解答もメモする！

［ d ］，［ e ］，［ f ］は設問2(1)に対応しています。また，設問2(2)も表1に関する問題です。欄外に設問番号をメモしておきましょう。この段階で答えが分かれば解答用紙に書き込んでいきましょう。解答は欄外にもメモしておきます。

▶〔調査結果〕図4　α工場のネットワーク構成図

〔調査結果〕

Cさんは，F氏の支援の下，α工場の課題を調査した。α工場のネットワークの概要を図4に示す。

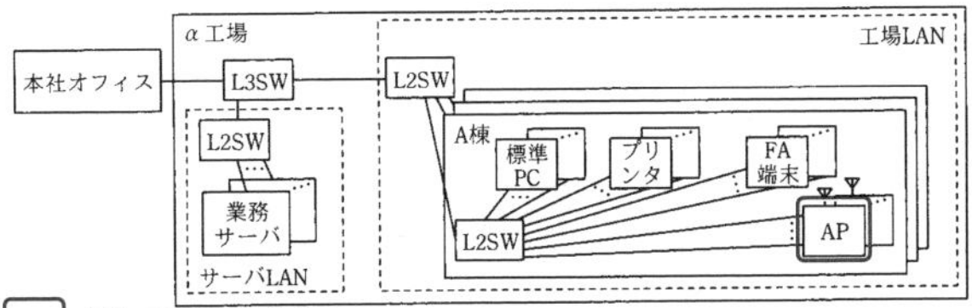

AP：無線LANアクセスポイント

注記1　サーバLAN及び工場LANはA-NETの一部である。ただし，FA端末は部門機器である。

注記2　サーバLANは，α工場内だけで利用するサーバを接続するためのネットワークである。

注記3　FA端末には生産設備が接続されている。当該生産設備の記載は省略している。

注記4　APは，主に，出張でα工場を訪れた他事業所の従業員の標準PCの接続に使用する。

注記5　α工場にはA-NETに接続していない部門NETがある。その記載は省略している。

図4　α工場のネットワークの概要

注記は注意！

ネットワーク構成図にAP（無線LANアクセスポイント）がある場合は，「**無線LANの脆弱性と対策**が問われるな」と考えてマークしておきましょう。図に注記の記載があるときは設問に関係があると考えて，マークをして読み進めましょう。

▶〔調査結果〕発見された課題

調査によって発見された主要な課題を次に示す。

課題 1　FA 端末には，パッチの適用もマルウェア対策ソフトの導入もしていない。それにもかかわらず，複数の FA 端末が A-NET に接続されている。

課題 2　AP は，接続を許可する機器を MAC アドレス認証によって制限している。パスワードやディジタル証明書を利用した認証は行っていない。AP の近くから，攻撃者が［　g　］することで［　h　］を入手し，この値を使用することで容易に AP に接続できてしまう。

課題 3　工場内で使われる機器は，標準 PC 及び FA 端末も含め，業務用ソフトなどの脆弱性管理が不十分である。公開されている脆弱性情報が確認されておらず，パッチが適用されていない機器が多い。セキュリティ規程に脆弱性管理についての具体的な言及がなく，どこまで管理するかを各部門に任せている。

C さんと F 氏は，システム部及び α 工場の関係者に，発見された課題がもたらすリスクを説明し，解決の必要性について理解を得た。その上で，課題の解決に向けて検討を開始した。

問題文と設問の対応をメモする！

★
★
★
設問3
★
★
★

問題点は，目立つようにマークする！

［　g　］と［　h　］は設問 3 に対応しています。欄外に設問番号をメモしておきましょう。また，本文には発見された課題が記載されています。これらの課題については設問に関係すると考えて，★印など目立つように欄外にメモしておきましょう。

▶〔課題1の解決〕

〔課題 1 の解決〕

D 主任によると，FA 端末を A-NET に接続していたのは，次の二つの目的のためである。

- 生産に関わるデータを，FA 端末から取り出して業務サーバに登録したり，プリンタで印刷したりするため。これらの作業は毎日，1 時間に 1 回以上ある。
- FA 端末のメンテナンスや設計データの更新の際に，A-NET 経由で FA 端末に当該データの転送を行うため。これらの作業は，多くても月に数回程度である。

目的は注意！

C さんと F 氏は D 主任と協議を重ね，ネットワーク構成を見直すことで課題 1 の解決を図ることにした。見直し案における α 工場のネットワークを表 2 及び図 5 に示す。

目的が記載されている場合は，設問を解く前提条件としてのヒントになる場合が多いためマークしておきましょう。「1時間に1回以上」「多くても月に数回程度」などの**定量的表現**についても設問に関係することがあると考えてマークしておきましょう。

〔課題1の解決〕表2と図5 見直し案におけるα工場の各ネットワーク

表2　見直し案におけるα工場の各ネットワーク（抜粋）

名称	説明
事務LAN	事務などのデスクワークに利用するネットワークであり，A-NET の一部として管理する。主に標準 PC やプリンタを接続する。AP を設置する。許可を受けた機器は無線で接続できる。
F-NET	α工場において，FA 端末，プリンタ，その他の生産設備に関係する機器だけを接続する部門 NET である。F-NET と A-NET の接続の有無及び接続する場合の形態は別途検討する。
センサ NET	α工場では，一部の生産設備に IoT センサ（以下，センサという）を取り付けて，設備の監視などに役立てる実証実験をクラウドサービス事業者の Z 社と進めている。センサ NET をこのための部門 NET として新設する。センサが収集したデータは，センサ NET 経由で，Z 社のクラウドサービスに登録する。α工場の担当者は，Z 社のクラウドサービスにアクセスし，設備の状況を把握できる。センサの不具合が生産設備に直接影響を与えることはない。

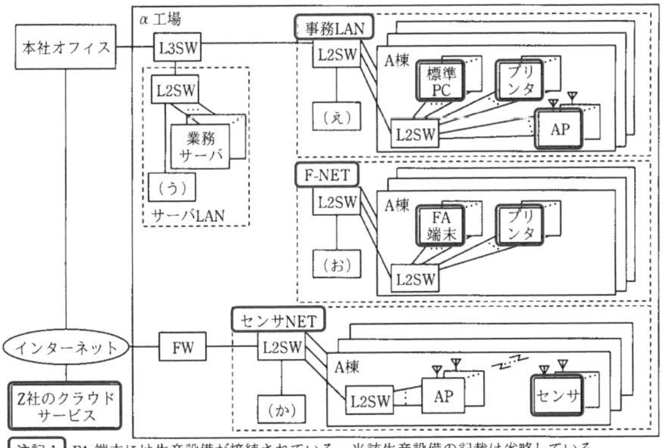

注記1　FA 端末には生産設備が接続されている。当該生産設備の記載は省略している。
注記2　FA 端末から業務サーバにデータを転送する仕組みは検討中である。
注記3　一部の部門 NET の記載は省略している。

図5　見直し案におけるα工場のネットワーク

注記は注意！

表 2 の説明を読みながら，図 5 で位置関係を把握しましょう。図に注記がある場合は設問に関係があると考えてマークをして読み進めましょう。

〔課題1の解決〕表3　FA端末から業務サーバにデータを安全に転送するための仕組みの候補

FA 端末から業務サーバにデータを安全に転送するための仕組みの候補を表 3 に，それぞれの仕組みについての評価結果を表 4 に示す。

表 3　FA 端末から業務サーバにデータを安全に転送するための仕組みの候補（概要）

名称	説明
FW 方式	F-NET と L3SW の間にステートフルパケットインスペクション型 FW を設置し，F-NET 側から A-NET 側へのアクセス及びこの応答に相当する通信だけを中継する。A-NET 側から F-NET 側にアクセスする通信は全て遮断する。データは，スクリプトを用いて，自動的に業務サーバに転送し登録する。
USB メモリ方式	F-NET と A-NET は物理的に接続せず，USB メモリを用いてデータを転送する。担当者は，必要時に，USB メモリを FA 端末に接続してデータを書き込んだ後，USB メモリを FA 端末から取り外す。その後，A-NET に接続した標準 PC にこの USB メモリを接続し，書き込んだデータを取り出して業務サーバに登録する。
中継用 PC 方式	事務 LAN と F-NET の間にデータ転送用の PC（以下，中継用 PC という）を設置し，中継用 PC を用いてデータを転送する。担当者は，必要時に，FA 端末を操作し，データを F-NET 側から中継用 PC の内蔵ストレージにコピーする。その後，中継用 PC にリモートログインし，中継用 PC を操作してデータを業務サーバに登録する。中継用 PC は，接続した両ネットワーク間でパケットを転送する機能をもたない。
データダイオード方式	データダイオードは，二つの接続点間において，片方向だけデータを転送する機能をもつネットワーク機器である。F-NET と L3SW に接続し，F-NET 側から A-NET 側へのデータの転送を許可し，逆方向は全ての通信を遮断する。データダイオードの実装例として，機器内部に光通信を行う部位を設け，データが片方向しか流れないことを物理的に保証するものがある。また，一部の通信プロトコルについて，通信をエミュレートする機能[1]をもち，あたかも二つのネットワークが接続しているように見せることができる。データは，スクリプトを用いて，自動的に業務サーバに転送し登録する。

注[1]　通信プロトコルに従いデータが双方向に流れているように偽装するが，一方向への情報転送は完全に遮断する機能のこと

注記は注意！

それぞれの方式について，特徴をマークしながら読み進めましょう。図の注記には注意です。

〔課題1の解決〕表4 それぞれの仕組みについての評価結果

表 4　それぞれの仕組みについての評価結果（抜粋）

方式	運用時の人的作業負荷	データ転送の即時性	セキュリティ（マルウェア感染）[1]
FW 方式	○	i	
USB メモリ方式	×	△	△
中継用 PC 方式	△	j	
データダイオード方式	○	k	

注記　各評価項目を 3 段階で評価。より好ましい特徴をもつものから順に “○”，“△”，“×” とする。ここで，明らかに解決すべき重大な問題があると考えられるものは “×” とする。
注 [1]　F-NET に接続された機器が，A-NET 経由でマルウェアに感染するリスクを評価する。

設問4(2)

問題文と設問の対応をメモする！解答が分かれば，解答もメモする！

〔課題1の解決〕データ転送方式の選択

C さんと D 主任は，評価の結果，方式を一つ選択した。

また，逆方向の A-NET 側から FA 端末へのデータ転送は，USB メモリを利用して行うことにした。α 工場の F-NET 管理担当者は，A-NET に接続した標準 PC に USB メモリを接続して必要なデータをコピーし，その後，②その USB メモリを FA 端末に接続してデータの更新などの作業を行う。FA 端末のメンテナンスの場合，データの更新を Y 社が行う場合もある。その場合，Y 社の担当者は，メンテナンスデータを格納した USB メモリを持参し，α 工場の F-NET 管理担当者の監督の下，③その USB メモリを FA 端末に接続して作業する。

問題文と設問の対応をメモする！

設問4(3)

問題文に **USB メモリ**が登場した場合は，「マルウェアに感染している可能性がある。」と考えてマークして読み進めましょう。

▶〔課題2の解決〕

〔施策の実施〕
課題の解決のために検討された施策が実施され，大きな効果が得られた。そこで，α工場以外の工場についても調査が開始された。

設問に記載されている図1と図4, 図5を見返しながら設問を解いていきましょう。

▶〔課題3の解決〕

〔課題3の解決〕
Cさんは，M部長と相談し，今後は，システム部が工場内で使われる機器について脆弱性管理を指導することにした。具体的には，システム部が脆弱性管理のプロセスを規定し，各部門に順守してもらうことにした。Cさんが考えた脆弱性管理のプロセスの案を表5に示す。

表5 脆弱性管理のプロセスの案

番号	プロセス	内容
1	情報収集	利用しているハードウェア及びソフトウェアについて脆弱性情報を入手する。
2	深刻度評価	入手した脆弱性情報について④その時点での自社にとっての深刻度を評価する。
3	措置の実施	深刻度評価の結果に従い，⑤適切と考えられる措置を実施する。
4	状況管理	（省略）

脆弱性管理のプロセスは，将来，A社のセキュリティ規程に取り入れる。

問題文と設問の対応をメモする！

設問6 (1), (2)

設問6 (1) は設問の選択肢から答える問題，設問6 (2) は知識で答える問題のため，読みながら時間をかけずに考えて解答を書きましょう。

〔セキュリティ規程の見直し〕

〔セキュリティ規程の見直し〕

α工場の調査によって複数の課題が見つかったことから，現行のセキュリティ規程には改善すべき点があると考えられた。M部長は，セキュリティ規程の改定の検討をCさんに指示した。

Cさんは，これまでFA端末をA-NETに接続してきた経緯を踏まえ，セキュリテイ規程に次の項目を追加することを考えた。

・各部門は，部門機器及び部門NETを適切に管理・維持するための措置を定める。
・各部門は，部門機器又は部門NETをA-NETに接続するための申請を行う前に，当該接続についてリスクアセスメントを実施する。
・システム部は，各部門が上記の作業を行う際に，これを支援する。

Cさんが項目の追加についてF氏に相談したところ，F氏は，追加する項目に合わせて，図2中の7について⑥申請時に書面に記す事項を追加することを提案した。

また，cさんは，APへの接続制限の方法，及び業務用ソフトの脆弱性管理に不備があったことを考慮し，セキュリティに関わる施策の実施状況及びその効果を定期的に見直すプロセスをセキュリティ規程に明記することを考えた。

Cさんは，セキュリティ規程の修正案を作成し，M部長に提示した。M部長は修正案を経営会議に提出し承認を得た。

問題文と設問の対応をメモする！

設問7(2)

図2のセキュリティ規程へ追加する内容を理解しながら読み進めて解答しましょう。

〔施策の実施〕

〔施策の実施〕

課題の解決のために検討された施策が実施され，大きな効果が得られた。そこで，α工場以外の工場についても調査が開始された。

〔施策の実施〕は設問で問われていません。

「問題文と設問の読み方」は，以上です。午後Ⅱ問題は問題文が長文のため，効率よく全体を把握して，かつ設問1から順番に読み進めながら解答を書いていきましょう。1問にあまり時間をかけないように注意しましょう。

令和元年秋 午後II・問2

設問の詳細解説

問題のポイント

基幹ネットワークと部門ネットワークが共存する工場のセキュリティに関する問題です。ランサムウェア感染から工場の生産設備停止を防ぐためのネットワーク構成やネットワーク間のデータの安全な転送方式に関するセキュリティ知識が問われています。問題文をよく読むことで答えられる問題が多く，難易度は易しめといえます。

問題の要約

この問題を要約します。

・A 社は，車両や産業用機械で利用される金属部品の製造会社であり，本社オフィスに加えて 3 か所の工場（以下，本社オフィス及び各工場をそれぞれ事業所という）をもつ。

・各工場はそれぞれが独立した部門である。A 社は，各事業所内及び事業所間を結ぶ基幹ネットワーク（以下，A-NET という）を整備している。A-NET はシステム部が管理し，社内の機器の多くが接続されている。

・A 社は，全社共通のセキュリティ規程を定めており，各部門はこれに従って機器を管理しなければならない。

・先日，同業の B 社でセキュリティ事故が発生し，生産設備が数日停止した旨の記事が業界紙に掲載された。A 社では，同様の被害が生じた事故は起きていないが，以前から，セキュリティ面を深く考慮せずに拡張してきた A-NET 及び部門 NET について抜本的な改善の必要性があるとの指摘が，システム管理を担う現場の技術者から出ている。

・ある日，α工場において，設計部の S さんが利用する標準 PC（以下，PC-S という）の動作が極端に遅くなり，かつ，一部のファイルが開けなくなる事象が発生した。

・S さんから連絡を受けたシステム部は，α工場において部門機器や業務用ソフトを管理する D 主任と共同で，調査及び対処を行った。調査の結果，S さんの PC は，ランサムウェアに感染しており感染拡大の試行の痕跡があったが，PC-S 以外に感染がないことを確認できた。必要な対策を行い本件の対処を終えた。

・感染拡大の試行の痕跡が見つかったのは，いずれも生産設備を制御するための専用

PC（以下，FA 端末という）だった。FA 端末には，パッチの適用やマルウェア対策ソフトの導入などの，セキュリティを維持するための措置が施されていなかった。
- A 社の経営陣は，実害があったこと，生産設備に影響する可能性があったこと，及び B 社でセキュリティ事故があったことを踏まえ，工場のセキュリティについて抜本的な見直しを行う方針を決定した。
- プロジェクト W は，サイバー攻撃などによる生産設備の停止を防ぐことを目的とし，必要な施策を検討して実施する。例えば，A-NET で障害が発生しても生産設備の稼働を維持できるようにする。
- 〔プロジェクト W の進め方〕M 部長は，まず，α工場の課題を調査して，必要な措置を検討し，ほかの工場は，α工場の結果を基に，進め方を検討することにした。
- C さんは，F 氏の支援の下，α工場の課題調査を行い，三つの課題を発見した。
- 課題 1　FA 端末には，パッチの適用もマルウェア対策ソフトの導入もしていない。それにもかかわらず，複数の FA 端末が A-NET に接続されている。
- 課題 2　AP は，接続を許可する機器を MAC アドレス認証によって制限している。パスワードやディジタル証明書を利用した認証は行っていない。AP の近くから，攻撃者が［ g ］することで［ h ］を入手し，この値を使用することで容易に AP に接続できてしまう。
- 課題 3　工場内で使われる機器は，標準 PC 及び FA 端末も含め，業務用ソフトなどの脆弱性管理が不十分である。公開されている脆弱性情報が確認されておらず，パッチが適用されていない機器が多い。セキュリティ規程に脆弱性管理についての具体的な言及がなく，どこまで管理するかを各部門に任せている。
- 〔課題 1 の解決〕C さんと F 氏は D 主任と協議を重ね，ネットワーク構成を見直すことで課題 1 の解決を図ることにした。FA 端末から業務サーバにデータを安全に転送するための仕組みを検討し方式を一つ選択した。また，逆方向の A-NET 側から FA 端末へのデータ転送は，USB メモリを利用して行うことにした。
- 〔課題 2 の解決〕AP での機器の認証方式として，WPA2 エンタープライズ方式を採用することにした。
- 〔課題 3 の解決〕C さんは，M 部長と相談し，今後は，システム部が工場内で使われる機器について脆弱性管理を指導することにした。具体的には，システム部が脆弱性管理のプロセスを規定し，各部門に順守してもらうことにした。
- α工場の調査によって複数の課題が見つかったことから，現行のセキュリティ規程には改善すべき点があると考えられた。C さんは，セキュリティ規程の修正案を作成し，M 部長に提示した。M 部長は修正案を経営会議に提出し承認を得た。
- 課題の解決のために検討された施策が実施され，大きな効果が得られた。そこで，α工場以外の工場についても調査が開始された。

設問1（1）の解説 知識問題

設問 1 〔ランサムウェア感染〕について，（1）～（4）に答えよ。

（1）図 3 中の下線①について，ログに記録された User-Agent ヘッダフィールドの値からはマルウェアによる通信であると判定するのが難しいケースがある。それはどのようなケースか。50 字以内で述べよ。

最初にランサムウェアについて，概要を説明します。

ランサムウェアとはマルウェアの一種です。ファイルを暗号化するなどして使用できない状態にして，そのファイルを元に戻すことを条件に金銭などを要求します。

IPA の「ランサムウェア対策特設ページ」では，次のように説明されています。

--- 引用ここから ---

ランサムウェアとは，「Ransom（身代金）」と「Software（ソフトウェア）」を組み合わせた造語です。

感染したパソコンに特定の制限をかけ，その制限の解除と引き換えに金銭を要求する挙動から，このような不正プログラムをランサムウェアと呼んでいます。

IPA情報セキュリティ安心相談窓口でも2015 年以降，パソコンに保存されているファイルを暗号化し，元の状態に戻すことと引き換えに金銭を要求するランサムウェアに関する相談が多く寄せられるようになりましたが，2017年5月以降にはネットワークを介して攻撃パケットを送出することで感染拡大を図る新たなタイプが猛威を振るいました。

今後も更なるランサムウェアの脅威が考えられることから，本ページにランサムウェア対策に必要となる情報を集約し，ランサムウェア特設ページとして開設することとしました。

--- 引用ここまで ---

（出所：ランサムウェア対策特設ページ　独立行政法人情報処理推進機構）
https://www.ipa.go.jp/security/anshin/ransom_tokusetsu.html

それでは下線①の前後を確認します。

1. システム部は，PC-S を A-NET から切断し回収した。
2. 社内から社外への通信を中継するプロキシサーバに記録されたログから，PC-S が，正体不明の宛先（以下，サイト U という）に，①User-Agent ヘッダフィールドの値が "curl/7.64.0" の HTTP リクエストを繰り返し送信していることが確認された。
3. PC-S 上，及び PC-S がアクセス可能なファイルサーバ上のファイルのうち一部のファイルが暗号化されてしまい，幾つかの実行中のプロセスがエラーメッセージをログに出力していた。

HTTP リクエストの User-Agent ヘッダフィールドに関する設問であり，問題文を読んでも解答のヒントになる説明はないため，知識で答える知識問題といえます。**User-Agent ヘッダフィールド**とは，Web ブラウザから Web サーバへ送信する HTTP リクエストに含まれる HTTP ヘッダ情報のひとつで，OS の情報やブラウザの種類やバージョンなどを設定します。HTTP リクエストについては，この後の「学習ポイント① HTTP リクエスト」を参照してください。

User-Agent ヘッダフィールドはクライアント側で任意に設定できる項目のため，A 社標準 PC と同じ値を設定している場合は，その値からはマルウェアによる通信であると判定するのが難しくなります。

設問1(1)の解答

【IPA 解答例】

User-Agent ヘッダフィールドの値が A 社で利用している Web ブラウザを示す値であるケース（47 字）。

▶学習ポイント❶

HTTP リクエスト

ここではHTTPリクエストについて学習します。下記重要キーワードについても説明できるように理解・暗記しましょう。

【重要キーワード】
- HTTP
- HTTP リクエスト
- HTTP レスポンス
- HTTP メッセージ
- User-Agent ヘッダフィールド

■ HTTP (Hyper Text Transfer Protocol)

HTTPとは，インターネット上でWebページを表示するときに使用するプロトコルです。HTTPの通信はパソコンなどのHTTPクライアントからリクエストを送信し，HTTPサーバからレスポンスが返信されてくる動作を基本としています。

また，HTTPは通信内容が暗号化されていません。通信内容を暗号化することで．セキュリティ強化したプロトコルとして**HTTPS**(HTTP over SSL/TLS)があります。

■ HTTP リクエスト／HTTP レスポンス

パソコンなどのHTTPクライアントからHTTPサーバへ送信するメッセージが**HTTPリクエスト**です。リクエストに対してHTTPサーバからHTTPクライアントへ返信されてくるメッセージが**HTTPレスポンス**です。

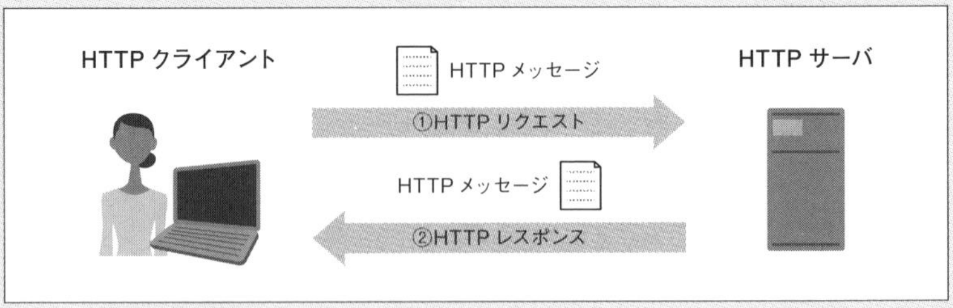

■ HTTPメッセージ

HTTP通信のメッセージは以下の構成となっています。

■リクエスト行／ステータス行

・リクエストの場合に，POST，GETなどのメソッドや，HTTPのバージョンを指定する。
・レスポンスの場合に，200：OKや，404：Not Foundどのステータスが入る。

■メッセージヘッダ

主なヘッダ情報

・Authorization：リクエストの場合に，認証情報と認証方式。
・User-Agent：リクエストの場合に，ブラウザの種類やOSの情報。
・Cookie：リクエストの場合に，ブラウザに保存されているクッキーデータ情報。
・Set-Cookie：レスポンスの場合に，ブラウザに保存するクッキー情報。
・Accept-Language：リクエストの場合に，言語や文字コードを指定する。

■メッセージボディ

・リクエストの場合に，サーバへ送信する情報を指定する。
・レスポンスの場合に，HTMLデータ，画像データなどが入る。

■ User-Agentヘッダフィールド

設問の対象となっている，User-Agentヘッダフィールドには，HTTPリクエストを送信する側の，ブラウザの種類やOSの情報が設定されます。

設問1（2）の解説　問題文から抜粋問題

（2）図3中の [a] に入れる適切な字句を，解答群の中から選び，記号で答えよ。

解答群

ア　共通脆弱性識別子　　イ　コモンクライテリア
ウ　ディジタル証明書　　エ　パッチ
オ　ファイル復号鍵

図3の空欄 [a] の前後を確認します。

5. マルウェア対策ソフトのベンダにファイルTの解析を依頼したところ，ファイルTは，次の特徴をもつランサムウェアであることが分かった。
   (1)　CAD-Vの脆弱性を悪用し動作する。CAD-VでファイルTが開かれた場合，CAD-Vを実行している利用者の権限で書込み可能なファイルのうち一部のファイルを暗号化する。また，サイトUにアクセスし，ランサムウェアが動作した機器の環境や暗号化の状況についての情報を登録する。
   (2)　攻撃者が遠隔操作を行うための機能はない。
   (3)　感染を拡大する機能はあるが，感染拡大に必要な一定の条件（以下，条件Vという）を満たす場合にだけ機能し，感染力は弱い。
6. α工場には条件Vを全て満たす機器はない。ただし，条件Vを一部満たす機器は存在し，PC-Sから5台の機器への感染拡大の試行の痕跡が見つかった。
7. CAD-Vの脆弱性情報及びその対策である [a] はCAD-Vの開発元によって公開されていたが，α工場はそれらの情報を得ていなかった。
8. マルウェア対策ソフトのベンダから，ファイルTの検知ツールを入手し，社内のほかの全PCを検査した。その結果，PC-S以外に感染はなかった。
9. 前項までの状況から，次の実施をもって本件の対処を終えることにした。
   (1)　PC-Sは [b] する。
   (2)　ファイルサーバ上の暗号化されてしまったファイルはバックアップから復元する。
   (3)　PC-Sに，業務用ソフトをインストールする。
   (4)　PC-S上に必要なファイルは，バックアップから復元する。
   (5)　CAD-VがインストールされたすべてのPCについて，CAD-Vの開発元が公開した脆弱性対策を実施する。
   (6)　ファイルTを配布していたWebサイト，及び [c] に対する社内からのアクセスをFWによって遮断する。
   (7)　全従業員に対して，次の事項についての通知及び注意喚起を行う。
      A)　ランサムウェアの感染があったこと（CAD-Vの名称，バージョン情報を含む）
      B)　広告などに偽装したメールを用いて攻撃が行われる場合があること
      C)　インターネットからダウンロードしたファイルは危険であること
   (8)　PC-SをSさんに返却し，SさんがPC-Sの利用を再開する。

図3　調査及び対処の内容（続き）

[a] の前後には「CAD-V の脆弱性情報及びその対策である [a] はCAD-V の開発元によって公開されていたが，α工場はそれらの情報を得ていなかった。」と記述されています。また，図 3 項番 9 (5) で「CAD-V がインストールされたすべての PC について，CAD-V の開発元が公開した脆弱性対策を実施する。」対策を行っています。これらのことより，[a] は CAD-V の脆弱性修正プログラムのことだと判断できます。解答群から脆弱性修正プログラムのことである「エ」パッチを選択すると正解となります。

1. A 社が従業員に貸与する PC（以下，標準 PC という）は，システム部が管理する。
2. システム部は，標準 PC の仕様を定める。また，標準 PC について，セキュリティを維持するための措置を定める。この措置には，脆《ぜい》弱性修正プログラム（以下，パッチという）の適用及びマルウェア対策ソフトの導入が含まれる。
3. 各部門は，業務に必要なソフトウェア（以下，業務用ソフトという）を調達し，標準 PC にインストールして利用することができる。ただし，その場合は，調達前にシステム部の許可を得る。また，当該部門は当該業務用ソフトを適切に管理する。
4. システム部は，A-NET について，セキュリティ及びその他の不都合が生じないように管理・維持する責任と，そのための権限をもつ。

図 2　A 社のセキュリティ規程（抜粋）

図 2 のなかで「脆弱性修正プログラム（以下，パッチという）」と記述されているとおり，**パッチ**とはバグの修正や機能追加を行うためのデータ（プログラム）のことです。

設問1(2)の解答

【IPA 解答例】

a：エ

設問1 (3)の解説 知識問題

(3) 図3中の [b] に入れる適切な字句を，解答群の中から選び，記号で答えよ。

解答群

ア　初期化
イ　内蔵ストレージをUSBメモリにコピー
ウ　内蔵ストレージを暗号化
エ　ネットワークから切断
オ　メモリをダンプ

図3の項番9には，「前項までの状況から，次の対策をもって本件の対処を終えることにした。」と記述されており，PC-Sに関する対処は以下のとおり実施しています。

(1) PC-Sは [b] する。
(2) PC-Sに業務ソフトをインストールする。
(2) PC-S上に必要なファイルは，バックアップから復元する。
(8) PC-SをSさんに返却し，SさんがPC-Sの利用を再開する。

この内容より，項番9では，PC-Sを初期の状態に戻してから業務で使用できるようにセットアップ作業及びデータの回復作業を実施していることが分かります。マルウェアに感染したPCを再利用するためには，最初に，初期化作業が必要です。[b] には，「ア」の初期化が入ります。

設問1(3)の解答

【IPA解答例】
b：ア

設問1（4）の解説 問題文から抜粋問題

（4）図3中の[c]に入れる適切な字句を，10字以内で答えよ。

図3の[c]の前後を確認します。

9. 前項までの状況から，次の実施をもって本件の対処を終えることにした。
　(1) PC-Sは[b]する。
　(2) ファイルサーバ上の暗号化されてしまったファイルはバックアップから復元する。
　(3) PC-Sに，業務用ソフトをインストールする。
　(4) PC-S上に必要なファイルは，バックアップから復元する。
　(5) CAD-Vがインストールされた全てのPCについて，CAD-Vの開発元が公開した脆弱性対策を実施する。
　(6) ファイルTを配布していたWebサイト，及び[c]に対する社内からのアクセスをFWによって遮断する。
　(7) 全従業員に対して，次の事項についての通知及び注意喚起を行う。
　　A) ランサムウェアの感染があったこと（CAD-Vの名称，バージョン情報を含む）
　　B) 広告などに偽装したメールを用いて攻撃が行われる場合があること
　　C) インターネットからダウンロードしたファイルは危険であること
　(8) PC-SをSさんに返却し，SさんがPC-Sの利用を再開する。

図3　調査及び対処の内容（続き）

図3の項番9（6）には，「ファイルTを配布していたWebサイト，及び[c]に対する社外からのアクセスをFWによって遮断する。」と記述されています。この記述はランサムウェアに関する通信をFWで遮断していると判断できます。

ランサムウェアに関する通信を図3で確認します。

1. システム部は，PC-SをA-NETから切断し回収した。
2. 社内から社外への通信を中継するプロキシサーバに記録されたログから，PC-Sが，正体不明の宛先（以下，サイトUという）に，①User-Agentヘッダフィールドの値が“curl/7.64.0”のHTTPリクエストを繰り返し送信していることが確認された。
3. PC-S上，及びPC-Sがアクセス可能なファイルサーバ上のファイルのうち一部のファイルが暗号化されてしまい，幾つかの実行中のプロセスがエラーメッセージをログに出力していた。

図3の項番2に「社内から社外への通信を中継するプロキシサーバに記録されたログから，PC-Sが正体不明の宛先（以下，サイトUという）にUser-Agentヘッダフィールドの値が"curl/7.64.0"のHTTPリクエストを繰り返し送信していることが確認された。」と記述されており，このサイトUに対する社内からのアクセスもFWによって

遮断しておくべきといえます。[c] には，サイトUが入ります。

設問1(4)の解答

【IPA 解答例】
c：サイトU

設問2 (1)の解説　問題文のヒントから考える問題

設問2 〔プロジェクトWの進め方〕について，(1)，(2) に答えよ。
(1) 表1中の [d] ～ [f] に入れる適切な字句を，解答群の中から選び，記号で答えよ。

解答群

ア　APT	イ　IoT端末
ウ　鍵ペア	エ　検体のシグネチャ
オ　攻撃者の指示	カ　ドキュメント
キ　バックドア	ク　フィッシング
ケ　ランサムウェア	

プロジェクトWを進めるにあたり，担当者のシステム部Cさんと，E社情報処理安全確保支援士のF氏が**APT攻撃の典型的な7つのステップ**（**サイバーキルチェーン**）について確認しています。サイバーキルチェーンとは，APT攻撃を7つのステップに分けたもので，各ステップの攻撃に対して対策を講じることが必要という考え方です。

F氏の発言にある「**APT**（Advanced Persistent Threat）**攻撃**」とは，標的型攻撃の一種で，特定の組織を標的として，機密情報の窃取などの目的を果たすために，計画的，持続的に攻撃するという特徴があります。事前に調査した社員や取引先を装い，マルウェアを添付したメールを送信するなどの手法が一般的です。

それでは，APT攻撃の典型的なステップを説明している表1を確認しましょう。

表1 APT攻撃の典型的なステップ

番号	ステップ	攻撃者の活動
1	偵察	攻撃者は，攻撃対象とする組織（以下，ターゲット組織という）を調査する。ターゲット組織のWebサイト，従業員のメールアドレスや社会的関係などを調べる。
2	武器化	攻撃者は，攻撃に用いる武器を準備する。ターゲット組織に合わせて，遠隔操作機能をもつマルウェアを作成する。侵入を成功させるために，正常な [d] に偽装した“おとりファイル”を作成する場合もある。
3	配送	攻撃者は，作成したマルウェアをターゲット組織に配送する。例えば，マルウェアを添付したメールを特定の従業員に送付する。
4	エクスプロイト	攻撃者は，ターゲット組織内の機器でマルウェアを実行させる。例えば，OSやアプリケーションプログラムの脆弱性を悪用してマルウェアを実行させる。
5	インストール	攻撃者は，ターゲット組織の機器にマルウェアをインストールする。当該機器に [e] を設置することによって，長期にわたり侵入を継続できるようにする場合もある。
6	コマンドとコントロール	マルウェアは，インターネット上に設置された攻撃者のサーバと通信して，[f] を受け取り，それに従って動作する。
7	目的の実行	攻撃者は，攻撃の目的を果たすための活動を開始する。データの窃取，破壊，改ざんなどを行う。侵入された機器を踏み台とし，侵入を拡大するための活動を行う場合もある。

番号1は「**偵察**」です。攻撃者は，攻撃対象とする組織について調査します。

番号2「**武器化**」の説明には「侵入を成功させるために，正常な [d] に偽装した“おとりファイル”を作成する場合もある。」と記述されています。このステップでは，次のステップの「配送」に記述のあるメールに添付するマルウェアを作成しています。メールの添付ファイルにするためには，正常な添付フィルに偽装する必要があります。解答群の中で添付ファイルに該当するのはドキュメントであるため，[d] には，「カ」が入ります。

番号3は「**配送**」です。表1に記載のとおり，マルウェアを攻撃対象組織に送付します。

番号4は「**エクスプロイト**」。エクスプロイトとは，偉業や手柄，利用する，悪用するなどの意味を持つ言葉であり，情報セキュリティにおいては，脆弱性を利用した攻撃のことをいいます。

番号5「**インストール**」の説明に「当該機器に [e] を設置することによって，長期にわたり侵入を継続できるようにする場合もある。」と記述されています。攻撃者が長期にわたりPCに侵入を継続できるように設置するものを，**バックドア**とよびます。バックドアとは正規のルートではない侵入口のことです。[e] には，「キ」のバックドアが入ります。

番号6「**コマンドとコントロール**」の説明に「マルウェアは，インターネット上に設置された攻撃者のサーバと通信して [f] を受け取り，それに従って動作する。」と記述されています。攻撃者のサーバから受け取り，それに従って動作すると記述されていることより，[f] には「オ」の攻撃者の指示が入ります。

設問2(1)の解答

【IPA 解答例】

d：カ　　e：キ　　f：オ

設問2 (2)の解説　問題文のヒントから考える問題

(2) 次に挙げる活動は，表 1 中のどのステップに該当するか。該当するステップを，それぞれ表 1 中の番号で答えよ。

活動 1：SNS を調べて，ターゲット組織の従業員の専門性や趣味嗜好の情報を得る。

活動 2：ターゲット組織内のファイルサーバにアクセスし，ターゲット組織の秘密情報を盗む。

活動 3：マルウェアを組み込んだ USB メモリを，ターゲット組織の建物の入り口付近に置いておく。

設問の活動 1 から 3 が表 1 中のどのステップに該当するか順に確認します。

●活動 1：SNSを調べて，ターゲット組織の従業員の専門性や趣味嗜好の情報を得る。

活動 1 の内容は，ターゲット組織について調査している段階です。表 1 の番号 1 に「攻撃者は，攻撃対象とする組織を調査する。」と記述があるため，活動 1 は，表 1 の番号 1 が該当します。

番号	ステップ	攻撃者の活動
1	偵察	攻撃者は，攻撃対象とする組織（以下，ターゲット組織という）を調査する。ターゲット組織の Web サイト，従業員のメールアドレスや社会的関係などを調べる。

●活動２：ターゲット組織内のファイルサーバにアクセスし，ターゲット組織の秘密情報を盗む。

活動２の内容は，ターゲット組織の秘密情報を盗んでおり，目的を実行している段階です。表１の番号７に「攻撃者は，攻撃の目的を果たすための活動を開始する。データの窃取，破壊，改ざんなどを行う。」と記述があるため，活動２は，表１の番号７が該当します。

7	目的の実行	攻撃者は，攻撃の目的を果たすための活動を開始する。データの窃取，破壊，改ざんなどを行う。侵入された機器を踏み台とし，侵入を拡大するための活動を行う場合もある。

●活動３：マルウェアを組み込んだUSBメモリを，ターゲット組織の建物の入り口付近に置いておく。

活動３の内容は，マルウェアをターゲット組織に侵入させている段階です。表１の番号３に「攻撃者は，作成したマルウェアをターゲット組織に配送する。」と記述があるため，活動２は，表１の番号３が該当します。

3	配送	攻撃者は，作成したマルウェアをターゲット組織に配送する。例えば，マルウェアを添付したメールを特定の従業員に送付する。

設問2(2)の解答

【IPA解答例】

活動１：１　活動２：７　活動３：３

設問3の解説　問題文のヒントから考える問題

本文中の［ g ］，［ h ］に入れる適切な字句を，それぞれ10字以内で答えよ。

〔調査結果〕には，Cさんが調査したα工場の主な課題が記述されています。

［ g ］と［ h ］の前後を確認します。

課題２　APは，接続を許可する機器をMACアドレス認証によって制限している。パスワードやディジタル証明書を利用した認証は行っていない。APの近くから，攻撃者が［ g ］することで［ h ］を入手し，この値を使用することで容易にAPに接続できてしまう。

［ g ］と［ h ］の前後には「課題２　APは，接続を許可する機器をMACアドレス認証によって制限している。パスワードやディジタル証明書を利用した認証は行っていない。APの近くから，攻撃者が［ g ］することで［ h ］を入手し，この値を使用することで容易にAPに接続できてしまう。」と記述されています。APとは，図４の凡例に記載されているとおり，無線LANアクセスポイントです。

APへ侵入する手法が問われています。「APは，接続を許可する機器をMACアドレス認証によって制限している。」の記述より攻撃者が入手したい［ h ］は「MACアドレス」だと考えられます。無線LAN通信データ内のMACアドレスは暗号化されていないため，通信を盗聴することで容易に攻撃者に知られてしまいます。［ g ］は「電波を傍受」や「通信を盗聴する」という意味のことを解答することで正解となります。［ h ］は「MACアドレス」が正解です。同様の問題が平成31年度春期午後２問１設問３でも問われており，無線LANの脆弱性として理解しておくべき内容です。

無線LANのセキュリティについて，「学習ポイント②無線LANのセキュリティ」で学習しましょう。

設問3の解答

【IPA解答例】

g：電波を傍受（5字）　h：MACアドレス（7字）

【別解】

g：通信を盗聴する（7字）

▶学習ポイント❷

無線 LAN のセキュリティ

ここでは無線 LAN の脆弱性対策について学習します。また，下記重要キーワードについて説明できるように理解・暗記しましょう。

【重要キーワード】

- IEEE 802.11i …………………… 無線LAN のセキュリティ仕様の規格
- IEEE 802.1X …………………… LAN 接続の認証規格
- RADIUS ……………………… 認証システム
- EAP ………………………… 認証プロトコル
- WEP, WPA, WPA2, WPA3 … 暗号化規格

■無線 LAN の暗号化と認証

無線 LAN を利用するには，暗号化と認証を組み合わせて使う必要があります。無線 LAN セキュリティの主な規格には，WPA，WPA2，IEEE 802.11i があり，以下のように段階的に発展してきました。

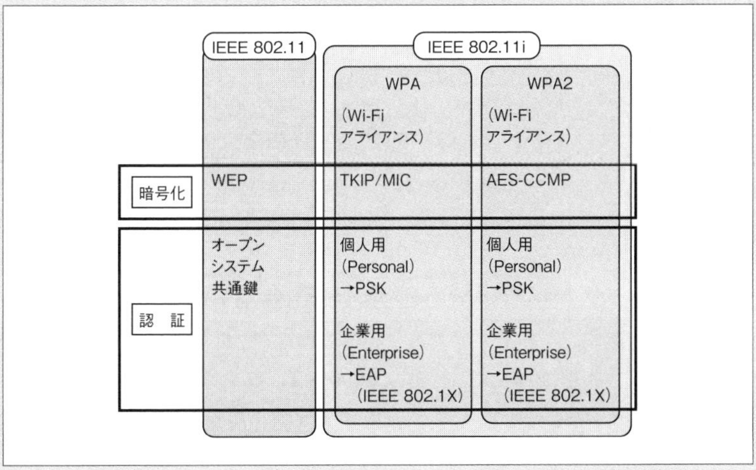

■ IEEE 802.11i　無線 LAN のセキュリティ仕様の規格

IEEE 802.11i とは，IEEE が標準化した無線 LAN のセキュリティ仕様の標準規格です。無線 LAN のセキュリティに関する暗号化や認証などの仕様を定めています。

IEEE (Institute of Electrical and Electronic Engineers) とは，アメリカで設立された電気・情報工学分野の学術研究団体です。電気・情報工学分野の標準化団体としても活動しています。

■ IEEE 802.1X　LAN 接続の認証規格

IEEE 802.1X 認証とは，IEEE が標準化した LAN に接続する機器の認証方式のことです。IEEE 802.1X 認証は，以下の 3 要素で構成します。

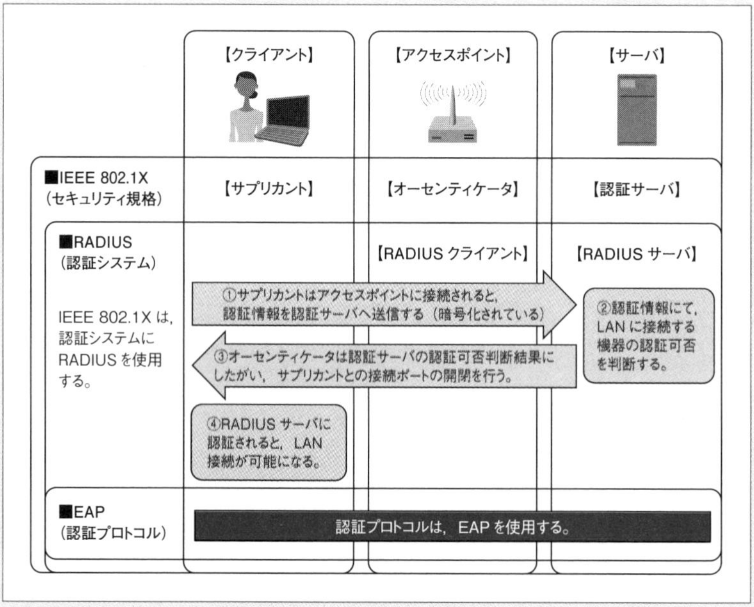

①認証サーバ

サプリカントからオーセンティケータ経由で受け取った認証情報にて，LAN に接続する機器の認証可否を判断します。

②オーセンティケータ（認証装置）

オーセンティケータとは，IEEE 802.1X に対応した LAN スイッチや無線

LANアクセスポイントのことです。認証サーバの認証可否判断結果にしたがい，サプリカントとの接続ポートの開閉を行います。

③サプリカント

サプリカントとは，LANに接続する機器（パソコンなど）にインストールするIEEE 802.1X対応の認証クライアントソフトウェアのことです。機器がオーセンティケータに接続されたときに，認証情報を認証サーバへ送信します。

IEEE 802.1Xは，認証システムに「RADIUS」を，認証プロトコルに「EAP」を使用します。

■ RADIUS　認証システム

RADIUS（Remote Authentication Dial In User Service）は，リモートアクセスのユーザ認証に利用されるシステムのことです。RADIUSは，RADIUSクライアントとRADIUSサーバで構成します。クライアントやRADIUSクライアントが数を増やした場合でも，ユーザ認証の機能をRADIUSサーバで一元管理できることがRADIUSの特徴です。

■ EAP　認証プロトコル

EAP（Extensible Authentication Protocol）とは，クライアントとサーバ間の認証手順を定めた認証プロトコルです。IEEE 802.1Xに標準の認証手順として採用されています。具体的な認証方式はEAP-MD5やEAP-TLS，EAP-TTLS，EAP-PEAPなどがあります。

■ WEP，WPA，WPA2，WPA3　暗号化規格

WPA（Wi-Fi Protected Access）とは，無線LAN通信を暗号化するためのプロトコルです。無線LAN導入初期に使用されていた**WEP**（Wired Equivalent Privacy）暗号化プロトコルに様々な脆弱性が発見されたため，後継規格としてWPAプロトコルが開発されました。WEPは数時間で暗号を解読する方法が確立されています。情報処理安全確保支援士試験でWEPを使用しているシステムが登場した場合は，脆弱性について設問で問われると覚えておきましょう。

WPAは，WEPの後継プロトコルで下記のように改良されています。

第2章 午後Ⅱ問題編

WPA には，個人用の **WPA-Personl** と企業用の **WPA Enterprise** が存在します。また，2018 年には，**WPA2** の後継として **WPA3** が発表されています。

- **WEP**　RC4 暗号方式（鍵長 40 ビット，104 ビット）
- **WPA**　RC4 暗号方式（鍵長 128 ビットに拡張）
  48 ビットの初期化ベクトルと呼ばれるパラメータを併用する
  TKIP（Temporal Key Integrity Protocol）暗号方式を採用
  TKIP とは，一定の通信データ量毎に暗号鍵を変更する仕組み
  個人用認証に **PSK**（Pre-Shared Key，事前共有鍵）を採用
  PSK とは，SSID ごとに共通のパスワードを入力して認証を行う
  企業用認証に **EAP** を採用
- **WPA2**　AES 暗号方式を用いる CCMP を採用
  CCMP とは，鍵長 128 ビットの AES 方式とメッセージ認証コードを組み合わせた暗号化規格です。
- **WPA3**　個人用認証に，**SAE**（Simultaneous Authentication of Equals）を採用。SAE とは，楕円曲線暗号を利用して鍵の交換を行う認証方式です。
  企業用暗号規格に **CNSA**（Commercial National Security Algorithm）を採用。CSNA を採用することで，WPA2 よりも安全な 192 ビットの暗号化強度を実現します。

設問4（1）の解説　問題文のヒントから考える問題

設問4 〔課題1の解決〕について，（1）～（3）に答えよ。

（1）見直し案において，FA端末が表1のAPT攻撃を受け，表1中の番号5のステップまでが成功したと想定した場合，番号6以降のステップでのデータダイオード方式のセキュリティ上の効果は何か。25字以内で具体的に述べよ。

最初に課題1を確認します。

> 課題1　FA端末には，パッチの適用もマルウェア対策ソフトの導入もしていない。それにもかかわらず，複数のFA端末がA-NETに接続されている。

次に〔課題1の解決〕について確認します。上記の課題1の解決策として，図5のとおりネットワーク構成を見直ししています。

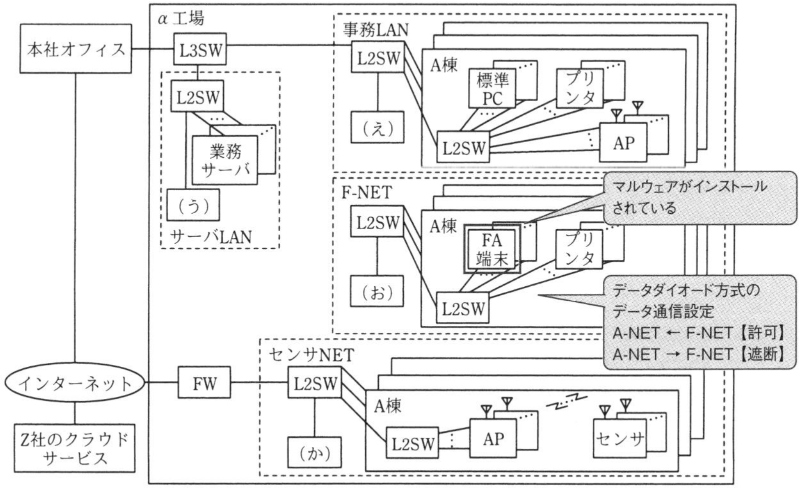

注記1　FA端末には生産設備が接続されている。当該生産設備の記載は省略している。
注記2　FA端末から業務サーバにデータを転送する仕組みは検討中である。
注記3　一部の部門NETの記載は省略している。

図5　見直し案におけるα工場のネットワーク

図5の見直し構成において，FA端末が表1のAPT攻撃を受け，表1中の番号5のステップまでが成功したと想定した場合，番号6以降のステップでのデータダイオード方式のセキュリティ上の効果を答える問題です。

FA端末が表1のAPT攻撃を受け，表1中の番号5のステップまでが成功したと想定した場合とは，F-NET内のFA端末にマルウェアがインストールされている状態です。次のステップ6では，インターネット上の攻撃者のサーバと通信し，攻撃者の指示に従って動作しようとしています。

次に表3のデータダイオード方式を確認します。

表3　FA端末から業務サーバにデータを安全に転送するための仕組みの候補（概要）

名称	説明
FW方式	F-NETとL3SWの間にステートフルパケットインスペクション型FWを設置し，F-NET側からA-NET側へのアクセス及びこの応答に相当する通信だけを中継する。A-NET側からF-NET側にアクセスする通信は全て遮断する。データは，スクリプトを用いて，自動的に業務サーバに転送し登録する。
USBメモリ方式	F-NETとA-NETは物理的に接続せず，USBメモリを用いてデータを転送する。担当者は，必要時に，USBメモリをFA端末に接続してデータを書き込んだ後，USBメモリをFA端末から取り外す。その後，A-NETに接続した標準PCにこのUSBメモリを接続し，書き込んだデータを取り出して業務サーバに登録する。
中継用PC方式	事務LANとF-NETの間にデータ転送用のPC（以下，中継用PCという）を設置し，中継用PCを用いてデータを転送する。担当者は，必要時に，FA端末を操作し，データをF-NET側から中継用PCの内蔵ストレージにコピーする。その後，中継用PCにリモートログインし，中継用PCを操作してデータを業務サーバに登録する。中継用PCは，接続した両ネットワーク間でパケットを転送する機能をもたない。
データダイオード方式	データダイオードは，二つの接続点間において，片方向だけデータを転送する機能をもつネットワーク機器である。F-NETとL3SWに接続し，F-NET側からA-NET側へのデータの転送を許可し，逆方向は全ての通信を遮断する。データダイオードの実装例として，機器内部に光通信を行う部位を設け，データが片方向しか流れないことを物理的に保証するものがある。また，一部の通信プロトコルについて，通信をエミュレートする機能[1]をもち，あたかも二つのネットワークが接続しているように見せることができる。データは，スクリプトを用いて，自動的に業務サーバに転送し登録する。

注[1]　通信プロトコルに従いデータが双方向に流れているように偽装するが，一方向への情報転送は完全に遮断する機能のこと

データダイオード方式の場合は，表3の注[1]に記載のとおり，攻撃者から見るとA-NETとF-NETは接続されているように偽装するが，A-NETからF-NETへの通信は遮断しています。したがって，攻撃者の指示はFA端末に伝えられないためマルウェアは活動しません。これらのことを解答すると正解となります。

設問4(1)の解答

【IPA 解答例】

攻撃者の操作指示が FA 端末に伝えられない。(25 字)

【別解】

図形攻撃者の指示は遮断されるためマルウェアは活動しない。(25 字)

設問4 (2)の解説 問題文のヒントから考える問題

(2) 表 4 中の [i] ～ [k] に入れる適切なものを，解答群の中から選び，記号で答えよ。解答は重複してはならない。

解答群

	データ転送の即時性	セキュリティ（マルウェア感染）
ア	○	○
イ	○	△
ウ	△	×

表 4 のデータ転送の即時性とセキュリティについて順に確認します。

表 4　それぞれの仕組みについての評価結果（抜粋）

方式	運用時の人的作業負荷	データ転送の即時性	セキュリティ（マルウェア感染）[1)]
FW 方式	○	i	
USB メモリ方式	×	△	△
中継用 PC 方式	△	j	
データダイオード方式	○	k	

注記　各評価項目を 3 段階で評価。より好ましい特徴をもつものから順に“○”，“△”，“×”とする。ここで，明らかに解決すべき重大な問題があると考えられるものは“×”とする。

注 [1)]　F-NET に接続された機器が，A-NET 経由でマルウェアに感染するリスクを評価する。

FW方式を表3で確認します。

表3　FA端末から業務サーバにデータを安全に転送するための仕組みの候補（概要）

名称	説明
FW方式	F-NET と L3SW の間にステートフルパケットインスペクション型 FW を設置し，F-NET 側から A-NET 側へのアクセス及びこの応答に相当する通信だけを中継する。A-NET 側から F-NET 側にアクセスする通信は全て遮断する。データは，スクリプトを用いて，自動的に業務サーバに転送し登録する。

「F-NET側からA-NET側へのアクセス及びこの応答に相当する通信だけを中継する。」「データは，スクリプトを用いて，自動的に業務サーバに転送し登録する。」の記述があるため，データ転送の即時性については「○」です。F-NETとA-NETはFWを介して接続しており通信は発生するため，セキュリティは「△」と判断します（選択肢イ）。

次に中継用PC方式を表3で確認します。

表3　FA端末から業務サーバにデータを安全に転送するための仕組みの候補（概要）

名称	説明
中継用PC方式	事務 LAN と F-NET の間にデータ転送用の PC（以下，中継用 PC という）を設置し，中継用 PC を用いてデータを転送する。担当者は，必要時に，FA 端末を操作し，データを F-NET 側から中継用 PC の内蔵ストレージにコピーする。その後，中継用 PC にリモートログインし，中継用 PC を操作してデータを業務サーバに登録する。中継用 PC は，接続した両ネットワーク間でパケットを転送する機能をもたない。

「担当者は，必要時に，FA端末を操作し，データをF-NET側から中継用PCの内蔵ストレージにコピーする。その後，中継用PCにリモートログインし，中継用PCを操作してデータを業務サーバに登録する。」と手作業の記述があるため，データ転送の即時性については「△」です。中継用PCはA-NETに接続しておりマルウェアに感染する可能性があります。また，中継用PCはF-NETにも接続しているため，セキュリティは「×」です（選択肢ウ）。

データダイオード方式を表3で確認します。

表3 FA端末から業務サーバにデータを安全に転送するための仕組みの候補（概要）

名称	説明
データダイオード方式	データダイオードは，二つの接続点間において，片方向だけデータを転送する機能をもつネットワーク機器である。F-NET と L3SW に接続し，F-NET 側から A-NET 側へのデータの転送を許可し，逆方向は全ての通信を遮断する。データダイオードの実装例として，機器内部に光通信を行う部位を設け，データが片方向しか流れないことを物理的に保証するものがある。また，一部の通信プロトコルについて，通信をエミュレートする機能 1)をもち，あたかも二つのネットワークが接続しているように見せることができる。データは，スクリプトを用いて，自動的に業務サーバに転送し登録する。

「F-NETとL3SWに接続し，F-NET側からA-NET側へのデータ転送を許可し，逆方向は全ての通信を遮断する。」「データは，スクリプトを用いて，自動的に業務サーバに転送し登録する。」の記述があるため，データ転送の即時性については「○」です。F-NETとA-NETはデータダイオードを介して接続していますがA-NETからF-NETへの全ての通信は遮断しているため，セキュリティも「○」です（選択肢ア）。

よって [i] はイ，[j] はウ，[k] はアが正解となります。

設問4（2）の解答

【IPA解答例】

i：イ　j：ウ　k：ア

設問4（3）の解説　問題文のヒントから考える問題

(3) 本文中の下線②及び下線③について，FA端末のマルウェア感染のリスクを低下させるために共通して接続前に行うべき措置は何か。30字以内で具体的に述べよ。

FA端末へのマルウェア感染のリスクを低下させるために，USBメモリをFA端末に接続する前に行うべき措置を答える問題です。

下線②及び下線③前後を確認します。

Cさんと D 主任は，評価の結果，方式を一つ選択した。

また，逆方向の A-NET 側から FA 端末へのデータ転送は，USB メモリを利用して行うことにした。α 工場の F-NET 管理担当者は，A-NET に接続した標準 PC に USB メモリを接続して必要なデータをコピーし，その後，②その USB メモリを FA 端末に接続してデータの更新などの作業を行う。FA 端末のメンテナンスの場合，データの更新を Y 社が行う場合もある。その場合，Y 社の担当者は，メンテナンスデータ格納した USB メモリを持参し，α 工場の F-NET 管理担当者の監督の下，③その USB メモリを FA 端末に接続して作業する。

下線②及び下線③では，FA 端末でのデータ転送，及び，メンテナンスデータの FA 端末への転送について，USB メモリを利用することとしています。USB メモリがマルウェアに感染している場合，USB メモリから FA 端末へマルウェア感染する可能性があります。この感染を防ぐためには，接続する前に USB メモリをマルウェア対策ソフトで感染チェックする必要があります。

設問4（3）の解答

【IPA 解答例】

USB メモリをマルウェア対策ソフトでスキャンする（24 字）

【別解】

USB メモリをマルウェア対策ソフトで感染チェックする（26 字）

設問5（1）の解説　問題文のヒントから考える問題

設問 5〔課題 2 の解決〕について，(1)，(2) に答えよ。

(1) 事務 LAN 用，センサ NET 用の認証サーバはどこに設置するのが適切か。それぞれ図 1 中の（あ），（い）及び図 5 中の（う）～（か）から選び，記号で答えよ。

課題 2 と〔課題 2 の解決〕について確認します。

課題２　APは，接続を許可する機器をMACアドレス認証によって制限している。パスワードやディジタル証明書を利用した認証は行っていない。APの近くから，攻撃者が［　g　］することで［　h　］を入手し，この値を使用することで容易にAPに接続できてしまう。

〔課題２の解決〕

課題２の解決のため，今後は，APでの機器の認証方式として，WPA2エンタープライズ方式を採用することにした。同方式において必要となる認証サーバは，事務LAN用とセンサNET用をそれぞれ設置する。このうち，前者は全社で共用のサーバとし，システム部が管理する。後者はα工場が管理する。

課題２は，設問３で解説したとおり「MACアドレス認証だけでは，攻撃者が容易にAPに接続できてしまう。」という問題でした。

課題２の解決策として「今後は，APでの機器の認証方式として，WPA2エンタープライズ方式を採用することにした。」と記述されています。

WPA2エンタープライズ方式については，「学習ポイント②無線LANのセキュリティ」を参照してください。WPA2エンタープライズ方式では，IEEE 802.1X認証規格のRADIUS認証システムを使用します。

事務LAN用，センサNET用の認証サーバはどこに設置するのが適切か。それぞれ図１中の（あ），（い）及び図５中の（う）～（か）から答える問題です。

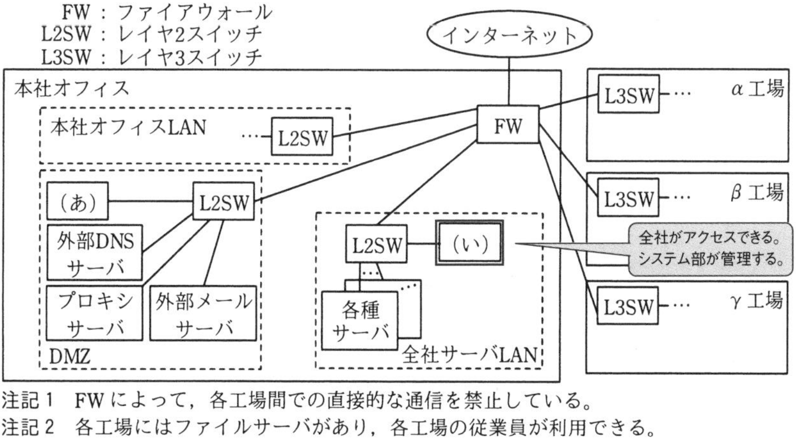

注記１　FWによって，各工場間での直接的な通信を禁止している。
注記２　各工場にはファイルサーバがあり，各工場の従業員が利用できる。

図１　A-NETの概要

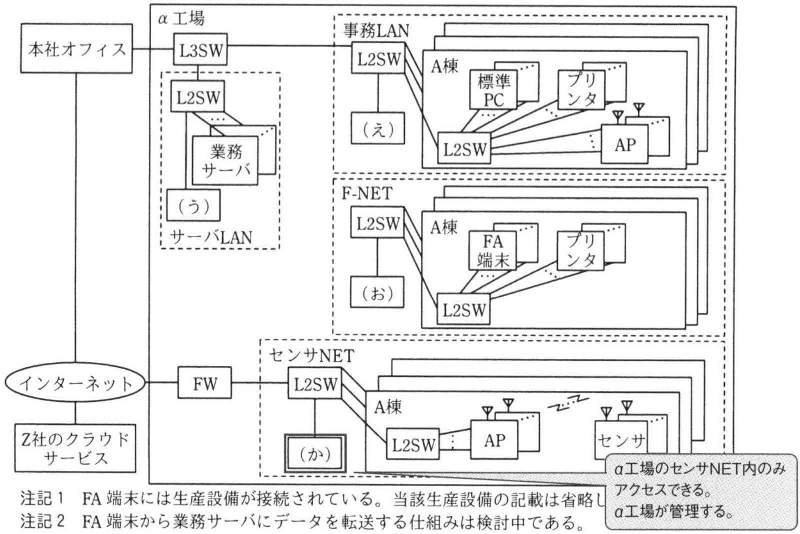

注記1　FA端末には生産設備が接続されている。当該生産設備の記載は省略し
注記2　FA端末から業務サーバにデータを転送する仕組みは検討中である。
注記3　一部の部門NETの記載は省略している。

図5　見直し案におけるα工場のネットワーク

事務LAN用については，〔課題2の解決〕に「前者(事務LAN用)は全社で共用のサーバとし，システム部が管理する。」と記述されています。工場内の事務LANも含めて全社がアクセスできる場所に設置する必要があります。図1中の(あ)はDMZであり，外部からアクセスがあるため適切ではありません。(い)は全社サーバLANであり，全社からアクサスできるため(い)に設置するのが適切です。

センサNET用については，〔課題2の解決〕に「後者(センサNET用)はα工場が管理する。」と記述されており，α工場のセンサNET内のみでアクセスできればよいと考えられます。(う)と(え)はシステム部が管理しているLANのため適切ではありません。(お)のF-NETはセンサNETとネットワーク接続していないため適切ではありません。(か)のセンサNET内に設置するのが適切です。

よって事務LAN用は(い)，センサNET用は(か)が正解となります。

設問5(1)の解答

【IPA解答例】

事務LAN用：(い)　　　　センサNET用：(か)

設問5（2）の解説 問題文のヒントから考える問題

（2） APへの不正接続を考慮した場合，図5のネットワーク構成は図4に比べ，プロジェクトWの目的の達成の面で優れている。図5が優れていると考えられる点及びその理由について，FA端末から業務サーバにデータを安全に転送するための仕組みを導入しなかった場合を想定し，60字以内で具体的に述べよ。

設問中に「図5のネットワーク構成は図4に比べ，プロジェクトWの目的の達成の面で優れている。」と記述があるため，最初にプロジェクトWの目的を確認します。

〔見直し実施の方針〕

今回のランサムウェア感染では，生産設備の停止などの重大な事態に陥ることはなかった。しかしA社の経営陣は，実害があったこと，生産設備に影響する可能性があったこと，及びB社でセキュリティ事故があったことを踏まえ，工場のセキュリティについて抜本的な見直しを行う方針を決定した。

経営陣は，システム部のM部長をこの抜本的な見直しのプロジェクト（以下，プロジェクトWという）の責任者に任命した。プロジェクトWは，サイバー攻撃などによる生産設備の停止を防ぐことを目的とし，必要な施策を検討して実施する。例えば，A-NETで障害が発生しても生産設備の稼働を維持できるようにする。

〔見直し実施の方針〕に記載されているとおり，A-NETで障害が発生しても生産設備の稼働を維持できるようにする目的を意識して解答することが求められています。

次に，「図4に比べ，図5が優れていると考えられる点及びその理由」を確認します。

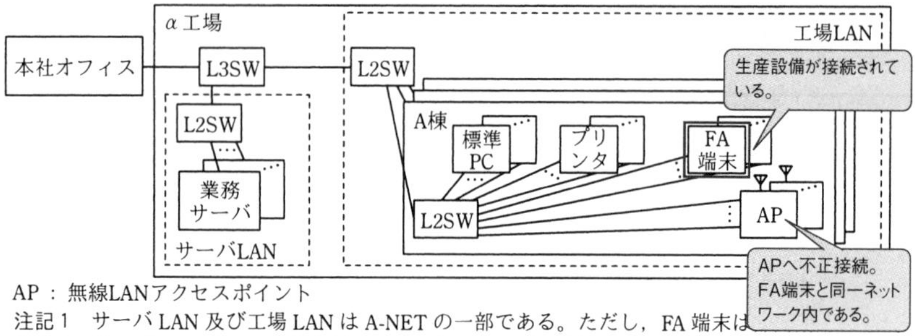

AP：無線LANアクセスポイント
注記1　サーバLAN及び工場LANはA-NETの一部である。ただし，FA端末は
注記2　サーバLANは，α工場内だけで利用するサーバを接続するためのネットワークである。
注記3　FA端末には生産設備が接続されている。当該生産設備の記載は省略している。
注記4　APは，主に，出張でα工場を訪れた他事業所の従業員の標準PCの接続に使用する。
注記5　α工場にはA-NETに接続していない部門NETがある。その記載は省略している。

図4　α工場のネットワークの概要

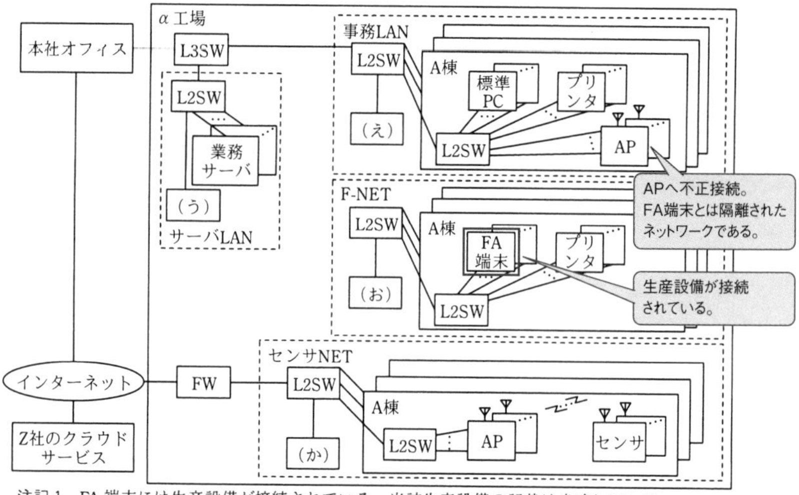

注記1　FA端末には生産設備が接続されている。当該生産設備の記載は省略している。
注記2　FA端末から業務サーバにデータを転送する仕組みは検討中である。
注記3　一部の部門NETの記載は省略している。

図5　見直し案におけるα工場のネットワーク

図4と図5の注記に記述されているとおり，生産設備はFA端末に接続されています。FA端末について図4と図5を比較すると，図5は図4と違いFA端末の属するF-NETがA-NETから隔離されているため，生産設備にとってセキュリティ面で優れた構成といえます。これらのことを考慮し，「APへの不正接続が発生しても，FA端末の属するF-NETは隔離されており生産設備の停止を防ぎ，生産設備の稼働を維持できる点」

などの解答が正解となります。

設問5(2)の解答

【IPA 解答例】

事務 LAN とセンサ NET は F-NET と分離されており，AP に不正接続しても FA 端末を攻撃できないから（50 字）

【別解】

AP への不正接続が発生しても，FA 端末の属する F-NET は隔離されており生産設備の停止を防ぎ，稼働を維持できる点（56 字）

設問6（1）の解説 知識問題

設問 6 〔課題 3 の解決〕について，(1)，(2) に答えよ。

(1) 表 5 中の下線④について，この値はどれか。解答群の中から選び，記号で答えよ。

解答群

ア CVE　イ CVSS 環境値　ウ CVSS 基本値
エ CVSS 現状値　オ CWE

課題 3 を確認します。

課題 3 工場内で使われる機器は，標準 PC 及び FA 端末も含め，業務用ソフトなどの脆弱性管理が不十分である。公開されている脆弱性情報が確認されておらず，パッチが適用されていない機器が多い。セキュリティ規程に脆弱性管理についての具体的な言及がなく，どこまで管理するかを各部門に任せている。

課題 3 は，脆弱性管理が不十分なことでした。そこで C さんは，課題 3 の対策として，脆弱性管理のプロセスを規定することにしました。

表 5 の番号 2 の内容を確認します。

表5　脆弱性管理のプロセスの案

番号	プロセス	内容
1	情報収集	利用しているハードウェア及びソフトウェアについて脆弱性情報を入手する。
2	深刻度評価	入手した脆弱性情報について④その時点での自社にとっての深刻度を評価する。
3	措置の実施	深刻度評価の結果に従い，⑤適切と考えられる措置を実施する。
4	状況管理	（省略）

下線部④は「**深刻度評価**」で「入手した脆弱性について④その時点での自社にとっての深刻度を評価する。」と記述されています。解答群のキーワードであるCVE，CVSS，CWEについて知らなければ答えられない知識問題です。解答群のCVE，CVSS，CWEについては「学習ポイント③共通脆弱性評価システムCVSS」を参照してください。

脆弱性の深刻度を評価するのは**CVSS**です。「学習ポイント③」で引用しているとおりCVSSでは次の3つの基準で脆弱性を評価します。

①**CVSS基本値**：ベンダーや脆弱性を公表する組織などが，**脆弱性の固有の深刻度**を表すために評価する基準です。

②**CVSS現状値**：脆弱性の現在の深刻度を評価する基準です。ベンダーや脆弱性を公表する組織などが，**脆弱性の現状**を表すために使用します。

③**CVSS環境値**：ユーザの利用環境も含め，最終的な脆弱性の深刻度を評価する基準です。**ユーザが脆弱性への対応を決めるために使用**します。

表5の下線部④の次のステップの番号3の内容を確認すると「深刻度評価の結果に従い，適切と考えられる措置を実施する。」と記述されています。つまり，番号3のプロセスでは，番号2のプロセスの結果にて対応を決めています。これらのことより，下線部④の値は，ユーザが脆弱性への対応を決めるために評価する基準である「CVSS環境値」が入ります。正解は「イ」となります。

設問6(1)の解答

【IPA解答例】

イ

▶学習ポイント❸

共通脆弱性評価システム CVSS

ここでは共通脆弱性評価システムCVSSについて学習します。また，下記重要キーワードについて説明できるように理解・暗記しましょう。

【重要キーワード】

- CVSS 共通脆弱性評価システム
- CVE 共通脆弱性識別子
- CWE 共通脆弱性タイプ一覧

■ CVSS (Common Vulnerability Scoring System)

CVSSとは，脆弱性の深刻度の汎用的な評価手法です。IPAセキュリティセンターが公開している「共通脆弱性評価システムCVSS v3概説」では，次のように説明されています。

--- 引用ここから ---

1.1 CVSSとは

CVSSは，情報システムの脆弱性に対するオープンで汎用的な評価手法であり，ベンダーに依存しない共通の評価方法を提供しています。CVSSを用いると，脆弱性の深刻度を同一の基準の下で定量的に比較できるようになります。また，ベンダー，セキュリティ専門家，管理者，ユーザ等の間で，脆弱性に関して共通の言葉で議論できるようになります。

CVSSでは次の3つの基準で脆弱性を評価します。

(1) 基本評価基準 (Base Metrics)

脆弱性そのものの特性を評価する基準です。情報システムに求められる3つのセキュリティ特性，「機密性 (Confidentiality Impact)」，「完全性 (Integrity Impact)」，「可用性 (Availability Impact)」に対する影響を，ネットワークから攻撃可能かどうかといった基準で評価し，CVSS基本値 (Base Score) を算出します。この基準による評価結果は固定していて，時間の経過や利用環境の異なりによって変化しません。ベンダーや脆弱性を公表する組織などが，脆弱性の固有の深刻度を表すために評価する基準です。

(2) 現状評価基準 (Temporal Metrics)

脆弱性の現在の深刻度を評価する基準です。攻撃コードの出現有無や対策情報が利用可能であるかといった基準で評価し，CVSS 現状値 (Temporal Score) を算出します。この基準による評価結果は，脆弱性への対応状況に応じ，時間が経過すると変化します。ベンダーや脆弱性を公表する組織などが，脆弱性の現状を表すために評価する基準です。

(3) 環境評価基準 (Environmental Metrics)

ユーザの利用環境も含め，最終的な脆弱性の深刻度を評価する基準です。脆弱性の対処状況を評価し，CVSS 環境値 (Environmental Score) を算出します。この基準による評価結果は，脆弱性に対して想定される脅威に応じ，ユーザ毎に変化します。ユーザが脆弱性への対応を決めるために評価する基準です。

--- 引用ここまで ---

出所：「共通脆弱性評価システム CVSS v3 概説」独立行政法人 情報処理推進機構 セキュリティセンター
https://www.ipa.go.jp/security/vuln/CVSSv3.html

■ CVE (Common Vulnerabilities and Exposures)

CVEとは，脆弱性を管理するための識別子です。IPAセキュリティセンターが公開する「共通脆弱性識別子CVE概説」では次のように説明されています。

--- 引用ここから ---

共通脆弱性識別子 CVE (Common Vulnerabilities and Exposures) は，個別製品中の脆弱性を対象として，米国政府の支援を受けた非営利団体のMITRE 社が採番している識別子です。脆弱性検査ツールや脆弱性対策情報提供サービスの多くが CVE を利用しています。

個別製品中の脆弱性に一意の識別番号「CVE 識別番号 (CVE-ID)」を付与することにより，組織 A の発行する脆弱性対策情報と，組織 X の発行する脆弱性対策情報とが同じ脆弱性に関する対策情報であることを判断したり，対策情報同士の相互参照や関連付けに利用したりできます。

--- 引用ここまで ---

出所：「共通脆弱性識別子CVE概説」独立行政法人 情報処理推進機構 セキュリティセンター
https://www.ipa.go.jp/security/vuln/CVE.html

■CWE（Common Weakness Enumeration）

CWEとは，脆弱性の種類を体系的に指標として示したものです。IPAセキュリティセンターが公開している「共通脆弱性タイプ一覧CWE概説」では，次のように説明されています。

--- 引用ここから ---

共通脆弱性タイプ一覧CWE（Common Weakness Enumeration）は，ソフトウェアにおけるセキュリティ上の弱点（脆弱性）の種類を識別するための共通の基準を目指しています。

1999年頃から米国政府の支援を受けた非営利団体のMITREが中心となり仕様策定が行われ，2006年3月に最初の原案が公開されました。その後，40を超えるベンダーや研究機関が協力して仕様改善や内容拡充が行われ，2008年9月9日にCWEバージョン1.0が公開されました。

CWEでは，SQLインジェクション，クロスサイト・スクリプティング，バッファオーバーフローなど，多種多様にわたるソフトウェアの脆弱性を識別するための，脆弱性の種類（脆弱性タイプ）の一覧を体系化して提供しています。CWEを用いると，ソフトウェア開発者やセキュリティ専門家などに次のようなメリットがあります。

1．ソフトウェアのアーキテクチャ，デザイン，コードに内在する脆弱性に関して，共通の言葉で議論できるようになる。
2．脆弱性検査ツールなど，ソフトウェアのセキュリティを向上させるための，ツールの標準の評価尺度として使用できる。
3．脆弱性の原因を認識し，脆弱性の低減を行い，再発を防止するための共通の基準として活用できる。

--- 引用ここまで ---

出所：「共通脆弱性タイプ一覧CWE概説」独立行政法人 情報処理推進機構 セキュリティセンター
https://www.ipa.go.jp/security/vuln/CWE.html

設問6 (2) の解説　問題文のヒントから考える問題

(2) 表5中の下線⑤について，図5中の業務サーバのソフトウェアにネットワーク経由での遠隔操作につながる可能性がある深刻度の高い脆弱性が見つかった場合に，A-NETへの被害を防ぐために適切と考えられる措置の例を二つ挙げ，それぞれ25字以内で具体的に述べよ。

課題3の対策としてシステム部が規定する脆弱性プロセスについての問題です。業務サーバのソフトウェアにネットワーク経由での遠隔操作につながる可能性がある深刻度の高い脆弱性が見つかった場合に，A-NETへの被害を防ぐために適切と考えられる措置の例を2つ問われています。

設問に記載されている業務サーバの位置を，図5で確認します。

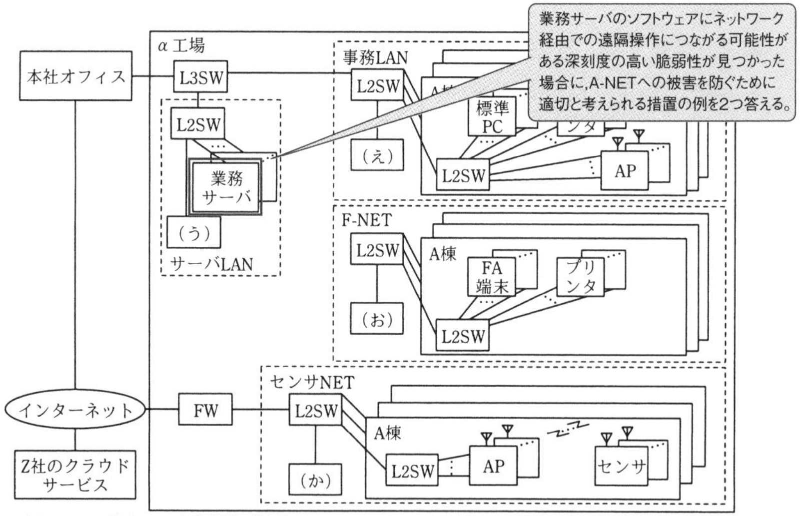

注記1　FA端末には生産設備が接続されている。当該生産設備の記載は省略している。
注記2　FA端末から業務サーバにデータを転送する仕組みは検討中である。
注記3　一部の部門NETの記載は省略している。

図5　見直し案におけるα工場のネットワーク

次に課題3を確認します。

> 課題3　工場内で使われる機器は，標準PC及びFA端末も含め，業務用ソフトなどの脆弱性管理が不十分である。公開されている脆弱性情報が確認されておらず，パッチが適用されていない機器が多い。セキュリティ規程に脆弱性管理についての具体的な言及がなく，どこまで管理するかを各部門に任せている。

課題3に「公開されている脆弱性情報が確認されておらず，パッチが適用されていない機器が多い。」と記述されています。

一つ目の措置として，ソフトウェアに脆弱性が見つかった場合は，まずソフトウェアの製造元から問題となる脆弱性を対策するパッチが公開されているか確認する必要があります。パッチが公開されている場合は，パッチの適用を行うことで脆弱性を解消することができます。

もう一つの措置としては，緊急暫定措置として，脆弱性をもつソフトウェアの利用を停止することが考えられます。

その他の緊急暫定措置としては，業務サーバをネットワークから切り離す措置も必要となります。したがって，「当該脆弱性に対応したパッチを適用する。」「脆弱性をもつソフトウェアの利用を停止する。」「業務サーバをネットワークから切り離す」などを解答すると正解となります。

設問6(2)の解答

【IPA解答例】

- 当該脆弱性に対応したパッチを適用する。(19字)
- 脆弱性をもつソフトウェアの利用を停止する。(21字)

【別解】

- 業務サーバをネットワークから切り離す(18字)

設問7(1)の解説 問題文から抜粋問題

設問7 〔セキュリティ規程の見直し〕について，(1)，(2) に答えよ。

(1) 図4中の工場LAN，標準PC及びFA端末，並びに図5中の事務LAN，F-NET，センサNET，標準PC及びFA端末は，図2のセキュリティ規程に従うと，それぞれどの部門が管理を担うことになるか。適切な部門を解答群の中から選び，記号で答えよ。

解答群

ア α工場　　イ 営業部　　ウ 財務部
エ システム部　　オ 総務部

設問に記載されている機器やネットワークの管理部門を答える問題です。各機器やネットワークの管理部門について，関連する問題文の記述を解説します。図4から確認します。

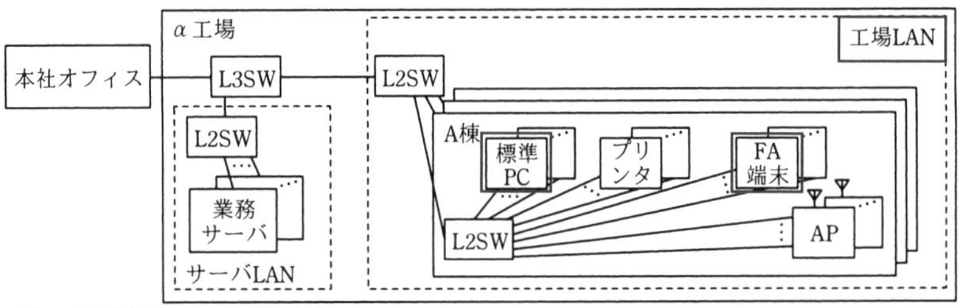

AP：無線LANアクセスポイント
注記1　サーバLAN及び工場LANはA-NETの一部である。ただし，FA端末は部門機器である。
注記2　サーバLANは，α工場内だけで利用するサーバを接続するためのネットワークである。
注記3　FA端末には生産設備が接続されている。当該生産設備の記載は省略している。
注記4　APは，主に，出張でα工場を訪れた他事業所の従業員の標準PCの接続に使用する。
注記5　α工場にはA-NETに接続していない部門NETがある。その記載は省略している。

図4　α工場のネットワークの概要

図4中の工場LANは，図4の注記1に「サーバLAN及び工場LANはA-NETの一部である。」と記述があります。また，問題文最初のA社説明部分に「A-NETはシステム部が管理し，社内の多くの機器が接続されている。」と記述されています。このことより，図4中の工場LANの管理部門は「エ」のシステム部となります。

> れている。各工場はそれぞれが独立した部門である。A 社は，各事業所内及び事業所間を結ぶ基幹ネットワーク（以下，A-NET という）を整備している。A-NET はシステム部が管理し，社内の機器の多くが接続されている。

図 4 中の標準 PC は，図 2 の項番 1 に「A 社が従業員に貸与する PC（以下，標準 PC という）は，システム部が管理する。」と記述があります。このことより，図 4 中の標準 PC の管理部門は「エ」のシステム部となります。

> 1. A 社が従業員に貸与する PC（以下，標準 PC という）は，システム部が管理する。
> 2. システム部は，標準 PC の仕様を定める。また，標準 PC について，セキュリティを維持するための措置を定める。この措置には，脆《ぜい》弱性修正プログラム（以下，パッチという）の適用及びマルウェア対策ソフトの導入が含まれる。
> 3. 各部門は，業務に必要なソフトウェア（以下，業務用ソフトという）を調達し，標準 PC にインストールして利用することができる。ただし，その場合は，調達前にシステム部の許可を得る。また，当該部門は当該業務用ソフトを適切に管理する。
> 4. システム部は，A-NET について，セキュリティ及びその他の不都合が生じないように管理・維持する責任と，そのための権限をもつ。
>
> 図 2　A 社のセキュリティ規程（抜粋）

図 4 中の FA 端末は，図 3 の下に「FA 端末は，α 工場が管理する機器として A-NET への接続が許可されていた。」と記述があります。このことより，図 4 中の FA 端末の管理部門は「ア」の α 工場となります。

> 図 3 中の 6 について，感染拡大の試行の痕跡が見つかったのは，いずれも生産設備を制御するための専用 PC（以下，FA 端末という）だった。FA 端末は，α 工場が管理する部門機器として A-NET への接続が許可されていた。FA 端末には，パッチの適

次に図 5 を確認します。

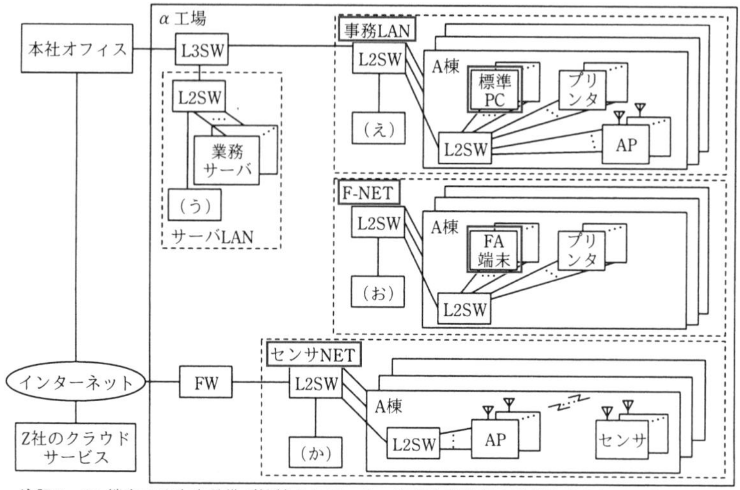

注記 1　FA 端末には生産設備が接続されている。当該生産設備の記載は省略している。
注記 2　FA 端末から業務サーバにデータを転送する仕組みは検討中である。
注記 3　一部の部門 NET の記載は省略している。

図 5　見直し案におけるα工場のネットワーク

図 5 中の事務 LAN は，表 2 の事務 LAN の説明に「事務などのデスクワークに利用するネットワークであり，A-NET の一部として管理する。」と記述があります。また，問題文最初の A 社説明部分に「A-NET はシステム部が管理し，社内の多くの機器が接続されている。」と記述されています。このことより，図 5 中の事務 LAN の管理部門は「エ」のシステム部となります。

表 2　見直し案におけるα工場の各ネットワーク（抜粋）

名称	説明
事務 LAN	事務などのデスクワークに利用するネットワークであり，A-NET の一部として管理する。主に標準 PC やプリンタを接続する。AP を設置する。許可を受けた機器は無線で接続できる。
F-NET	α工場において，FA 端末，プリンタ，その他の生産設備に関係する機器だけを接続する部門 NET である。F-NET と A-NET の接続の有無及び接続する場合の形態は別途検討する。
センサ NET	α工場では，一部の生産設備に IoT センサ（以下，センサという）を取り付けて，設備の監視などに役立てる実証実験をクラウドサービス事業者の Z 社と進めている。センサ NET をこのための部門 NET として新設する。センサが収集したデータは，センサ NET 経由で，Z 社のクラウドサービスに登録する。α工場の担当者は，Z 社のクラウドサービスにアクセスし，設備の状況を把握できる。センサの不具合が生産設備に直接影響を与えることはない。

図5中のF-NETは，表2のF-NETの説明に「α工場において，FA端末，プリンタ，その他の生産設備に関する機器だけを接続する部門NETである。」と記述があります。また，図2の項番6に「各部門は，専用のネットワーク（以下，部門NETという）を構築し利用できる。」と記述されています。このことより，図5中のF-NETの管理部門は「ア」のα工場となります。

表2　見直し案におけるα工場の各ネットワーク（抜粋）

名称	説明
事務LAN	事務などのデスクワークに利用するネットワークであり，A-NETの一部として管理する。主に標準PCやプリンタを接続する。APを設置する。許可を受けた機器は無線で接続できる。
F-NET	α工場において，FA端末，プリンタ，その他の生産設備に関係する機器だけを接続する部門NETである。F-NETとA-NETの接続の有無及び接続する場合の形態は別途検討する。
センサNET	α工場では，一部の生産設備にIoTセンサ（以下，センサという）を取り付けて，設備の監視などに役立てる実証実験をクラウドサービス事業者のZ社と進めている。センサNETをこのための部門NETとして新設する。センサが収集したデータは，センサNET経由で，Z社のクラウドサービスに登録する。α工場の担当者は，Z社のクラウドサービスにアクセスし，設備の状況を把握できる。センサの不具合が生産設備に直接影響を与えることはない。

図5中のセンサNETは，表2のセンサNETの説明に「センサNETをこのための部門NETとして新設する。」と記述があります。また，図2の項番6に「各部門は，専用のネットワーク（以下，部門NETという）を構築し利用できる。」と記述されています。このことより，図5中のセンサNETの管理部門は「ア」のα工場となります。

表2　見直し案におけるα工場の各ネットワーク（抜粋）

名称	説明
事務LAN	事務などのデスクワークに利用するネットワークであり，A-NETの一部として管理する。主に標準PCやプリンタを接続する。APを設置する。許可を受けた機器は無線で接続できる。
F-NET	α工場において，FA端末，プリンタ，その他の生産設備に関係する機器だけを接続する部門NETである。F-NETとA-NETの接続の有無及び接続する場合の形態は別途検討する。
センサNET	α工場では，一部の生産設備にIoTセンサ（以下，センサという）を取り付けて，設備の監視などに役立てる実証実験をクラウドサービス事業者のZ社と進めている。センサNETをこのための部門NETとして新設する。センサが収集したデータは，センサNET経由で，Z社のクラウドサービスに登録する。α工場の担当者は，Z社のクラウドサービスにアクセスし，設備の状況を把握できる。センサの不具合が生産設備に直接影響を与えることはない。

図5中の標準PCは，図4中の標準PCと同様に管理部門は「エ」のシステム部となります。

図5中のFA端末は，図4中のFA端末と同様に管理部門は「ア」のα工場となります。

設問7（1）の解答

【IPA解答例】

図4 工場LAN：エ	標準PC：エ	FA端末：ア
図5 事務LAN：エ	F-NET：ア	センサNET：ア
標準PC：エ	FA端末：ア	

設問7（2）の解説　問題文のヒントから考える問題

（2）本文中の下線⑥について，追加すべき事項を二つ挙げ，本文中の用語を用いて，それぞれ20字以内で具体的に述べよ。

セキュリティ規定の見直しで追加する規定に合わせて，図2中の7に記載の申請書に追加する事項を答える問題です。図2中の7に記載の申請書記載項目を確認しましょう。この申請書に追加を行います。

7. 各部門は，部門機器又は部門NETをA-NETに接続する場合，接続前にシステム部に申請し許可を得る。申請時には，次の事項を記した書面を提出する。
- 接続の目的
- 接続に必要な技術情報（必要なIPアドレスの数，想定される通信量，その他システム部が別途定めるもの）
- 管理者と連絡先

図2　A社のセキュリティ規程（抜粋）（続き）

次に，本文中の下線部⑥前後を確認します。

> Cさんは，これまでFA端末をA-NETに接続してきた経緯を踏まえ，セキュリティ規程に次の項目を追加することを考えた。
> ・各部門は，部門機器及び部門NETを適切に管理・維持するための措置を定める。
> ・各部門は，部門機器又は部門NETをA-NETに接続するための申請を行う前に，当該接続についてリスクアセスメントを実施する。
> ・システム部は，各部門が上記の作業を行う際に，これを支援する。
>
> Cさんが項目の追加についてF氏に相談したところ，F氏は，追加する項目に合わせて，図2中の7について⑥申請時に書面に記す事項を追加することを提案した。
> また，cさんは，APへの接続制限の方法，及び業務用ソフトの脆弱性管理に不備があったことを考慮し，セキュリティに関わる施策の実施状況及びその効果を定期的に見直すプロセスをセキュリティ規程に明記することを考えた。

Cさんの考えた項目の追加は，「・各部門は，部門機器及び部門NETを適切に管理・維持するための措置を定める。」「・各部門は，部門機器又は部門NETをA-NETに接続するための申請を行う前に，当該接続についてリスクアセスメントを実施する。」の2件です。

F氏は，この2件の追加項目が実施済みであることとその内容を申請書で確認するとともに，記録に残す必要があると考えたと思われます。したがって「各部門が定めた管理・維持のための措置」「リスクアセスメントの結果」などを解答すると正解となります。

設問7(2)の解答

【IPA解答例】

・各部門が定めた管理・維持のための措置（18字）
・リスクアセスメントの結果（12字）

午後Ⅱ 問2 クラウドサービスでのセキュリティ DHCPサーバと認証の知識

クラウドセキュリティに関する次の記述を読んで，設問1～6に答えよ。

C社は，従業員150名の個人向けの投資コンサルティング会社である。金融商品や不動産投資に詳しいファイナンシャルプランナ60名からなる事業部，50名の営業部，20名の企画部，20名の経営管理部がある。顧客の投資診断や運用の提案を行うロボットアドバイザサービスが好調で，創立5年目で売上高が30億円を超える会社に成長を遂げた。

CEOは，顧客満足度と従業員満足度の向上を目指して，次期ITに関して次のような方針を示している。

次期ITの方針1：サービスを更に向上させるために積極的にITを活用する。特にSaaSを活用する。

次期ITの方針2：働き方改革及びパンデミック対策の観点から，テレワーク環境を整備する。

C社では，経営管理部内の総務グループ（以下，総務Gという）の5名が情報システムの管理を担当している。

C社の現在の情報システム概要は，図1のとおりである。

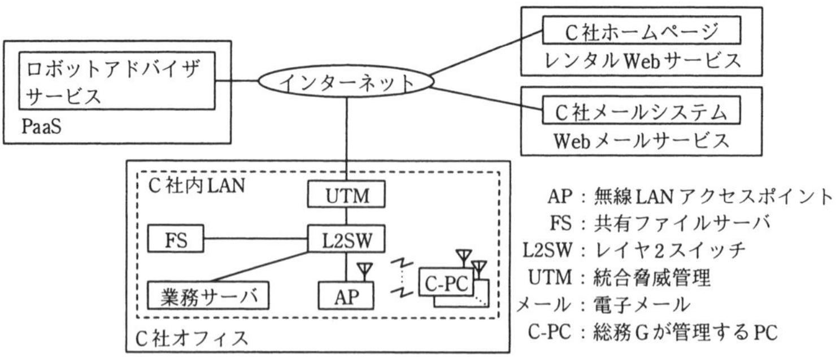

図1　C社の現在の情報システム概要

UTMは，ステートフルパケットインスペクション型ファイアウォールに複数のセキュリティ機能を統合したものである。DHCPサーバの機能も備えており，APに接続する機器に192.168.1.20～192.168.1.240の範囲のIPアドレスを配布している。

C社内LANのネットワークセグメントは一つだけである。有線でL2SWに接続している機器には固定のIPアドレスを割り当てている。無線LANはWPA2パーソナルで運用しており，SSID及び事前共有鍵を従業員に開示している。

C社は，従業員に1人1台のC-PCを貸与している。OSのドメインコントローラは導入しておらず，従業員は貸与されたC-PCにローカルログインする。C-PCはAPに接続し，インターネットへのアクセスが可能である。事業部及び企画部では，顧客への提案や企画の立案時にインターネット上にある多くの情報を収集，取捨選択，加工することによって付加価値を生み出すことが不可欠であると認識している。その他の部門では，取引先などの企業情報検索と出張先への経路の検索にインターネットを利用している。

PC，スマートフォンなどの個人所有の機器（以下，個人所有機器という）のC社内LANへの接続は統制しておらず，多くの従業員は，個人所有機器をAPに接続して使用している。また，業務で新たにSaaSを利用する際，会社で統一された承認ルールはなく，各部の判断でSaaSの利用契約を締結している。

〔一つ目のトラブル〕

新入社員が配属されたある日，C-PCで障害が発生しているという連絡が総務Gに入った。総務GのAさんが調査したところ，次のような状況であった。

- 朝の時点では，C-PCや個人所有機器の利用について特に異常を感じた従業員はいなかった。
- 営業部のUさんが13時に出張から戻りC-PCを起動したところ，C-PCへのローカルログインはできたが，業務サーバにアクセスできず，メールの送受信もインターネット上のWebサイトの閲覧もできなかった。
- この後に起動したC-PCや接続しようとした個人所有機器の多くで同様の障害が発生していたが，何台かのC-PCや個人所有機器では障害が発生していなかった。障害が発生していたものと発生していなかったものとで，障害原因になるような違いは見当たらなかった。

Aさんは，障害が発生していたC-PCのネットワーク設定を調べたところ，①上位2オクテットが169.254に設定されたIPアドレスで動作していることに気付いた。C社は雑居ビルの中にあって誰でもC社オフィスに近づくことが可能なので，偽のDHCPサーバが立ち上げられたなど，何らかのサイバー攻撃を受けているのではないかと心配になり，経営管理部のE部長に報告した。E部長は，専門家の助言が必要と考え，C社内LANの構築で支援を受けたD社に依頼した。

D社のセキュリティコンサルタントである情報処理安全確保支援士（登録セキスペ）のKさんは，Aさんから説明を受け，次のようにコメントした。

コメント1：障害が発生したC-PCのIPアドレスは，DHCPサーバが正常に動作していない場合にしばしば確認される。偽のDHCPサーバの設置ではなく，②C社内LANでの個人所有機器の利用が原因で問題が引き起こされた結果である。個人所有機器の利用が原因であれば，DHCPサーバの設定変更で当面の障害に対処し，C社内での個人所有機器の利用を見直していくのがよい。

コメント2：念のために，③UTM以外にDHCPサーバが稼働しているかどうかも調査するとよい。

コメントを受け，Aさんが調査したところ，UTM以外にDHCPサーバは確認できなかった。このことから，サイバー攻撃を受けているわけではないと判断し，DHCPサーバの設定を変更した。

〔二つ目のトラブル〕

DHCPサーバに起因するトラブル（以下，トラブル1という）が解決した直後，企画部が最近利用し始めたビジネスチャットサービスR（以下，サービスRという）という無料のSaaSにおいて，別のトラブル（以下，トラブル2という）が発生した。

トラブル2の報告を受けたAさんが調査したところ，次のような状況であった。

状況1：企画部の部員がサービスRに開設したチャットエリアにおいて，模造サングラス販売の不正サイトに誘導するチャットが，部員のVさんのアカウントから連続して書き込まれた。Vさん本人は，身に覚えがないとのことだった。

状況2：企画部では，以前からサービスWというSNSを使って公開情報を発信している。Vさんを含む部員の数名は，会社のメールアドレスをサービスRとサービスWの利用者IDとして登録し，両方のサービスで同じパスワードを設定していた。サービスWでは，パスワード漏えいの事故があり，企画部の部員は全員がサービスWのパスワードを変更したが，誰もサービスRのパスワードは変更しなかった。

状況3：外部の何者かがサービスR内の情報に不正にアクセスし情報を持ち出していないかを調査するため，サービスRの提供会社にアクセスログを提供してもらえないかと問い合わせたが，無料のサービスについては提供できないという回答だった。

状況1～3から，Aさんは，サービスRのアカウントが乗っ取られている可能性が高いので全員のパスワードをすぐに変更すべきであることと，サービスRでどのような情報にアクセスされたかはログが入手できないので調査が困難であることをE部長に報告した。E部長は，状況3について，仮に情報漏えいがあった場合，最大でどの程度の被害となり得るかを判断するために，④アクセスログの調査以外に実施できる調査を指示した。Aさんは，総務Gのほかの部員にも協力を仰ぎ，指示された調査を実施して結果をまとめた。

E部長は，調査の結果を確認し，今回は大きな被害はなかったと判断したが，情報セキュリティ対策の強化が急務であると感じた。そこで，業務における個人所有機器及びSaaSの利用を統制すべきとCEOに提言した。CEOは，統制の必要性に合意したが，一方で，過剰に統制すると従業員のビジネスマインドを阻害しかねないので，統制レベルを慎重に検討するよう指示した。

〔次期ITのセキュリティ要件〕

E部長は，トラブル1及びトラブル2の再発防止策，並びに次期ITの方針を踏まえて，統制の実現に向けた次期ITのセキュリティ要件を表1のように整理した。

表1　次期ITのセキュリティ要件

要件	内容
要件1	APには，C-PCだけを接続できるようにする。
要件2	業務での個人所有機器の利用を禁止する。テレワークに必要なPCは貸与する。
要件3	パスワードの使い回しを防ぎ，従業員がパスワードを管理する負担を軽減するため，SaaSへのログインを統合する。
要件4	業務で利用するSaaSは，総務Gが契約したSaaSだけに制限する。また，業務に不要なWebサイトへのアクセスを制限する。ただし，業務での情報収集は妨げないようにする。
要件5	総務Gが契約したSaaSには，総務Gが管理するアカウントでアクセスする。C-PCからは，従業員が個人で管理するアカウントでのアクセスができないようにする。
要件6	業務で利用するSaaSは，その安全性を総務Gが判断した上で契約する。
要件7	業務で利用するSaaSからの情報漏えいを防ぐための技術的対策を導入する。

〔要件1の検討〕

APへの接続方式をWPA2エンタープライズにし,APへの接続時にIEEE 802.1X(以下，802.1Xという)でのディジタル証明書による認証を行う。

802.1Xのシーケンスを図2に示す。

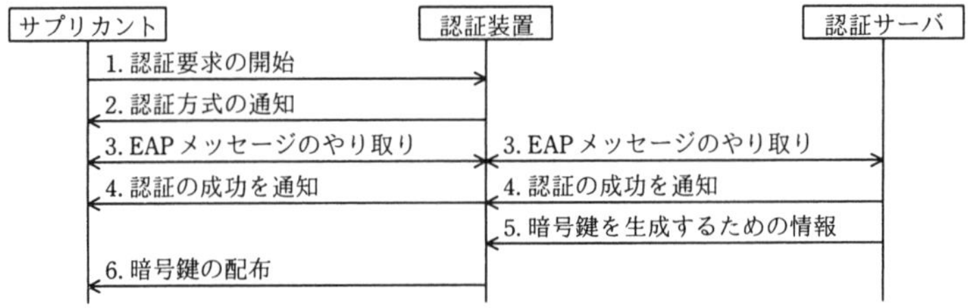

図2　802.1X のシーケンス（概要）

図2中のサプリカントには図1中の［　a　］が，図2中の認証装置には図1中の［　b　］が該当する。C-PC の IP アドレスは，図2中の［　c　］，DHCP サーバから割り当てられる。

〔要件2及び3の検討〕

要件2については，業務で利用するC社の情報システムや SaaS へのアクセスの際，機器をクライアント認証することにした。また，要件3については，SaaS へのアクセスにおける認証と認可に，インターネット上の認証サービスである IDaaS を利用することにした。

代表的な IDaaS であるサービスQについて調査した。サービスQの概要を表2に示す。

表2　サービスQの概要

番号	分類	内容
1	提供形態	クラウドサービスとして機能を提供している。
2	接続元の認証	次の方式又はその組合せで認証することができる。 - 利用者 ID 及びパスワード - ディジタル証明書による TLS クライアント認証 1) - ワンタイムパスワードデバイス又は SMS を使ったワンタイムパスワード - 生体認証
3	SaaS との連携	SAML を採用している SaaS と連携できる。連携した SaaS にはシングルサインオンできる。

注 1)　ディジタル証明書は，クレデンシャルとともに検証する。

C社の各部と議論を重ねた結果，幾つかの SaaS を総務Gで契約し，管理して提供すれば，ほとんどの業務が行えることが分かった。これらの SaaS は全て SAML 認証に対応しており，サービスQと連携できることも確認できた。また，ディジタル証明書だけで認証することもでき，従業員がパスワードを管理する負担の軽減につながるので，サービスQを採用することにした。

C社オフィス外での業務については，モバイルPCを追加で購入し，モバイルPCを持ち出し用のC-PC（以下，持出C-PCという）として貸与することにした。

〔要件4及び5の検討〕

要件4を満たすためには，総務Gが契約したSaaSへのアクセスについてサービスQでの認証を必須にするだけでなく，総務Gが契約していないSaaSやインターネット上の様々なWebサイトへのアクセスも制御する必要がある。しかし，総務Gが契約したSaaS，企業情報検索，出張先への経路検索及びC社の情報システムへのアクセスだけを許可し，それ以外へのアクセスを全て遮断すると，⑤支障が出る業務がある。

調査を更に進めた結果，要件4及び5の実現に利用できそうなサービスがあることが分かった。機器からインターネットへの通信を中継するプロキシ型のクラウドサービスである。その一つにサービスNがある。サービスNを利用するには，機器からインターネットへの通信を全てサービスN経由で行うなどの制御を行う端末制御エージェントソフトウェア（以下，Pソフトという）を機器に導入する必要がある。管理者は，Pソフトを，一般利用者権限では動作の停止やアンインストールができないように設定することができる。

サービスNの機能を表3に示す。

表3　サービスNの機能（抜粋）

番号	機能名	内容
1	利用者IDによるフィルタリング機能	・Pソフトで，SaaSへのログイン時に，許可された利用者IDの場合だけ通信を許可し，その他の利用者IDの場合は通信を遮断する。 ・許可する利用者IDは，管理者がSaaSごとに設定できる。
2	URLフィルタリング機能	・サービスNが中継する際に，アクセス可能なURLを制限する。 ・制限するURLのリストはベンダから提供され，例えば，“ショッピング”，“犯罪・暴力”，“金融・経済”などWebサイトの内容による分類や，“オンラインストレージ”，“アップローダ”などのWebサービスの機能による分類がされており，管理者が選択できる。 ・制限するURLは，管理者が追加及び削除できる。
3	可視化機能	・中継する通信を監視し，統計情報をログとして提供する。 ・一部のSaaSについては，そのSaaSが提供するAPIを使って，アクセスログを収集できる。
4	保管時の自動暗号化機能	・一部のSaaSに対し，そのSaaSが提供するAPIを使って，特定フォルダに保管するファイルを自動的に暗号化することができる。 ・暗号鍵は，利用者ごと又は社内共通にすることができる。

要件4及び5は，サービスQとサービスNを組み合わせて実現する。サービスQ

とサービスNを利用した場合の動作の概要を図3に示す。

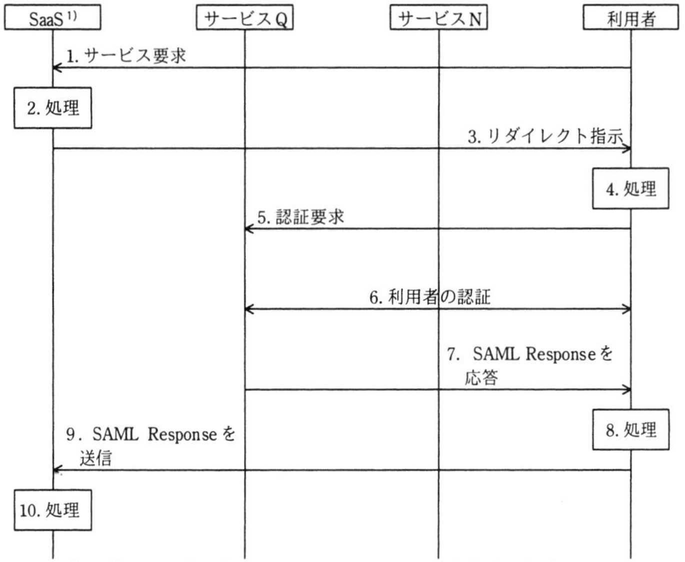

注記1　図中の“処理”には，先行するシーケンスを入力とした条件判断などの処理と，そのまま次のシーケンスにリダイレクトする処理がある。
注記2　サービスNの処理などは記述を省略している。
注 1)　総務Gが契約しているSaaSである。

図3　サービスQとサービスNを利用した場合の動作の概要

図3において，⑥総務Gが管理していない機器からのサービス要求があった場合は，シーケンスが途中で遮断される。

調査の結果，サービスQとサービスNを利用することで要件4及び5を実現できると判断し，サービスNを採用することにした。

〔要件6及び7の検討〕

要件6については，C社では，SaaSを契約するに当たって，⑦SaaS又はSaaS事業者が何らかのセキュリティ規格に準拠していることの第三者による認証を確認するか，SaaS事業者が自ら発行するホワイトペーパを確認することにした。

要件7については，SaaSで重要な情報を扱う場合，当該SaaSで利用可能ならば表3中の番号［ d ］の機能を利用する。それによって，サービスNを経由しない不正アクセスによるSaaSからの情報漏えいを防ぐことで，要件7に対応することにした。

〔次期 IT への移行〕

C-PC は管理者権限による管理を総務 G が行い，従業員には一般利用者権限だけを与えることにした。また，⑧持出 C-PC は，セキュリティ設定とソフトウェアなどの導入を行ってから従業員に貸与することにした。

検討を進めた次期 IT への移行計画は承認され，C 社の情報システムは次期 IT に移行された。

設問 1 〔一つ目のトラブル〕について，(1) ～ (3) に答えよ。

(1) 本文中の下線①は何と呼ばれているか。解答群の中から選び，記号で答えよ。

解答群

ア グローバルアドレス　　イ プライベートアドレス
ウ ブロードキャストアドレス　　エ マルチキャストアドレス
オ リンクローカルアドレス　　カ ループバックアドレス

(2) 本文中の下線②について，C 社内 LAN での個人所有機器のどのような利用状況によって，どのような問題が引き起こされたか。60 字以内で具体的に述べよ。

(3) 本文中の下線③について，UTM 以外に DHCP サーバが稼働しているかどうかをどのように調査するのか。UTM の DHCP サーバを稼働させたまま行う方法と停止させて行う方法を，それぞれ 55 字以内で具体的に述べよ。

設問 2 本文中の下線④について，アクセスログ以外に何を調査すべきか。調査すべきものを 40 字以内で述べよ。

設問 3 〔要件 1 の検討〕について，(1)，(2) に答えよ。

(1) 本文中の [a]，[b] に入れる適切な字句を，図 1 中の用語で答えよ。

(2) 本文中の [c] に入れる適切な字句を解答群の中から選び，記号で答えよ。

解答群

ア “1.” より前に　　イ “3.” と同時に
ウ “6.” と同時に　　エ “6.” より後に

設問4〔要件4及び5の検討〕について，(1)～(4)に答えよ。

(1) 本文中の下線⑤で示した，C社において支障が出る業務とは何か。一つ挙げ25字以内で述べよ。

(2) 要件4は，表3中のどの機能で実現できるか。表3中の番号で一つ答えよ。

(3) 要件5は，表3中のどの機能で実現できるか。表3中の番号で一つ答えよ。

(4) 本文中の下線⑥について，図3中のどの段階で遮断されるかを，解答群から選び，記号で答えよ。また，総務Gが管理していない機器かどうかはどのような方法で判定するか。判定の方法を30字以内で具体的に述べよ。

解答群

ア 1.～2.　イ 3.～4.　ウ 5.～6.

エ 7.～8.　オ 9.～10.

設問5〔要件6及び7の検討〕について，(1)，(2)に答えよ。

(1) 本文中の下線⑦について，規格又は認証の例を20字以内で答えよ。

(2) 本文中の［ d ］に入れる適切な番号を，表3中の番号で一つ答えよ。

設問6〔次期ITへの移行〕について，(1)，(2)に答えよ。

(1) 本文中の下線⑧について，要件2を満たし，そのセキュリティ設定が従業員によって無効にされないためには，どのように設定する必要があるか。30字以内で述べよ。

(2) 本文中の下線⑧について，要件4及び5を満たし，それを維持するためには，どのソフトウェアをどのように設定する必要があるか。40字以内で述べよ。

令和3年春 午後II・問2

問題文の読み方

ここでは，下記項目について解説します。

・問題文の読み方

・マークしておくべきポイント

解答についての詳しい解説は，後の「設問の詳細解説」を参照してください。それでは，問題文と設問を一緒に読んでいきましょう。

▶ 対象企業・対象システムの説明

C社は 従業員150名の個人向けの投資コンサルティング会社である。金融商品や不動産投資に詳しいファイナンシャルプランナ60名からなる事業部，50名の営業部，20名の企画部，20名の経営管理部がある。顧客の投資診断や運用の提案を行うロボットアドバイザサービスが好調で，創立5年目で売上高が30億円を超える会社に成長を遂げた。

CEOは，顧客満足度と従業員満足度の向上を目指して，次期ITに関して次のような方針を示している。

次期ITの方針1：サービスを更に向上させるために積極的にITを活用する。特にSaaSを活用する。

次期ITの方針2：働き方改革及びパンデミック対策の観点から，テレワーク環境を整備する。

C社

会社や人物は最初に登場した箇所をメモして把握する！

最初に問題文冒頭部分を読みましょう。以下のことが記載されています。

・対象企業の規模，業種，概要

・次期ITの方針

問題に登場する会社名や人物は，最初に登場したときに，欄外にメモ書きしておきましょう。午後II問題では登場する会社が複数となり登場人物も多くなるため，会社や人物が初登場した個所を把握できるよう欄外にメモしておきましょう。問題文冒頭にシステム化の方針や目的が記載されている場合は，設問を解くためのヒントになることがあると考えてマークしておきましょう。

全体を把握する

次に問題文全体をざっと見て，全体構成を把握しましょう。午後Ⅰ試験問題文の約2倍のボリュームがある午後Ⅱ試験問題なので，何度も読み返すことなく効率よく問題を解くためには，問題文の全体構成を把握することが大切です。

以下のように図や表と見出しを確認しましょう。

- システム概要図があること
- 見出し一つ目が〔一つ目のトラブル〕であること
- 見出し二つ目が〔二つ目のトラブル〕であること
- 見出し三つ目が〔次期ITのセキュリティ要件〕であること
- 表1に次期ITのセキュリティ要件があること
- 見出し四つ目が〔要件1の検討〕であること
- 図2に802.1Xのシーケンスがあること
- 見出し五つ目が〔要件2及び3の検討〕であること
- 表2にサービスQの概要があること
- 見出し六つ目が〔要件4及び5の検討〕であること
- 表3にサービスNの機能があること
- 図3にサービスを利用した場合の動作の概要があること
- 見出し七つ目が〔要件6及び7の検討〕であること
- 見出し八つ目が〔次期ITへの移行〕であること

引き続き，設問にもざっと目を通します。

これら全体をみて，この問題は現状システムのトラブルをきっかけに次期ITの要件について順番に設問で問われるストーリーだなと把握しましょう。

実際の試験では，ここまでの作業を解答する問題を選択するタイミングで行います。過去問を解くときも本番試験と同様に全体を把握する練習をしましょう。

▶ 情報システム概要図

C社では，経営管理部内の総務グループ（以下，総務Gという）の5名が情報システムの管理を担当している。

C社の現在の情報システム概要は，図1のとおりである。

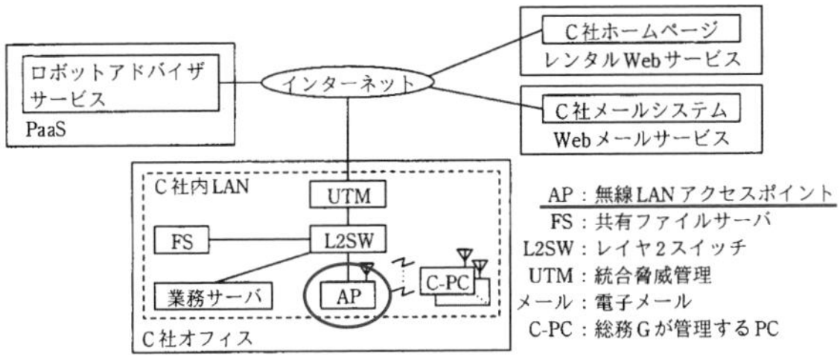

図1　C社の現在の情報システム概要

情報処理安全確保支援士の問題では，図1にネットワーク構成図が掲載される問題が多いのですが，この問題では情報システム概要となっています。ネットワーク構成図に記載されるFW（ファイアウォール）やDMZなどの記載もありません。このことにより，ネットワークの再構築そのものが問われる問題ではなさそうだと考えて読み進めましょう。

図に**AP（無線LANアクセスポイント）**がある場合はマークしておきましょう。**無線LANの脆弱性については繰り返し出題されている**ため，設問で問われるだろうと考えましょう。

▶ 情報システム概要説明

> UTMは，ステートフルパケットインスペクション型ファイアウォールに複数のセキュリティ機能を統合したものである。DHCP サーバの機能も備えており，AP に接続する機器に 192.168.1.20 ～ 192.168.1.240 の範囲の IP アドレスを配布している。
>
> C 社内 LAN のネットワークセグメントは一つだけである。有線で L2SW に接続している機器には固定の IP アドレスを割り当てている。無線 LAN は WPA2 パーソナルで運用しており，SSID 及び事前共有鍵を従業員に開示している。 ★★
>
> C 社は，従業員に 1 人 1 台の C-PC を貸与している。OS のドメインコントローラは導入しておらず，従業員は貸与された C-PC にローカルログインする。C-PC は AP に接続し，インターネットへのアクセスが可能である。事業部及び企画部では，顧客への提案や企画の立案時にインターネット上にある多くの情報を収集，取捨選択，加工することによって付加価値を生み出すことが不可欠であると認識している。その他の部門では，取引先などの企業情報検索と出張先への経路の検索にインターネットを利用している。
>
> PC，スマートフォンなどの個人所有の機器（以下，個人所有機器という）の C 社内 LAN への接続は統制しておらず，多くの従業員は，個人所有機器を AP に接続して使用している。また，業務で新たに SaaS を利用する際，会社で統一された承認ルールはなく，各部の判断で SaaS の利用契約を締結している。 ★★★

問題点は，目立つようにマークする！

「UTM」などの以下の技術的なキーワードについても，設問で問われる可能性が高いと考えて，マークしておきましょう。

・UTM
・ステートフルパケットインスペクション型ファイアウォール
・DHCP サーバ
・WPA2 パーソナル

事業部及び企画部の説明部分の，「付加価値を生み出している」ではなく「付加価値を生み出すことが**不可欠であると認識している**」については，必要以上に強調している印象を受けます。このように強調する言い方をしている内容については設問で問われると考えてマークしておきましょう。

下記のように疑問を感じる説明や，問題のある説明については設問に関係すると考えて，★印など目立つように欄外にメモしておきましょう。

- WPA2パーソナル←企業なのにWPA2エンタープライズじゃないの？
- SSID及び事前共有鍵を従業員に開示している←SSIDと事前共有鍵が分かれば従業員じゃなくても無線LANに接続できてしまう！
- 社内LANへの統制はしておらず←統制しなければ！
- 会社で統一されたルールはなく←ルールは必要！
- 各部の判断でSaaSの利用契約を締結している←各部で判断は良くない！

〔一つ目のトラブル〕概要

〔一つ目のトラブル〕

新入社員が配属されたある日，C-PCで障害が発生しているという連絡が総務Gに入った。総務GのAさんが調査したところ，次のような状況であった。

- 朝の時点では，C-PCや個人所有機器の利用について特に異常を感じた従業員はいなかった。
- 営業部のUさんが13時に出張から戻りC-PCを起動したところ，C-PCへのローカルログインはできたが，業務サーバにアクセスできず，メールの送受信もインターネット上のWebサイトの閲覧もできなかった。
- この後に起動したC-PCや接続しようとした個人所有機器の多くで同様の障害が発生していたが，何台かのC-PCや個人所有機器では障害が発生していなかった。障害が発生していたものと発生していなかったものとで，障害原因になるような違いは見当たらなかった。

業務G
Aさん

人物は最初に登場した箇所をメモして把握する！

トラブル内容を**時系列に把握**するために，「新入社員が配属されたある日」「朝の時点」や「13時」「この後」などについてはマークしておきましょう。

問題に登場する会社名や人物は，最初に登場した際に欄外にメモしておきましょう。問題文を読み進めたときに「Aさんって誰？」とならないようにするためです。トラブル内容については，下線などでマークしておきましょう。

〔一つ目のトラブル〕調査内容

Aさんは，障害が発生していたC-PCのネットワーク設定を調べたところ，①上位2オクテットが169.254に設定されたIPアドレスで動作していることに気付いた。C社は雑居ビルの中にあって誰でもC社オフィスに近づくことが可能なので，偽のDHCPサーバが立ち上げられたなど，何らかのサイバー攻撃を受けているのではないかと心配になり，経営管理部のE部長に報告した。E部長は，専門家の助言が必要と考え，C社内LANの構築で支援を受けたD社に依頼した。

D社のセキュリティコンサルタントである情報処理安全確保支援士（登録セキスペ）のKさんは，Aさんから説明を受け，次のようにコメントした。

コメント1：障害が発生したC-PCのIPアドレスは，DHCPサーバが正常に動作していない場合にしばしば確認される。偽のDHCPサーバの設置ではなく，②C社内LANでの個人所有機器の利用が原因で問題が引き起こされた結果である。個人所有機器の利用が原因であれば，DHCPサーバの設定変更で当面の障害に対処し，C社内での個人所有機器の利用を見直していくのがよい。

コメント2：念のために，③UTM以外にDHCPサーバが稼働しているかどうかも調査するとよい。

コメントを受け，Aさんが調査したところ，UTM以外にDHCPサーバは確認できなかった。このことから，サイバー攻撃を受けているわけではないと判断し，DHCPサーバの設定を変更した。

設問1(1)

人物は最初に登場した箇所をメモして把握する！

E部長
D社
セキスペ
Kさん

設問1(2)

設問1(3)

問題文と設問の対応をメモする！

下線①は設問1(1)に対応しています。欄外に「設問1(1)」とメモしておきましょう。また，設問対象の位置までに読んだ内容で解ける問題がほとんどなので，問題を読みながら解答が分かれば解答用紙に書き込んでいきましょう。

このタイミングで解けないと判断したときはすぐに次を読み進めます。解けなかった設問は全体読み終えた後に再度解くことになります。再度解く場合は，欄外のメモを見て素早く設問に対応する問題文の位置に戻りましょう。このメモは，後になるほど役に立ちます。

問題に登場する会社名や人物は，最初に登場したタイミングで欄外にメモしておきましょう。

▶〔二つ目のトラブル〕概要

〔二つ目のトラブル〕

DHCP サーバに起因するトラブル（以下，トラブル 1 という）が解決した直後，企画部が最近利用し始めたビジネスチャットサービス R（以下，サービス R という）という無料の SaaS において，別のトラブル（以下，トラブル 2 という）が発生した。

トラブル 2 の報告を受けた A さんが調査したところ，次のような状況であった。

状況 1：企画部の部員がサービス R に開設したチャットエリアにおいて，模造サングラス販売の不正サイトに誘導するチャットが，部員の V さんのアカウントから連続して書き込まれた。V さん本人は，身に覚えがないとのことだった。

状況 2：企画部では，以前からサービス W という SNS を使って公開情報を発信している。V さんを含む部員の数名は，会社のメールアドレスをサービス R とサービス W の利用者 ID として登録し，両方のサービスで同じパスワードを設定していた。サービス W では，パスワード漏えいの事故があり，企画部の部員は全員がサービス W のパスワードを変更したが，誰もサービス R のパスワードは変更しなかった。

状況 3：外部の何者かがサービス R 内の情報に不正にアクセスし情報を持ち出していないかを調査するため，サービス R の提供会社にアクセスログを提供してもらえないかと問い合わせたが，無料のサービスについては提供できないという回答だった。

人物は最初に登場した箇所をメモして把握する！

Vさん

★

★

問題点は，目立つようにマークする！

トラブル内容については，下線などでマークしておきましょう。問題点については設問に関係すると考えて，★印など目立つように欄外にメモしておきましょう。

- 両方のサービスで同じパスワードを設定していた。
- 誰もサービス R のパスワードは変更しなかった。

▶〔二つ目のトラブル〕調査内容

状況1～3から，Aさんは，サービスRのアカウントが乗っ取られている可能性が高いので全員のパスワードをすぐに変更すべきであることと，サービスRでどのような情報にアクセスされたかはログが入手できないので調査が困難であることをE部長に報告した。E部長は，状況3について，仮に情報漏えいがあった場合，最大でどの程度の被害となり得るかを判断するために，④アクセスログの調査以外に実施できる調査を指示した。Aさんは，総務Gのほかの部員にも協力を仰ぎ，指示された調査を実施して結果をまとめた。

E部長は，調査の結果を確認し，今回は大きな被害はなかったと判断したが，情報セキュリティ対策の強化が急務であると感じた。そこで，業務における個人所有機器及びSaaSの利用を統制すべきとCEOに提言した。CEOは，統制の必要性に合意したが，一方で，過剰に統制すると従業員のビジネスマインドを阻害しかねないので，統制レベルを慎重に検討するよう指示した。

設問2

問題文と設問の対応をメモする！

下線④は設問2に対応しています。欄外に「設問2」とメモしておきましょう。また，解答が分かれば解答用紙に書き込んでいきましょう。

▶〔次期ITのセキュリティ要件〕

E部長は，トラブル1及びトラブル2の再発防止策，並びに次期ITの方針を踏まえて，統制の実現に向けた次期ITのセキュリティ要件を表1のように整理した。

表1 次期ITのセキュリティ要件

要件	内容
要件1	APには，C-PCだけを接続できるようにする。
要件2	業務での個人所有機器の利用を禁止する。テレワークに必要なPCは貸与する。
要件3	パスワードの使い回しを防ぎ，従業員がパスワードを管理する負担を軽減するため，SaaSへのログインを統合する。
要件4	業務で利用するSaaSは，総務Gが契約したSaaSだけに制限する。また，業務に不要なWebサイトへのアクセスを制限する。ただし，業務での情報収集は妨げないようにする。
要件5	総務Gが契約したSaaSには，総務Gが管理するアカウントでアクセスする。C-PCからは，従業員が個人で管理するアカウントでのアクセスができないようにする。
要件6	業務で利用するSaaSは，その安全性を総務Gが判断した上で契約する。
要件7	業務で利用するSaaSからの情報漏えいを防ぐための技術的対策を導入する。

最初に全体をざっと見て確認したとおり，ここからは表1の要件対応についての設問が続きます。各要件のポイントに下線を引くなどしてマークしておきましょう。

〔要件１の検討〕

〔要件１の検討〕

APへの接続方式をWPA2エンタープライズにし，APへの接続時にIEEE 802.1X（以下，802.1Xという）でのディジタル証明書による認証を行う。

802.1Xのシーケンスを図2に示す。

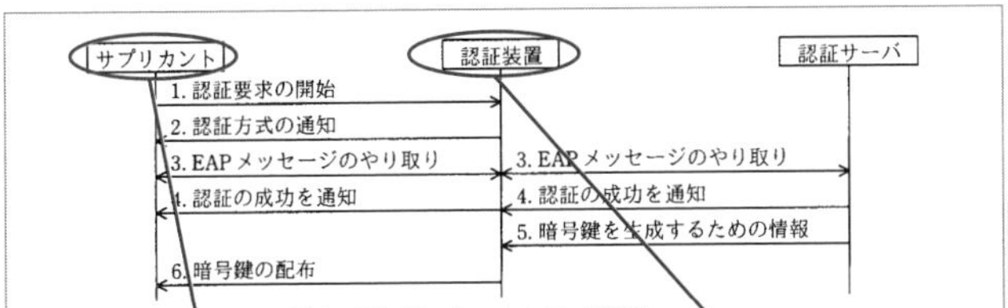

図2　802.1Xのシーケンス（概要）

図2中のサプリカントには図1中の [a] が，図2中の認証装置には図1中の [b] が該当する。C-PCのIPアドレスは，図2中の [c] ，DHCPサーバから割り当てられる。

問題文と設問の対応をメモする！

設問3(1)
設問3(2)

以下の**技術的なキーワード**についても設問で問われる可能性が高いと考えて，マークしておきましょう。

- WPA2エンタープライズ
- IEEE 802.1X（802.1X）
- ディジタル証明書
- サプリカント

[a] から [c] は設問3に対応しています。欄外に「設問3（1），設問3（2）とメモしておきましょう。また解答が分かれば書き込んでいきましょう。この設問のようにキーワードで答える問題は，解答も欄外にメモしておきましょう。欄外にメモした解答は，問題を読み返して他の問題を解くときに役立ちます。

〔要件2及び3の検討〕

要件2については，業務で利用するC社の情報システムやSaaSへのアクセスの際，機器をクライアント認証することにした。また，要件3については，SaaSへのアクセスにおける認証と認可に，インターネット上の認証サービスであるIDaaSを利用することにした。

代表的なIDaaSであるサービスQについて調査した。サービスQの概要を表2に示す。

表2　サービスQの概要

番号	分類	内容
1	提供形態	クラウドサービスとして機能を提供している。
2	接続元の認証	次の方式又はその組合せで認証することができる。 - 利用者ID及びパスワード - ディジタル証明書によるTLSクライアント認証[1)] - ワンタイムパスワードデバイス又はSMSを使ったワンタイムパスワード - 生体認証
3	SaaSとの連携	SAMLを採用しているSaaSと連携できる。連携したSaaSにはシングルサインオンできる。

注[1)] ディジタル証明書は，クレデンシャルとともに検証する。

注記は注意！

「クライアント認証」などの技術的なキーワードについても設問で問われる可能性が高いと考えて，マークしておきましょう。

- クライアント認証
- IDaaS
- ディジタル証明書
- TLSクライアント認証
- ワンタイムパスワード
- SAML
- シングルサインオン
- クレデンシャル

「サービスQ」のような，利用を検討するサービス名称については，最初に登場した箇所に機能説明が書かれていることが多いためマークしておきましょう。設問で問われたときに，このサービスの説明箇所にすぐに戻れるようにするためです。

図に注記の記載があるときは設問に関係があると考えてマークをします。

〔要件２及び３の検討〕検討結果

> C社の各部と議論を重ねた結果，幾つかのSaaSを総務Gで契約し，管理して提供すれば，ほとんどの業務が行えることが分かった。これらのSaaSは全てSAML認証に対応しており，サービスQと連携できることも確認できた。また，ディジタル証明書だけで認証することもでき，従業員がパスワードを管理する負担の軽減につながるので，サービスQを採用することにした。
> C社オフィス外での業務については，モバイルPCを追加で購入し，モバイルPCを持ち出し用のC-PC（以下，持出C-PCという）として貸与することにした。

「SAML認証」や「ディジタル証明書」などの技術的なキーワードについても，設問で問われる可能性が高いと考えて，マークしておきましょう。

〔要件４及び５の検討〕

> 〔要件４及び５の検討〕
> 要件４を満たすためには，総務Gが契約したSaaSへのアクセスについてサービスQでの認証を必須にするだけでなく，総務Gが契約していないSaaSやインターネット上の様々なWebサイトへのアクセスも制御する必要がある。しかし，総務Gが契約したSaaS，企業情報検索，出張先への経路検索及びC社の情報システムへのアクセスだけを許可し，それ以外へのアクセスを全て遮断すると，⑤支障が出る業務がある。
> 調査を更に進めた結果，要件４及び５の実現に利用できそうなサービスがあることが分かった。機器からインターネットへの通信を中継するプロキシ型のクラウドサービスである。その一つにサービスNがある。サービスNを利用するには，機器からインターネットへの通信を全てサービスN経由で行うなどの制御を行う端末制御エージェントソフトウェア（以下，Pソフトという）を機器に導入する必要がある。管理者は，Pソフトを，一般利用者権限では動作の停止やアンインストールができないように設定することができる。
> サービスNの機能を表３に示す。

問題文と設問の対応をメモする！

設問４(1)

下線⑤は，設問４(1)に対応しています。欄外に「設問４(1)」とメモしておきましょう。また，解答が分かれば解答用紙に書き込んでいきましょう。

「サービスQ」と同様に，「サービスN」についてもマークしておきましょう。設問で問われた際に，このサービスの説明箇所にすぐに戻れるようにするためです。サービスの機能についても下線などでマークしておきましょう。

〔要件４及び５の検討〕表３

表３　サービスＮの機能（抜粋）

番号	機能名	内容
1	利用者IDによるフィルタリング機能	・Pソフトで，SaaSへのログイン時に，許可された利用者IDの場合だけ通信を許可し，その他の利用者IDの場合は通信を遮断する。 ・許可する利用者IDは，管理者がSaaSごとに設定できる。
2	URLフィルタリング機能	・サービスＮが中継する際に，アクセス可能なURLを制限する。 ・制限するURLのリストはベンダから提供され，例えば，“ショッピング”，“犯罪・暴力”，“金融・経済”などWebサイトの内容による分類や，“オンラインストレージ”，“アップローダ”などのWebサービスの機能による分類がされており，管理者が選択できる。 ・制限するURLは，管理者が追加及び削除できる。
3	可視化機能	・中継する通信を監視し，統計情報をログとして提供する。 ・一部のSaaSについては，そのSaaSが提供するAPIを使って，アクセスログを収集できる。
4	保管時の自動暗号化機能	・一部のSaaSに対し，そのSaaSが提供するAPIを使って，特定フォルダに保管するファイルを自動的に暗号化することができる。 ・暗号鍵は，利用者ごと又は社内共通にすることができる。

問題文と設問の対応をメモする！

設問4 (2), (3)

各機能のポイントを押さえるようにマークして読み進めましょう。表3については，設問４(2)(3)に対応しています。欄外に設問番号メモしておきましょう。また設問4は，表１に戻って要件４と５を確認しながら解く必要があるため，表１側にも設問番号をメモして関連付けを把握するようにしましょう。

〔要件4及び5の検討〕サービスを利用した場合の動作の概要

要件4及び5は，サービスQとサービスNを組み合わせて実現する。サービスQとサービスNを利用した場合の動作の概要を図3に示す。

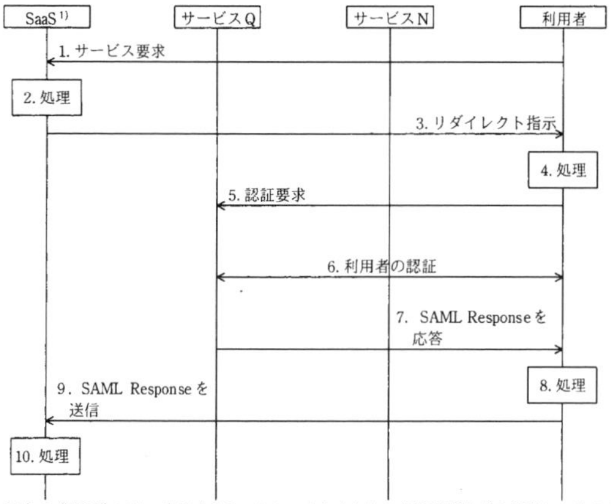

注記1　図中の“処理”には，先行するシーケンスを入力とした条件判断などの処理と，そのまま次のシーケンスにリダイレクトする処理がある。
注記2　サービスNの処理などは記述を省略している。
注 1)　総務Gが契約しているSaaSである。

図3　サービスQとサービスNを利用した場合の動作の概要

問題文と設問の対応をメモする！

設問4(4)

図3において，⑥総務Gが管理していない機器からのサービス要求があった場合は，シーケンスが途中で遮断される。

調査の結果，サービスQとサービスNを利用することで要件4及び5を実現できると判断し，サービスNを採用することにした。

欄外に設問番号をメモするとともに，解答しながら読み進めていきましょう。

〔要件6及び7の検討〕

〔要件6及び7の検討〕
要件6については，C社では，SaaSを契約するに当たって，⑦SaaS又はSaaS事業者が何らかのセキュリティ規格に準拠していることの第三者による認証を確認するか，SaaS事業者が自ら発行するホワイトペーパを確認することにした。
要件7については，SaaSで重要な情報を扱う場合，当該SaaSで利用可能ならば表3中の番号［ d ］の機能を利用する。それによって，サービスNを経由しない不正アクセスによるSaaSからの情報漏えいを防ぐことで，要件7に対応することにした。

設問5(1)

設問5(2)

問題文と設問の対応をメモする！

欄外に設問番号をメモするとともに，解答しながら読み進めていきましょう。

〔次期ITへの移行〕

〔次期ITへの移行〕
C-PCは管理者権限による管理を総務Gが行い，従業員には一般利用者権限だけを与えることにした。また，⑧持出C-PCは，セキュリティ設定とソフトウェアなどの導入を行ってから従業員に貸与することにした。
検討を進めた次期ITへの移行計画は承認され，C社の情報システムは次期ITに移行された。

設問6
(1)，(2)

問題文と設問の対応をメモする！

欄外に設問番号をメモするとともに，解答しながら読み進めましょう。

「問題文と設問の読み方」は以上です。午後II問題は問題文が長文のため効率よく全体を把握して，かつ設問1から順番に読み進めながら解答を書いていきましょう。1問にあまり時間をかけすぎないよう注意しましょう。

令和3年春 午後Ⅱ・問2

設問の詳細解説

問題のポイント

クラウドサービスのSaaSやIDaaSを組み合わせて活用を進めるためのクラウドセキュリティ構築に関する問題です。設問1はDHCPサーバの運用と設定知識，設問2は情報漏えい影響範囲調査，設問3は，IEEE 802.1X認証に関する問題です。設問4から6は，クラウドサービスの選定からセキュリティを維持するための構築知識を問われています。全体としては，特定の技術に関する深い知識問題は出題されていません。難易度としては，中程度といえるでしょう。

問題の要約

この問題を要約します。

- C社は，従業員150名の個人向けの投資コンサルティング会社である。
- 次期ITの方針1：サービスを更に向上させるために積極的にITを活用する。特にSaaSを活用する。
- 次期ITの方針2：働き方改革及びパンデミック対策の観点から，テレワーク環境を整備する。
- 無線LANはWPA2パーソナルで運用しており，SSID及び事前共有鍵を従業員に開示している。
- PC，スマートフォンなどの個人所有の機器（以下，個人所有機器という）のC社内LANへの接続は統制しておらず，多くの従業員は，個人所有機器をAPに接続して使用している。
- 業務で新たにSaaSを利用する際，会社で統一された承認ルールはなく，各部の判断でSaaSの利用契約を締結している。
- 〔一つ目のトラブル〕Aさんは，障害が発生していたC-PCのネットワーク設定を調べたところ，上位2オクテットが169.254に設定されたIPアドレスで動作していることに気付いた。
- 障害は，C社内LANでの個人所有機器の利用が原因で問題が引き起こされた結果であった。

・〔二つ目のトラブル〕模造サングラス販売の不正サイトに誘導するチャットが，部員のVさんのアカウントから連続して書き込まれた。Vさん本人は，身に覚えがないとのことだった。

・E部長は，調査の結果を確認し，今回は大きな被害はなかったと判断したが，情報セキュリティ対策の強化が急務であると感じた。そこで，業務における個人所有機器及びSaaSの利用を統制すべきとCEOに提言した。CEOは，統制の必要性に合意したが，一方で，過剰に統制すると従業員のビジネスマインドを阻害しかねないので，統制レベルを慎重に検討するよう指示した。

・〔次期ITのセキュリティ要件〕 E部長は，次期ITの方針を踏まえて，統制の実現に向けた次期ITのセキュリティ要件を表1のように整理した。

・〔要件1の検討〕APへの接続方式をWPA2エンタープライズにし，APへの接続時にIEEE 802.1X（以下，802.1Xという）でのディジタル証明書による認証を行う。

・〔要件2及び3の検討〕要件2については，業務で利用するC社の情報システムやSaaSへのアクセスの際，機器をクライアント認証することにした。

・要件3については，SaaSへのアクセスにおける認証と認可に，インターネット上の認証サービスであるIDaaSを利用することにした。

・〔要件4及び5の検討〕要件4及び5は，サービスQとサービスNを組み合わせて実現する。

・〔要件6及び7の検討〕要件6については，SaaS又はSaaS事業者が何らかのセキュリティ規格に準拠していることの第三者による認証を確認するか，SaaS事業者が自ら発行するホワイトペーパを確認することにした。

・サービスNの機能を利用することによって，不正アクセスによるSaaSからの情報漏えいを防ぐことで，要件7に対応することにした。

・〔次期ITへの移行〕C-PCは管理者権限による管理を総務Gが行い，従業員には一般利用者権限だけを与えることにした。また，持出C-PCは，セキュリティ設定とソフトウェアなどの導入を行ってから従業員に貸与することにした。

・検討を進めた次期ITへの移行計画は承認され，C社の情報システムは次期ITに移行された。

設問1（1）の解説　知識問題

設問1　〔一つ目のトラブル〕について，（1）～（3）に答えよ。

（1）本文中の下線①は何と呼ばれているか。解答群の中から選び，記号で答えよ。

解答群

ア　グローバルアドレス　　　イ　プライベートアドレス
ウ　ブロードキャストアドレス　　　エ　マルチキャストアドレス
オ　リンクローカルアドレス　　　カ　ループバックアドレス

下線①の前後には「Aさんは，障害が発生していたC-PCのネットワーク設定を調べたところ，①上位2オクテットが169.254に設定されたIPアドレスで動作していることに気付いた。」と記述されています。「**上位2オクテットが169.254**に設定されたIPアドレス」を何と呼ぶか答える問題です。

〔一つ目のトラブル〕の内容について確認します。

〔一つ目のトラブル〕

新入社員が配属されたある日，C-PCで障害が発生しているという連絡が総務Gに入った。総務GのAさんが調査したところ，次のような状況であった。

- 朝の時点では，C-PCや個人所有機器の利用について特に異常を感じた従業員はいなかった。
- 営業部のUさんが13時に出張から戻りC-PCを起動したところ，C-PCへのローカルログインはできたが，業務サーバにアクセスできず，メールの送受信もインターネット上のWebサイトの閲覧もできなかった。
- この後に起動したC-PCや接続しようとした個人所有機器の多くで同様の障害が発生していたが，何台かのC-PCや個人所有機器では障害が発生していなかった。障害が発生していたものと発生していなかったものとで，障害原因になるような違いは見当たらなかった。

〔一つ目のトラブル〕には，「朝は異常がなかった」「13時以後に異常が発生している」「障害が発生していたものと発生していないものがある」と記述されているため，C社内のネットワークに接続できている機器と接続できていない機器があることが分かります。

次に下線①の「上位2オクテットが169.254に設定されたIPアドレス」について，

関連する情報を問題文内で確認します。UTMの説明に以下のように記述されています。

> UTMは，ステートフルパケットインスペクション型ファイアウォールに複数のセキュリティ機能を統合したものである。DHCPサーバの機能も備えており，APに接続する機器に192.168.1.20～192.168.1.240の範囲のIPアドレスを配布している。
> C社内LANのネットワークセグメントは一つだけである。有線でL2SWに接続している機器には固定のIPアドレスを割り当てている。無線LANはWPA2パーソナルで運用しており，SSID及び事前共有鍵を従業員に開示している。

UTMの説明に「DHCPサーバの機能も備えており，APに接続する機器に192.168.1.20～192.168.1.240の範囲のIPアドレスを配布している。」と記述されているため，「上位2オクテットが169.254に設定されたIPアドレス」とは，DHCPサーバから正常に配布されたIPアドレスではないことが分かります。また，下線①の後で，登録セキスペのKさんはコメント1で「障害が発生したC-PCのIPアドレスは，DHCPサーバが正常に動作していない場合にしばしば確認される。」と説明しています。

Kさんのコメントの「DHCPサーバが正常に動作していない場合にしばしば確認される」，すなわちIPアドレスが正常に配布されない場合に設定されるIPアドレスのことを「**リンクローカルアドレス**」と呼びます。リンクローカルアドレスの範囲は，IPv4では「169.254.0.0～169.254.255.255」と決まっています。DHCPサーバが正常に動作していないなどの理由で，正しいIPアドレスが配布されない場合に，C-PCは，**APIPA**（Automatic Private IP Addressing）という機能で，自身のIPアドレスにリンクローカルアドレスを設定したと考えられます。よってリンクローカルアドレスの「オ」が解答になります。

DHCPサーバの説明については，「学習ポイント① DHCPサーバ」を参照してください。この設問でDHCPサーバの機能と動作について学習しましょう。

設問1(1)の解答

【IPA解答例】

オ

設問1（2）の解説 問題文のヒントから考える問題

（2）本文中の下線②について，C社内LANでの個人所有機器のどのような利用状況によって，どのような問題が引き起こされたか。60字以内で具体的に述べよ。

下線②の「②C社内LANでの個人所有機器の利用が原因で問題が引き起こされた結果である。」について，「個人所有機器のどのような利用状況によって」と「どのような問題が引き起こされたか」の2点を解答に含めて答える問題です。問題文の中に解答のヒントとなる記載があるはずだと考えて問題文の関連する箇所を確認しましょう。

最初に下線②の前後を確認します。

> D社のセキュリティコンサルタントである情報処理安全確保支援士（登録セキスペ）のKさんは，Aさんから説明を受け，次のようにコメントした。
> コメント1：障害が発生したC-PCのIPアドレスは，DHCPサーバが正常に動作していない場合にしばしば確認される。偽のDHCPサーバの設置ではなく，②C社内LANでの個人所有機器の利用が原因で問題が引き起こされた結果である。個人所有機器の利用が原因であれば，DHCPサーバの設定変更で当面の障害に対処し，C社内での個人所有機器の利用を見直していくのがよい。

登録セキスペのKさんは，「個人所有機器の利用が原因であれば，DHCPサーバの設定変更で当面の障害に対処し，C社内での個人所有機器の利用を見直していくのがよい。」とコメントしているとおり，個人所有機器の利用が原因で問題が引き起こされていると考えていることが分かります。

次に，C社の機器使用状況と個人所有機器の利用について問題文を確認します。

> C社は，従業員150名の個人向けの投資コンサルティング会社である。金融商品や不動産投資に詳しいファイナンシャルプランナ60名からなる事業部，50名の営業部，20名の企画部，20名の経営管理部がある。顧客の投資診断や運用の提案を行うロボットアドバイザサービスが好調で，創立5年目で売上高が30億円を超える会社に成長を遂げた。

UTMは，ステートフルパケットインスペクション型ファイアウォールに複数のセキュリティ機能を統合したものである。DHCPサーバの機能も備えており，APに接続する機器に192.168.1.20～192.168.1.240の範囲のIPアドレスを配布している。

C社内LANのネットワークセグメントは一つだけである。有線でL2SWに接続している機器には固定のIPアドレスを割り当てている。無線LANはWPA2パーソナルで運用しており，SSID及び事前共有鍵を従業員に開示している。

C社は，従業員に1人1台のC-PCを貸与している。OSのドメインコントローラは導入しておらず，従業員は貸与されたC-PCにローカルログインする。C-PCはAPに接続し，インターネットへのアクセスが可能である。事業部及び企画部では，顧客への提案や企画の立案時にインターネット上にある多くの情報を収集，取捨選択，加工することによって付加価値を生み出すことが不可欠であると認識している。その他の部門では，取引先などの企業情報検索と出張先への経路の検索にインターネットを利用している。

PC，スマートフォンなどの個人所有の機器（以下，個人所有機器という）のC社内LANへの接続は統制しておらず，多くの従業員は，個人所有機器をAPに接続して使用している。また，業務で新たにSaaSを利用する際，会社で統一された承認ルールはなく，各部の判断でSaaSの利用契約を締結している。

上記の問題文の下線部より，以下のことが分かります。

- C社では，最大150台のC-PCをC社内LANに接続することがある。
- PC，スマートフォンなどの個人所有機器について，C社内LANへの接続は統制しておらず，多くの従業員が個人所有機器をAPに接続している。
- APに接続できる機器数は，IPアドレスが192.168.1.20～192.168.1.240の221台という制限がある。

これらのことより，個人所有機器の接続を統制していないためにDHCPサーバ機能で配布できるIPアドレス数以上の機器を接続しようとする利用状況によって，DHCPサーバからIPアドレスを配布できなくなる問題が発生したと考えられます。この利用状況と問題点を設問の文字数制限以内に要約して「多くの個人所有機器をC社内LANに接続することによって，IPアドレスが枯渇するという問題が引き起こされた」などが解答となります。

〔一つ目のトラブル〕の冒頭に「新入社員が配属されたある日，C-PCで障害が発生している～」と記載されていることより，新入社員用のC-PCをC社内LANに接続したことによって，IPアドレスが枯渇したということでしょう。

設問1(2)の解答

【IPA 解答例】

多くの個人所有機器を C 社内 LAN に接続することによって，IP アドレスが枯渇するという問題が引き起こされた（52 字）

【別解】

多くの個人所有機器を統制せず接続する利用状況によって，DHCP サーバから IP アドレスが配布できない問題が発生した（56 字）

設問1（3）の解説 知識問題

(3) 本文中の下線③について，UTM 以外に DHCP サーバが稼働しているかどうかをどのように調査するのか。UTM の DHCP サーバを稼働させたまま行う方法と停止させて行う方法を，それぞれ 55 字以内で具体的に述べよ。

登録セキスペの K さんは，コメント 1 で「個人所有機器の利用を見直す」ことを述べたうえで，「念のために，UTM 以外に DHCP サーバが稼働しているかどうかも調査するとよい。」とコメントしています。偽の DHCP サーバが立ち上げられていないことの確認を勧めています。

その確認方法について，UTM の DHCP サーバを稼働させたまま行う方法と，停止させて行う方法のそれぞれについて答える問題です。調査方法に関する記述は本文中にないため，知識で答える問題です。

この問題を解く前提知識として，**PC が DHCP サーバから IP アドレスを取得するために送受信する 4 種類のパケット**を説明します。

① DHCP DISCOVER パケット

IP アドレス配布依頼（DHCP DISCOVER）を，PC からブロードキャストアドレスに送信する。

② DHCP OFFER パケット

配布候補 IP アドレスの連絡（DHCP OFFER）を，DHCP サーバから PC へ返信する。DHCP サーバが複数存在する場合は，複数の DHCP サーバから返信が来る。

③ DHCP REQUEST パケット

使用するIPアドレスの連絡（DHCP REQUEST）を，PCからブロードキャストアドレスに送信する。

④ DHCP ACK パケット

IPアドレスの決定，貸出期間の連絡（DHCP ACK）を，IPアドレスを配布するDHCPサーバからPCへ返信する。

DHCPパケットの内容を調査することで，DHCPサーバの存在有無やDHCPサーバが複数存在することなどが確認できます。パケット内容の確認には，パケットキャプチャやLANアナライザなどと呼ばれる装置やソフトウェアを使用します。

■ UTMのDHCPサーバ1台のみのDHCPパケット

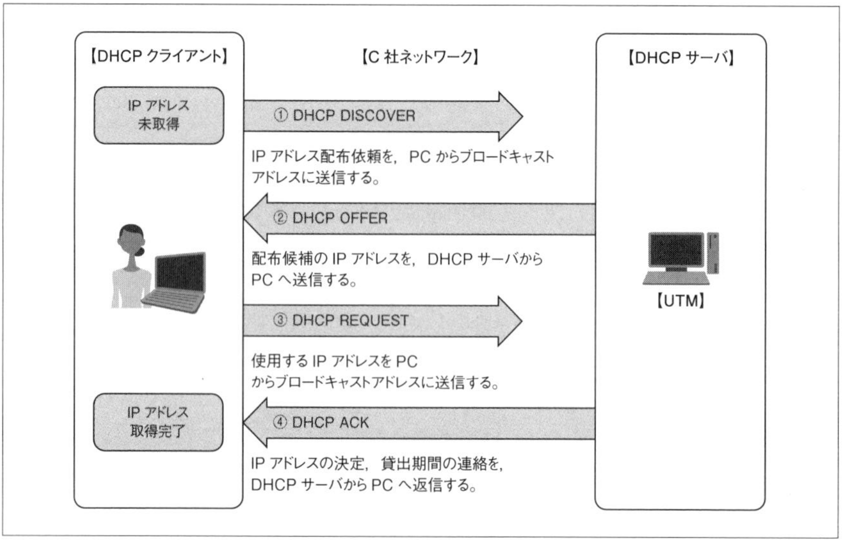

■ UTMのDHCPサーバと偽のDHCPサーバがある場合のDHCPパケット

・UTMのDHCPサーバを稼働させたままの状態

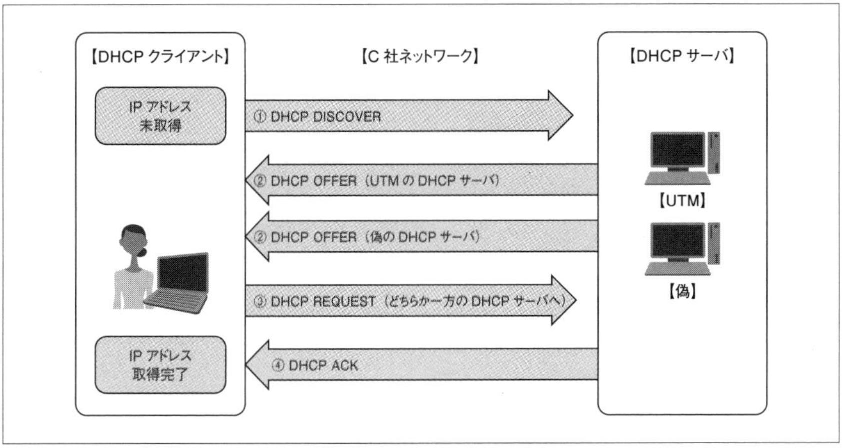

DHCP OFFERは，DHCPサーバの数だけ送信されてきます。UTM以外にDHCPサーバが存在しない場合は，DHCP OFFERは1件です。DHCP OFFERが2件以上ある場合は，UTM以外のDHCPサーバが稼働している確認ができます。

・UTMのDHCPサーバを停止させた状態

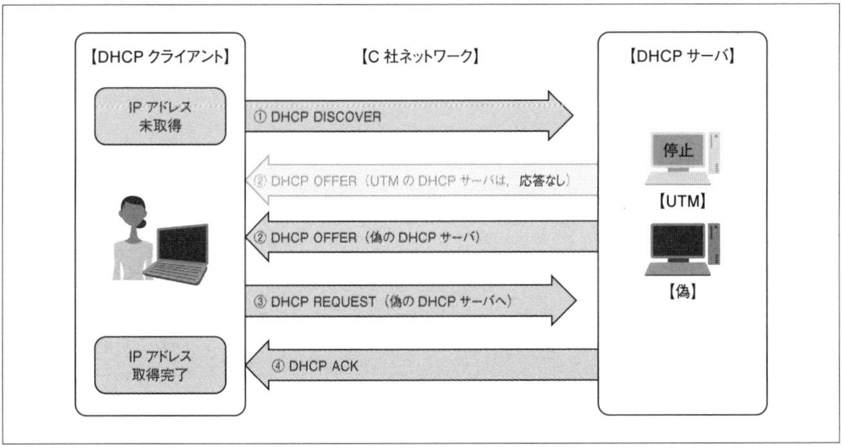

UTMを停止している状態でUTM以外にDHCPサーバが存在しない場合は，DHCP OFFERは0件で，IPアドレスは配布できません。UTMを停止している状態でIPアド

レスが配布された場合は，UTM 以外の DHCP サーバが稼働している確認ができます。

以上のことより，UTM を稼働させたまま行う調査方法は，「L2SW にミラーポートを設定し，そのポートに LAN モニタを接続して DHCP OFFER の数を確認する。」，停止させて行う調査方法は，「DHCP による IP アドレスの配布がないことを確認する。」などが解答となります。

設問1(3)の解答

【IPA 解答例】

・稼働させたまま行う方法：

L2SW にミラーポートを設定し，そのポートに LAN モニタを接続して DHCP OFFER の数を確認する。(51 字)

・停止させて行う方法：

DHCP による IP アドレスの配布がないことを確認する。(27 字)

【別解】

・稼働させたまま行う方法：

PC から IP アドレス配布依頼パケットを送信し，UTM 以外の DHCP サーバからの応答パケットの有無を確認する (53 字)

・停止させて行う方法：

PC から IP アドレス配布依頼パケットを送信し，DHCP サーバからの応答パケットの有無を確認する (47 字)

▶学習ポイント❶

DHCPサーバ

ここではDHCPサーバについて学習します。また，下記重要キーワードについて説明できるようにしておきましょう。

【重要キーワード】

- DHCP
- DHCPサーバ／DHCPクライアント
- DHCPパケット
- グローバルアドレス
- プライベートアドレス
- リンクローカルアドレス
- ブロードキャストアドレス
- マルチキャストアドレス
- ユニキャストアドレス
- ループバックアドレス

■ DHCP (Dynamic Host Configuration Protocol)

DHCPとは，ネットワークに接続するパソコンなどの機器に，IPアドレスなどの設定情報を自動的に配信するプロトコルです。DHCPを使用することで，パソコンなどの機器のIPアドレスなどの設定作業が不要になります。一般家庭の無線LAN接続にもDHCPが利用されています。

■ DHCPサーバ／DHCPクライアント

DHCPサーバとはDHCP機能を持つサーバのことです。一般家庭では，パソコンやスマートフォンのWi-Fi接続に使用するブロードバンドルータなどの機器がDHCPサーバの機能を内蔵しています。**DHCPクライアント**とはパソコンやスマートフォン側に内蔵されているDHCP機能のことです。

■ DHCPパケット

DHCPクライアント（PCなど）は，次の**4種類**の**DHCPパケット**をDHCPサーバと送受信して，IPアドレスを取得します。

①DHCP DISCOVER パケット
②DHCP OFFER パケット
③DHCP REQUEST パケット
④DHCP ACK パケット

4種類のパケットは図のとおりです。

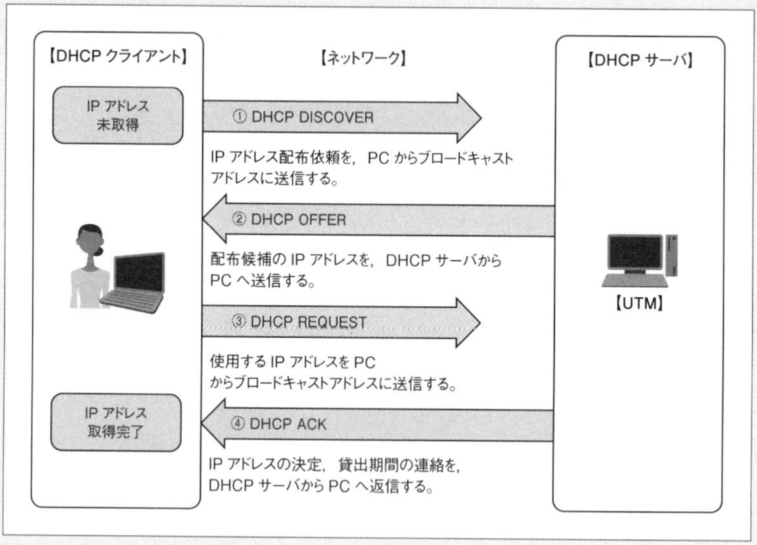

■グローバルアドレス

グローバルアドレスとは，インターネットに直接接続する機器に設定するIPアドレスです。そのため，**全世界で重複しないIPアドレス**を使用します。

■プライベートアドレス

プライベートアドレスとは，社内LANなどの閉じられたネットワーク内だけで使用する機器に設定するIPアドレスです。手動設定またはDHCPサーバからの配布などで設定できます。

■リンクローカルアドレス

リンクローカルアドレスとは，社内LANなどの閉じられたネットワーク内だけで使用する機器に設定するIPアドレスですが，プライベートアドレスとは割り当て方が異なります。ネットワークに接続する機器の「IPアドレス自己割り当て機能（**APIPA**：Automatic Private IP Addressing）」を利用することで，ネットワーク内の機器間で重複しないリンクローカルアドレスの割り当てを行うことが可能です。DHCP サーバが正しく機能していない場合などに設定される場合があります。

■ブロードキャストアドレス

ブロードキャストアドレスとは，ネットワーク内の**全機器**へ通信するためのアドレスです。DHCP パケットで使用されています。

■マルチキャストアドレス

マルチキャストアドレスとは，ネットワーク内の**特定の複数の機器**へ通信するためのアドレスです。

■ユニキャストアドレス

ユニキャストアドレスとは，ネットワーク内の**特定の１台の機器**へ通信するためのアドレスです。

■ループバックアドレス

ループバックアドレスとは，予約されている特殊な IP アドレスで，その機器自身を表す IP アドレスです。

設問2の解説　問題文のヒントから考える問題

本文中の下線④について，アクセスログ以外に何を調査すべきか。調査すべきものを 40 字以内で述べよ。

設問2は[二つ目のトラブル]に関する問題です。トラブルの内容を確認しましょう。

〔二つ目のトラブル〕

DHCP サーバに起因するトラブル（以下，トラブル 1 という）が解決した直後，企画部が最近利用し始めたビジネスチャットサービス R（以下，サービス R という）という無料の SaaS において，別のトラブル（以下，トラブル 2 という）が発生した。

トラブル 2 の報告を受けた A さんが調査したところ，次のような状況であった。

状況 1：企画部の部員がサービス R に開設したチャットエリアにおいて，模造サングラス販売の不正サイトに誘導するチャットが，部員の V さんのアカウントから連続して書き込まれた。V さん本人は，身に覚えがないとのことだった。

状況 2：企画部では，以前からサービス W という SNS を使って公開情報を発信している。V さんを含む部員の数名は，会社のメールアドレスをサービス R とサービス W の利用者 ID として登録し，両方のサービスで同じパスワードを設定していた。サービス W では，パスワード漏えいの事故があり，企画部の部員は全員がサービス W のパスワードを変更したが，誰もサービス R のパスワードは変更しなかった。

状況 3：外部の何者かがサービス R 内の情報に不正にアクセスし情報を持ち出していないかを調査するため，サービス R の提供会社にアクセスログを提供してもらえないかと問い合わせたが，無料のサービスについては提供できないという回答だった。

トラブルの内容は，サービス R に対して，V さんのアカウントから身に覚えのないチャットの書き込みがされたことだと状況 1 に記述されています。また，トラブルの原因は状況 2 の記述より，サービス W のパスワード漏えい事故時に漏えいしたパスワードを利用されて V さんアカウントに不正ログインされたと考えられます。

次に下線④の前後を確認します。

> 部長に報告した。E 部長は，状況 3 について，仮に情報漏えいがあった場合，最大でどの程度の被害となり得るかを判断するために，④アクセスログの調査以外に実施できる調査を指示した。A さんは，総務 G のほかの部員にも協力を仰ぎ，指示された調査を実施して結果をまとめた。

下線④の前後には「E 部長は，状況 3 について，仮に情報漏えいがあった場合，最大でどの程度の被害となり得るかを判断するために，④アクセスログの調査以外に実施できる調査を指示した。」と記述されています。この指示に対し「A さんは，総務 G のほかの部員にも協力を仰ぎ，指示された調査を実施して結果をまとめた。」と記述されていることより，C 社内部でできる調査を実施したと判断できます。

E 部長が指示している調査の目的は「仮に情報漏えいがあった場合，最大でどの程度の被害となり得るかを判断する」ことです。どの程度の情報が漏えいする可能性があるかを判断するためには，どの程度の情報をサービス R のチャットエリアに投稿・共有しているかを確認する必要があります。したがって，調査すべき内容は，「企画部の部員がアクセスできるチャットエリアで共有されている情報」などが解答となります。

設問2の解答

【IPA 解答例】

企画部の部員がアクセスできるチャットエリアで共有されている情報（31 字）

【別解】

企画部全員のサービス R に投稿したすべての書き込み内容やファイル内容を確認する（38 字）

設問3（1）の解説　知識問題

設問3　〔要件1の検討〕について，（1），（2）に答えよ。

（1）本文中の　a　，　b　に入れる適切な字句を，図1中の用語で答えよ。

設問に対応する問題文の〔要件1の検討〕について確認しましょう。

〔要件1の検討〕

APへの接続方式をWPA2エンタープライズにし，APへの接続時にIEEE 802.1X（以下，802.1Xという）でのディジタル証明書による認証を行う。

802.1Xのシーケンスを図2に示す。

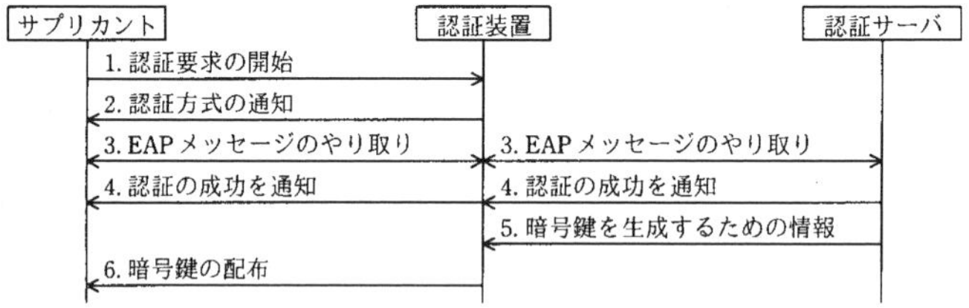

図2　802.1Xのシーケンス（概要）

図2中のサプリカントには図1中の　a　が，図2中の認証装置には図1中の　b　が該当する。C-PCのIPアドレスは，図2中の　c　，DHCPサーバから割り当てられる。

図2のサプリカントと認証装置に該当する機器を，図1中の用語で答える問題です。

IEEE 802.1Xの認証方式は，図2に記載されているとおり，**サプリカント**，**認証装置**，**認証サーバ**の3要素で構成します。一般的には，下の図のとおり，サプリカントにはクライアント（PCなどの端末機器）が該当します。認証装置（**オーセンティケータ**）にはアクセスポイントが該当します。認証サーバにはRADIUSサーバが該当します。

IEEE 802.1Xの3要素「サプリカント」「認証装置（オーセンティケータ）」「認証サーバ」と，機器及びRADIUSクライアント，RADIUSサーバの組合せについては，情報処理安全確保支援士試験の午前・午後共に繰り返し出題されていますので，必ず覚えておきましょう。

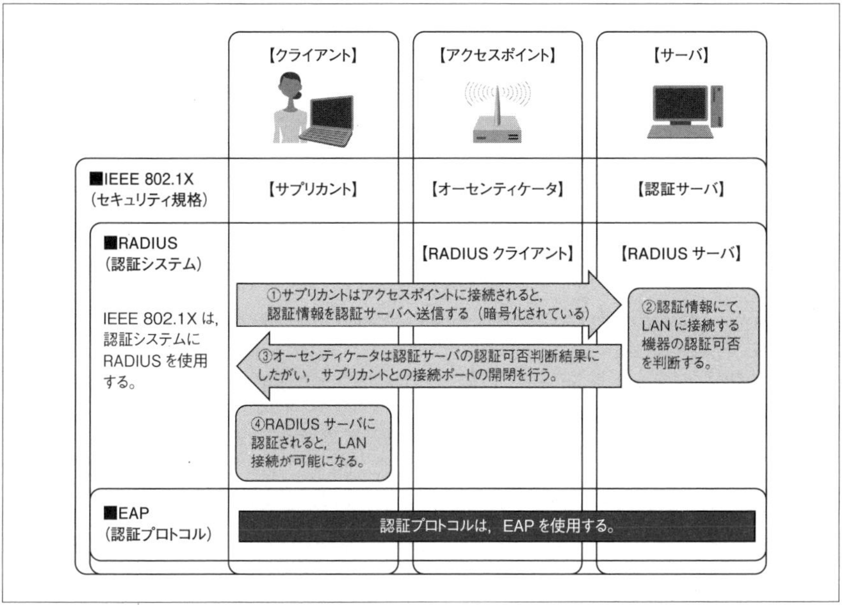

上記内容を踏まえて，図 1 を確認します。

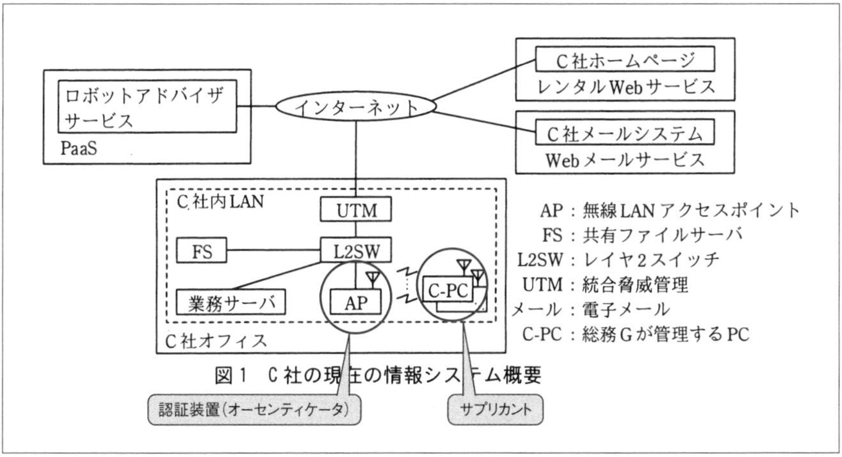

図 1　C 社の現在の情報システム概要

サプリカントとは，LAN に接続する機器にインストールする IEEE 802.1X 対応の認証クライアントソフトウェアのことです。機器が認証装置に接続されたときに，認証情報を認証サーバへ送信します。したがって，図 1 中では，C-PC が該当します。認証装置（オーセンティケータ）とは，IEEE 802.1X に対応したアクセスポイントのことですので，図 1 中では，AP が該当します。

上記のことより，［ a ］にはC-PCが，［ b ］にはAPが入ります。

設問3（1）の解答

【IPA解答例】

a：C-PC　　b：AP

設問3（2）の解説　問題文のヒントから考える問題

（2）本文中の［ c ］に入れる適切な字句を解答群の中から選び，記号で答えよ。

解答群

ア　“1.” より前に　　　イ　“3.” と同時に

ウ　“6.” と同時に　　　エ　“6.” より後に

［ c ］の前後には，「C-PCのIPアドレスは，図2中の［ c ］，DHCPサーバから割り当てられる。」と記述されています。C-PCのIPアドレスがDHCPサーバから割り当てられるタイミングが，図2中のどこに該当するか答える問題です。

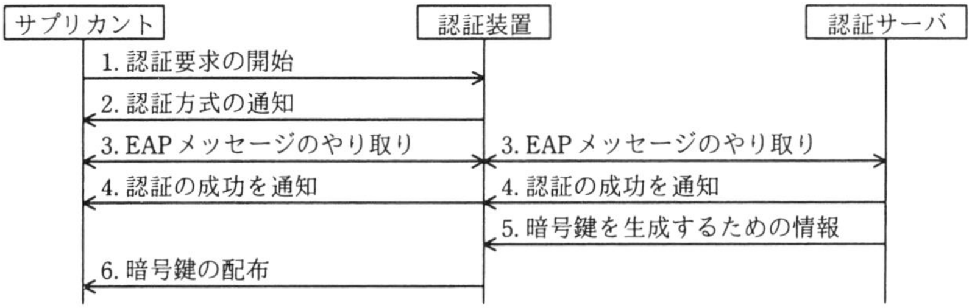

図2　802.1Xのシーケンス（概要）

図2の1から6は，IEEE 802.1Xの認証シーケンスを表しており，DHCPサーバからのIPアドレス割り当ては，IEEE 802.1Xによって認証された後に行います。認証されない場合はIPアドレスは割り当てられません。したがって［ c ］には，「“6.” より後に」の「エ」が入ります。IEEE 802.1Xの認証シーケンスについて詳しく知らな

い場合でも，C-PCをAPに接続したい場合に認証が成功しなければIPアドレスは割り当てられないはずだと考えられれば，認証成功より後のタイミングとなる，「“6.”より後に」の「エ」を選択できるはずです。

設問3(2)の解答

【IPA 解答例】

c：エ

設問4 (1)の解説 問題文から抜粋問題

設問4 〔要件4及び5の検討〕について，(1)～(4)に答えよ。

(1) 本文中の下線⑤で示した，C社において支障が出る業務とは何か。一つ挙げ25字以内で述べよ。

下線⑤で示されている，C社において支障が出る業務を一つ答える問題です。最初に下線⑤の前後を確認しましょう。

〔要件4及び5の検討〕

要件4を満たすためには，総務Gが契約したSaaSへのアクセスについてサービスQでの認証を必須にするだけでなく，総務Gが契約していないSaaSやインターネット上の様々なWebサイトへのアクセスも制御する必要がある。しかし，総務Gが契約したSaaS，企業情報検索，出張先への経路検索及びC社の情報システムへのアクセスだけを許可し，それ以外へのアクセスを全て遮断すると，⑤支障が出る業務がある。

下線⑤の前に，「総務Gが契約したSaaS，企業情報検索，出張先への経路検索及びC社の情報システムへのアクセスだけを許可し，それ以外へのアクセスを全て遮断する」と記載されています。このアクセス遮断にて支障が出る業務について，問題文からヒントを探しましょう。

次に要件4を確認します。

表1　次期ITのセキュリティ要件

要件	内容
要件4	業務で利用するSaaSは，総務Gが契約したSaaSだけに制限する。また，業務に不要なWebサイトへのアクセスを制限する。ただし，業務での情報収集は妨げないようにする。

表1の要件4には，「業務に不要なWebサイトへのアクセスを制限する。ただし，業務での情報収集は妨げないようにする。」と記述されており，「業務での情報収集」というヒントが見つかります。業務での情報収集業務については，図1の後に次の説明があります。

> に接続し，インターネットへのアクセスが可能である。事業部及び企画部では，顧客への提案や企画の立案時にインターネット上にある多くの情報を収集，取捨選択，加工することによって付加価値を生み出すことが不可欠であると認識している。その他の部門では，取引先などの企業情報検索と出張先への経路の検索にインターネットを利用している。

この業務内容説明より，「顧客への提案や企画の立案時にインターネット上にある多くの情報を収集する業務」と「取引先などの企業情報検索と出張先への経路の検索業務」についてインターネットへのアクセスを遮断した場合，業務に支障の出ることがわかります。

したがって，支障が出る業務として，「インターネットを使って情報収集する業務」や「事業部や企画部の顧客への提案や立案」などが解答となります。

設問4(1)の解答

【IPA解答例】

・インターネットを使って情報収集する業務（19字）

・事業部や企画部の顧客への提案や立案（17字）

【別解】

顧客への提案や企画の立案時に情報を収集する業務（23字）

設問4（2）の解説　問題文から抜粋問題

（2）要件４は，表３中のどの機能で実現できるか。表３中の番号で一つ答えよ。

表１の要件４は，表３中のどの機能で実現できるか答える問題です。表１の要件４を確認すると「業務で利用するSaaSは，総務Gが契約したSaaSだけに制限する。また，業務に不要なWebサイトへのアクセスを制限する。ただし，業務での情報収集は妨げないようにする。」と記述されています。

表１　次期ITのセキュリティ要件

要件	内容
要件4	業務で利用するSaaSは，総務Gが契約したSaaSだけに制限する。また，業務に不要なWebサイトへのアクセスを制限する。ただし，業務での情報収集は妨げないようにする。

要件４は，業務で使用するWebサイトだけにアクセスを制限する要件です。この要件を実現しそうな機能として，表３の番号２「URLフィルタリング機能」が目にとまります。

表３　サービスＮの機能（抜粋）

番号	機能名	内容
1	利用者IDによるフィルタリング機能	・Ｐソフトで，SaaSへのログイン時に，許可された利用者IDの場合だけ通信を許可し，その他の利用者IDの場合は通信を遮断する。 ・許可する利用者IDは，管理者がSaaSごとに設定できる。
2	URLフィルタリング機能	・サービスＮが中継する際に，アクセス可能なURLを制限する。 ・制限するURLのリストはベンダから提供され，例えば，“ショッピング”，“犯罪・暴力”，“金融・経済”などWebサイトの内容による分類や，“オンラインストレージ”，“アップローダ”などのWebサービスの機能による分類がされており，管理者が選択できる。 ・制限するURLは，管理者が追加及び削除できる。
3	可視化機能	・中継する通信を監視し，統計情報をログとして提供する。 ・一部のSaaSについては，そのSaaSが提供するAPIを使って，アクセスログを収集できる。
4	保管時の自動暗号化機能	・一部のSaaSに対し，そのSaaSが提供するAPIを使って，特定フォルダに保管するファイルを自動的に暗号化することができる。 ・暗号鍵は，利用者ごと又は社内共通にすることができる。

表３の項番２の内容に記述されているとおり，アクセス可能とするURLや制限するURLを管理者が追加及び削除することで，要件４を実現することができます。解

答は，「URL フィルタリング機能」の「2」となります。

設問4（2）の解答

【IPA 解答例】

2

設問4（3）の解説　問題文から抜粋問題

（3）要件 5 は，表 3 中のどの機能で実現できるか。表 3 中の番号で一つ答えよ。

表 1 の要件 5 は，表 3 中のどの機能で実現できるか答える問題です。表 1 の要件 5 を確認すると「総務 G が契約した SaaS には，総務 G が管理するアカウントでアクセスする。C-PC からは，従業員が個人で管理するアカウントでのアクセスができないようにする。」と記述されています。

表 1　次期 IT のセキュリティ要件

要件	内容
要件 5	総務 G が契約した SaaS には，総務 G が管理するアカウントでアクセスする。C-PC からは，従業員が個人で管理するアカウントでのアクセスができないようにする。

要件 5 は，総務 G が契約した SaaS にアクセスするアカウントを制限する要件です。アカウントの制限となると，表 3 の番号 1「利用者 ID によるフィルタリング機能」で実現しそうです。

表3 サービスNの機能（抜粋）

番号	機能名	内容
1	利用者IDによるフィルタリング機能	・Pソフトで，SaaSへのログイン時に，許可された利用者IDの場合だけ通信を許可し，その他の利用者IDの場合は通信を遮断する。 ・許可する利用者IDは，管理者がSaaSごとに設定できる。
2	URLフィルタリング機能	・サービスNが中継する際に，アクセス可能なURLを制限する。 ・制限するURLのリストはベンダから提供され，例えば，“ショッピング”，“犯罪・暴力”，“金融・経済”などWebサイトの内容による分類や，“オンラインストレージ”，“アップローダ”などのWebサービスの機能による分類がされており，管理者が選択できる。 ・制限するURLは，管理者が追加及び削除できる。
3	可視化機能	・中継する通信を監視し，統計情報をログとして提供する。 ・一部のSaaSについては，そのSaaSが提供するAPIを使って，アクセスログを収集できる。
4	保管時の自動暗号化機能	・一部のSaaSに対し，そのSaaSが提供するAPIを使って，特定フォルダに保管するファイルを自動的に暗号化することができる。 ・暗号鍵は，利用者ごと又は社内共通にすることができる。

表3の項番1の内容に記述されているとおり，Pソフトで，SaaSへのログイン時に，許可された利用者IDの場合だけ通信を許可し，その他の利用者IDの場合は通信を遮断することができます。許可する利用者IDを，管理者がSaaSごとに設定することで，要件5を実現できます。解答は，「利用者IDによるフィルタリング機能」の「1」となります。

設問4(3)の解答

【IPA解答例】

1

設問4（4）の解説　問題文のヒントから考える問題

（4）本文中の下線⑥について，図３中のどの段階で遮断されるかを，解答群から選び，記号で答えよ。また，総務Ｇが管理していない機器かどうかはどのような方法で判定するか。判定の方法を 30 字以内で具体的に述べよ。

解答群

ア　1. ～ 2.　　イ　3. ～ 4.　　ウ　5. ～ 6.

エ　7. ～ 8.　　オ　9. ～ 10.

本文中の下線⑥「⑥総務Ｇが管理していない機器からのサービス要求があった場合は，シーケンスが途中で遮断される。」について，図３中のシーケンスのどの段階で遮断されるかと，総務Ｇが管理していない機器をどのような方法で判定するかを問われています。

サービスＱとサービスＮの機能を把握したうえで，図３のシーケンスを確認しましょう。

〔要件２及び３の検討〕

要件２については，業務で利用するＣ社の情報システムや SaaS へのアクセスの際，機器をクライアント認証することにした。また，要件３については，SaaS へのアクセスにおける認証と認可に，インターネット上の認証サービスである IDaaS を利用することにした。

代表的な IDaaS であるサービスＱについて調査した。サービスＱの概要を表２に示す。

調査を更に進めた結果，要件４及び５の実現に利用できそうなサービスがあることが分かった。機器からインターネットへの通信を中継するプロキシ型のクラウドサービスである。その一つにサービスＮがある。サービスＮを利用するには，機器からインターネットへの通信を全てサービスＮ経由で行うなどの制御を行う端末制御エージェントソフトウェア（以下，Ｐソフトという）を機器に導入する必要がある。

上記の問題文説明より，各サービスの機能を把握しておきましょう。

・サービスQ：ID管理・統合認証クラウドサービス
・サービスN：インターネットへの通信を中継するクラウドサービス

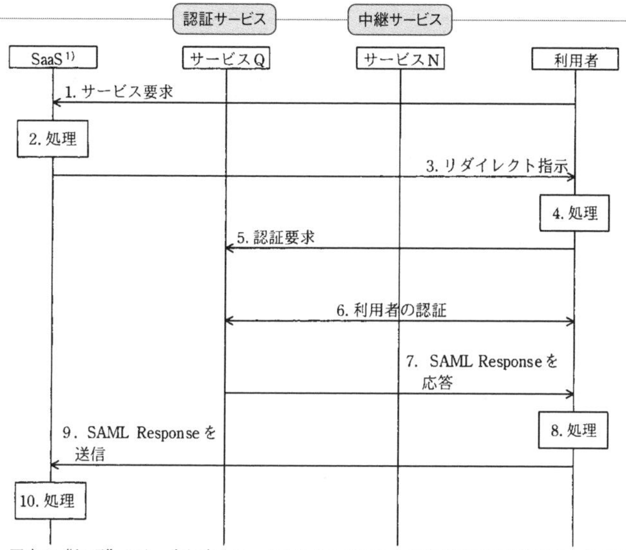

注記1　図中の“処理”には，先行するシーケンスを入力とした条件判断などの処理と，そのまま次のシーケンスにリダイレクトする処理がある。
注記2　サービスNの処理などは記述を省略している。
注 1)　総務Gが契約しているSaaSである。

図3　サービスQとサービスNを利用した場合の動作の概要

図3において，⑥総務Gが管理していない機器からのサービス要求があった場合は，シーケンスが途中で遮断される。

それでは，図3のシーケンスの流れを確認しましょう。

・「1. サービス要求」から「3. リダイレクト指示」

利用者からSaaSに対して「1. サービス要求」しており，「3. リダイレクト指示」が利用者に返されています。「2. 処理」は，注記1に記載があるとおり，「そのまま次のシーケンスにリダイレクトする処理」だと判断できます。

・「4. 処理」から「6. 利用者の認証」

「4. 処理」の次に，利用者からサービスQに対して「5. 認証要求」しており，「6. 利用者の認証」が利用者に返されています。このタイミングでサービスQにて認証判断をしていると考えられます。

・「7.SAML Response を応答」から「9.SAML Response を送信」

次にサービスQから利用者に対して「7.SAML Responseを応答」し,「8.処理」の次に,利用者からSaaSに対して「9.SAML Responseを送信」しています。SaaS側で「SAML Response」の内容に問題がなければ,利用者に対してサービスを提供することになります。

SAML（Security Assertion Markup Language）とは,異なるドメイン間でユーザ認証を行うための標準規格です。利用者はSAMLに対応したサービスQで認証を受けることで,SAMLに対応した総務Gが契約している複数のSaaSへのシングルサインオンを実現できます。

設問で問われている図3中のシーケンス内で通信が遮断される場合とは,**サービスQにて認証されない場合**が該当します。したがって,図3中の認証が遮断されるタイミングは,5.～6.の「ウ」となります。

続いて,総務Gが管理していない機器をどのような方法で判定するかについて確認しましょう。サービスQの認証方式について表2を確認します。

表2　サービスQの概要

番号	分類	内容
1	提供形態	クラウドサービスとして機能を提供している。
2	接続元の認証	次の方式又はその組合せで認証することができる。 - 利用者ID及びパスワード - ディジタル証明書によるTLSクライアント認証[1)] - ワンタイムパスワードデバイス又はSMSを使ったワンタイムパスワード - 生体認証
3	SaaSとの連携	SAMLを採用しているSaaSと連携できる。連携したSaaSにはシングルサインオンできる。

注[1)]　ディジタル証明書は,クレデンシャルとともに検証する。

表2の「接続元の認証」の内容を確認すると,認証方式が4つ記述されています。

- 利用者ID及びパスワード
- ディジタル証明書によるTLSクライアント認証
- ワンタイムパスワードデバイス又はSMSを使ったワンタイムパスワード
- 生体認証

この中で，「利用者ID及びパスワード」「ワンタイムパスワードデバイス又はSMSを使ったワンタイムパスワード」「生体認証」は，ユーザの判定を行うものであり，総務Gが管理していない機器を判定する方法は，「ディジタル証明書によるTLSクライアント認証」だけとなります。

また，〔要件2及び3の検討〕に，「要件2については，業務で利用するC社の情報システムやSaaSへのアクセスの際，機器をクライアント認証することにした。」と記述されています。

> **〔要件2及び3の検討〕**
> 要件2については，業務で利用するC社の情報システムやSaaSへのアクセスの際，機器をクライアント認証することにした。また，要件3については，SaaSへのアク

したがってSaaSへアクセスするためには，クライアント側にクライアント認証のためのディジタル証明書がインストールされている必要があり，ディジタル証明書がなければ認証は遮断されることになります。これらの記述より，総務Gが管理していない機器を判定する方法は，「TLSクライアント認証による検証」などが解答となります。

表2の下の注[1)]に記載されているクレデンシャルとは，ユーザIDやパスワードなど，ユーザ認証に使われる情報の総称です。

設問4(4)の解答

【IPA解答例】

記号：ウ

方法：TLSクライアント認証による検証（16字）

設問5（1）の解説　知識問題

設問5　〔要件6及び7の検討〕について，（1），（2）に答えよ。
（1）本文中の下線⑦について，規格又は認証の例を20字以内で答えよ。

下線⑦に記載されている「何らかのセキュリティ規格に準拠していることの第三者による認証」について，具体例を答える問題です。問題文中に企画または認証例の説明はないため知識で答える問題です。

〔要件6及び7の検討〕
要件6については，C社では，SaaSを契約するに当たって，⑦SaaS又はSaaS事業者が何らかのセキュリティ規格に準拠していることの第三者による認証を確認するか，SaaS事業者が自ら発行するホワイトペーパを確認することにした。

要件6についても確認しましょう。表1の要件6を確認すると「業務で利用するSaaSは，その安全性を総務Gが判断した上で契約する。」と記述されています。

表1　次期ITのセキュリティ要件

要件	内容
要件6	業務で利用するSaaSは，その安全性を総務Gが判断した上で契約する。

IPAでは「**中小企業のためのクラウドサービス安全利用の手引き**」というガイドラインの中で「クラウドサービス選択時に参考となる制度等」を紹介しています。そこでは，下記の三つが紹介されています。

・ISMSクラウドセキュリティ認証
・クラウド情報セキュリティ監査制度
・ASP・SaaS情報開示認定制度

この中で，下線⑦に記述されている「何らかのセキュリティ規格に準拠していることの第三者による認証」に該当するのが，**ISMSクラウドセキュリティ認証**です。
「中小企業のためのクラウドサービス安全利用の手引き」では，次のように説明しています。

--- 引用ここから ---

クラウドサービス選定時に参考となる制度等

クラウドサービス事業者が適切なデータ保護やセキュリティ対策を実施していることをマークとして表示する制度があります。いずれもURL記載のページ内でそれぞれの条件を満たすサービスが紹介されており，選定時の参考として利用することができます。

ISMSクラウドセキュリティ認証（一般社団法人情報マネジメントシステム認定センター）

https://isms.jp/isms.html

通常のISMS（JIS Q 27001）認証に加えて，クラウドサービス固有の管理策（ISO/IEC 27017）が適切に導入，実施されていることを認証するものです。

--- 引用ここまで ---

出所：クラウドサービス安全利用の手引き

https://www.ipa.go.jp/files/000072150.pdf

「ISMSクラウドセキュリティ認証」の他には，**ISAE3402/SSAE16**などが解答として考えられます。ISAE3402とSSAE16は，両方ともクラウドサービス提供会社の内部統制の有効性を証明する国際基準であり，ISAE3402は，国際会計士連盟（IFAC）によって定められています。SSAE16は，ISAE3402に準拠する形で米国公認会計士協会（AICPA）により発行された保証基準です。したがって，「ISMS認証」「ISAE3402/SSAE16」などが解答となります。

設問5（1）の解答

【IPA解答例】

・ISAE3402/SSAE16（15字）

・ISMS認証（6字）

【別解】

ISMSクラウドセキュリティ認証（16字）

設問5（2）の解説　知識問題

（2）本文中の[d]に入れる適切な番号を，表3中の番号で一つ答えよ。

[d]の前後には，「要件7については，SaaSで重要な情報を扱う場合，当該SaaSで利用可能ならば表3中の番号[d]の機能を利用する。それによって，サービスNを経由しない不正アクセスによるSaaSからの情報漏えいを防ぐことで，要件7に対応することにした。」と記述されています。要件7を表1で確認すると，「業務で利用するSaaSからの情報漏えいを防ぐための技術的対策を導入する。」と記述されています。

表1　次期ITのセキュリティ要件

要件	内容
要件7	業務で利用するSaaSからの情報漏えいを防ぐための技術的対策を導入する。

これらの記述より，サービスNを経由しない不正アクセスがあった場合でも重要な情報の漏えいを防ぐ技術的対応を導入すると判断できます。「情報漏えい対策といえば暗号化」であることを思いつければ正解に近づけます。この対応ができるのは，表3の項番4「保管時の自動暗号化機能」が該当します。特定フォルダに保管するファイルを利用者が意識することなく自動的に暗号化することで，不正アクセスがあった場合でもファイル内の情報漏えいを防ぐことができます。

表3　サービスNの機能（抜粋）

番号	機能名	内容
1	利用者IDによるフィルタリング機能	・Pソフトで，SaaSへのログイン時に，許可された利用者IDの場合だけ通信を許可し，その他の利用者IDの場合は通信を遮断する。 ・許可する利用者IDは，管理者がSaaSごとに設定できる。
2	URLフィルタリング機能	・サービスNが中継する際に，アクセス可能なURLを制限する。 ・制限するURLのリストはベンダから提供され，例えば，“ショッピング”，“犯罪・暴力”，“金融・経済”などWebサイトの内容による分類や，“オンラインストレージ”，“アップローダ”などのWebサービスの機能による分類がされており，管理者が選択できる。 ・制限するURLは，管理者が追加及び削除できる。
3	可視化機能	・中継する通信を監視し，統計情報をログとして提供する。 ・一部のSaaSについては，そのSaaSが提供するAPIを使って，アクセスログを収集できる。
4	保管時の自動暗号化機能	・一部のSaaSに対し，そのSaaSが提供するAPIを使って，特定フォルダに保管するファイルを自動的に暗号化することができる。 ・暗号鍵は，利用者ごと又は社内共通にすることができる。

表3の「1　利用者IDによるフィルタリング機能」と「2　URLフィルタリング機能」は不正アクセスされないための機能，「3　可視化機能」はログを残す機能，「4　保管時の自動暗号化機能」は，何らかの理由で不正アクセスがあったとしても情報漏えいを防ぐ機能といえます。したがって，［ d ］には，「保管時の自動暗号化機能」の4が入ります。

設問5(2)の解答

【IPA解答例】

d：4

設問6(1)の解説 問題文のヒントから考える問題

設問6 〔次期ITへの移行〕について，(1)，(2)に答えよ。

(1) 本文中の下線⑧について，要件2を満たし，そのセキュリティ設定が従業員によって無効にされないためには，どのように設定する必要があるか。30字以内で述べよ。

下線⑧では，総務Gがセキュリティ設定とソフトウェアなどの導入を行った持出C-PCを従業員に貸与しています。

〔次期ITへの移行〕

C-PCは管理者権限による管理を総務Gが行い，従業員には一般利用者権限だけを与えることにした。また，⑧持出C-PCは，セキュリティ設定とソフトウェアなどの導入を行ってから従業員に貸与することにした。

表1の要件2とは「業務での個人所有機器の利用を禁止する。」ことであるため，C-PCのセキュリティ設定が従業員によって無効にされることで，個人所有端末が利用可能な状態にされないよう設定する必要があります。

表1　次期ITのセキュリティ要件

要件	内容
要件2	業務での個人所有機器の利用を禁止する。テレワークに必要なPCは貸与する。

要件2の対応策を確認すると〔要件2及び3の検討〕で「要件2については，業務で利用するC社の情報システムやSaaSへのアクセスの際，機器をクライアント認証することにした。」と記述されています。

〔要件2及び3の検討〕

要件2については，業務で利用するC社の情報システムやSaaSへのアクセスの際，機器をクライアント認証することにした。また，要件3については，SaaSへのアク

また，表2サービスQの概要の項番2「接続元の認証」を確認すると「ディジタル証明書によるTLSクライアント認証」と記述されています。さらに，表2の注1)に「ディジタル証明書は，クレデンシャルとともに検証する。」と注意書きがあります。

表2　サービスQの概要

番号	分類	内容
1	提供形態	クラウドサービスとして機能を提供している。
2	接続元の認証	次の方式又はその組合せで認証することができる。 - 利用者ID及びパスワード - ディジタル証明書によるTLSクライアント認証1) - ワンタイムパスワードデバイス又はSMSを使ったワンタイムパスワード - 生体認証
3	SaaSとの連携	SAMLを採用しているSaaSと連携できる。連携したSaaSにはシングルサインオンできる。

注1)　ディジタル証明書は，クレデンシャルとともに検証する。

要件2の「業務での個人所有機器の利用を禁止する。」ためには，表2の項番2「接続元の認証」に関する設定を不正利用されないようにC-PCに対して設定をしておく必要があります。サービスQで「接続元の認証」に使用しているディジタル証明書とクレデンシャルなどの認証に必要な情報を持ち出されて，個人所有機器にインストールされると，個人所有機器がサービスQに認証可能になってしまいます。

また，ディジタル証明書はディジタル証明書とペアとなる秘密鍵とセットで使用する必要があります。TLSクライアント認証の場合は，ディジタル証明書とペアとなる秘密鍵をクライアント側で保持していることが，その電子証明書の正当な持ち主（正当なクライアント）であることを証明します。したがって，問題文には書かれていま

せんが，「秘密鍵を書き出しできないように設定する。」や「ディジタル証明書とクレデンシャルを取り出せないように設定する」などが解答になります。

設問6（1）の解答

【IPA 解答例】

図形秘密鍵を書き出しできないように設定する。（20 字）

【別解】

ディジタル証明書とクレデンシャルを取り出せないように設定する（30 字）

設問6（2）の解説 問題文から抜粋問題

（2）本文中の下線⑧について，要件 4 及び 5 を満たし，それを維持するためには，どのソフトウェアをどのように設定する必要があるか。40 字以内で述べよ。

下線⑧では，総務 G がセキュリティ設定とソフトウェアなどの導入を行った持出 C-PC を従業員に貸与しています。表 1 の要件 4 と 5 では「業務で利用する SaaS は，総務 G が契約した SaaS だけに制限する。」「業務に不要な Web サイトへのアクセスを制限する。」「総務 G が契約した SaaS には，総務 G が管理するアカウントでアクセスする。」「C-PC からは，従業員が個人で管理するアカウントでのアクセスができないようにする。」が要件となっています。

表 1　次期 IT のセキュリティ要件

要件	内容
要件 4	業務で利用する SaaS は，総務 G が契約した SaaS だけに制限する。また，業務に不要な Web サイトへのアクセスを制限する。ただし，業務での情報収集は妨げないようにする。
要件 5	総務 G が契約した SaaS には，総務 G が管理するアカウントでアクセスする。C-PC からは，従業員が個人で管理するアカウントでのアクセスができないようにする。

要件 4 と 5 の対応策を確認すると〔要件 4 及び 5 の検討〕の表 3 の後で「要件 4 及び 5 は，サービス Q とサービス N を組み合わせて実現する。」と記述されています。また，表 3 の前に「サービス N を利用するには，機器からインターネットへの通信を

全てサービスN経由で行うなどの制御を行う端末制御エージェントソフトウェア（以下，Pソフトという）を機器に導入する必要がある。管理者は，Pソフトを，一般利用者権限では動作の停止やアンインストールができないように設定することができる。」と記述されています。

> 調査を更に進めた結果，要件4及び5の実現に利用できそうなサービスがあることが分かった。機器からインターネットへの通信を中継するプロキシ型のクラウドサービスである。その一つにサービスNがある。サービスNを利用するには，機器からインターネットへの通信を全てサービスN経由で行うなどの制御を行う端末制御エージェントソフトウェア（以下，Pソフトという）を機器に導入する必要がある。管理者は，Pソフトを，一般利用者権限では動作の停止やアンインストールができないように設定することができる。

機能はあるが設定すると書かれていなければ，設問で問われる可能性が高いため要注意ポイントです。

設問で問われている「要件4及び5を満たし，それを維持するため」には，総務GがC-PCにPソフトを導入した状態を維持する必要があります。したがって，表3の前に記述されているとおり，「Pソフトを，一般利用者権限では動作の停止やアンインストールができない設定にする」ことが解答となります。

設問6(2)の解答

【IPA解答例】
管理者が，Pソフトを，一般利用者権限では変更できないように設定する。（34字）

【別解】
Pソフトを，一般利用者権限では動作の停止やアンインストールができない設定にする（39字）

INDEX

■プロフィール

エディフィストラーニング株式会社

1997年に野村総合研究所（NRI）情報技術本部より独立し，IT教育専門会社の「NRIラーニングネットワーク株式会社」として設立。野村総合研究所が提供する教育研修のノウハウを事業として独立させ，教育専門会社として数々の人材育成ソリューションを提供中。2009年4月キヤノンマーケティングジャパン株式会社のグループ入りを機に「エディフィストラーニング株式会社」と社名変更。2021年3月よりコムチュア株式会社グループ入り。

URL：https://www.edifist.co.jp/

■執筆

田中雅幸（たなか まさゆき）

IT企業のシステムエンジニアとして，システム開発・運用保守業務に携わる。また，情報処理技術者試験・情報処理安全確保支援士試験の受験者支援活動として，解説執筆，記述・論文の添削，勉強会開催に力を入れている。

表紙デザイン ◆ 小島トシノブ（NONdesign）
本文デザイン ◆ 株式会社ライラック
本文レイアウト ◆ 株式会社ウイリング

「ネットワーク」＋「認証《にんしょう》」がわかれば絶対合格《ぜったいごうかく》！
情報《じょうほう》処理《しょり》安全《あんぜん》確保《かくほ》支援士《しえんし》
午後《ごご》問題《もんだい》徹底《てってい》解説《かいせつ》

2023年 1 月25日　初　版　第1刷発行

著　者　エディフィストラーニング株式会社《かぶしきがいしゃ》
発行者　片岡　巌
発行所　株式会社技術評論社
東京都新宿区市谷左内町 21-13
電話　03-3513-6150　販売促進部
03-3513-6166　書籍編集部
印刷／製本　昭和情報プロセス株式会社

定価はカバーに表示してあります。

ISBN978-4-297-13212-5 C3055
Printed in Japan

■問合せについて

本書に関するご質問は，FAXや書面でお願いいたします。電話での直接のお問合せにはいっさいお答えできませんので，あらかじめご了承ください。また，以下に示す弊社のWebサイトでも質問用フォームを用意しておりますのでご利用ください。

ご質問の際には，書籍名と質問される該当ページ，返信先を明記してください。e-mailをお使いになれる方は，メールアドレスの併記をお願いいたします。

なお，ご質問は本書に記載されている内容に関するもののみとさせていただきます。

■問合せ先

〒162-0846
東京都新宿区市谷左内町 21-13
株式会社技術評論社　書籍編集部
『「ネットワーク」＋「認証」がわかれば絶対合格！ 情報処理安全確保支援士 午後問題徹底解説』係
FAX番号　　：03-3513-6183
技術評論社 Web：https://gihyo.jp/book/

ご質問の際に記載いただいた個人情報は質問の返答以外の目的には使用いたしません。また，質問の返答後は速やかに削除させていただきます。